Bruno Eck

Technische Strömungslehre

Achte, neubearbeitete Auflage

Band 2: Anwendungen

Mit 293 Abbildungen

Springer-Verlag
Berlin Heidelberg New York 1981

Dr.-Ing. Bruno Eck
August-Macke-Straße 1, 5000 Köln 41

Die erste Auflage des Werkes erschien in zwei Bänden unter dem Titel „Einführung in die Technische Strömungslehre" Bd. I: 1935; Bd. II: 1936

ISBN 3-540-10628-6 8. Aufl. Springer-Verlag Berlin Heidelberg New York
ISBN 0-387-10628-6 8th ed. Springer-Verlag New York Heidelberg Berlin

ISBN 3-540-03488-9 7. Aufl. Springer-Verlag Berlin Heidelberg New York
ISBN 0-387-03488-9 7th ed. Springer-Verlag New York Heidelberg Berlin

CIP-Kurztitelaufnahme der Deutschen Bibliothek.
Eck, Bruno:
Technische Strömungslehre / Bruno Eck. —
Berlin; Heidelberg; New York: Springer
Bd. 2. Anwendungen. — 8., neubearb. Aufl. — 1981.

Vorwort zur achten Auflage

Typische Anwendungen der industriellen Strömungstechnik werden in diesem Bande behandelt. Diese Gebiete sind leider nicht einheitlich und teilweise sogar isoliert. Ganz im Gegensatz dazu zeigt die Flugzeug-Aerodynamik ein geschlossenes Bild. „In der Tat ist es heute möglich, den überwiegenden Teil der Aerodynamik des Flugzeuges aus rein theoretischen Überlegungen zu gewinnen" schreibt z. B. Schlichting. Aus dieser hochentwickelten Aerodynamik kann die Industrie, abgesehen von den im 1. Band behandelten Grundlagen, nur wenig Nutzen ziehen.

In vielen Fällen z. B. der Verfahrenstechnik, sind oft sehr mühsame Versuche nötig, um dimensionslose Kennzahlen zu finden, die das Geschehen erfassen. Weit verstreute Darstellungen stehen dem Ingenieur hier zur Verfügung im Gegensatz zu einer großen Fülle von hervorragender Literatur bei der Aerodynamik.

Nach einer einführenden Behandlung der Ablösung, der Verzögerung und praktischen Methoden zur Sichtbarmachung von Strömungen folgt eine gezielte Zusammenstellung der Widerstandsziffern für umströmte und durchströmte Gebilde. In vielen Fällen kann mit Hilfe dieser Angaben der Gesamtwiderstand einer Konstruktion ohne Versuche ermittelt werden.

Anschließend folgt eine Auswahl von wichtigen technischen Problemen, z. B. Strahlenaerodynamik, Belüftung, Klimatisierung, pneumatische und hydraulische Förderung, Entstaubung, Winkler-Schwebebettfeuerung und -Vergasung, Tunnelbelüftung, hydraulische Kohleförderung, neue Auflademethoden. Dabei werden auch einfache Versuchsmöglichkeiten und Modellversuche behandelt.

Diese praxisbezogene Darstellung möge dem praktisch arbeitenden Ingenieur einige Hilfe geben, während der Studierende erfährt, was er in der Praxis zu erwarten hat.

Das Manuskript wurde von Herrn Dr.-Ing. Beranek, Wuppertal, einer eingehenden Durchsicht und Korrektur unterworfen. Dafür sei ihm mein Dank zum Ausdruck gebracht.

Der Springer-Verlag sorgte für eine hervorragende Ausstattung, insbesondere der zahlreichen Abbildungen. Mit Dank möge dies betont werden.

Köln, im August 1981   Bruno Eck

Inhaltsverzeichnis

Inhalt von Band 1: Grundlagen

I Grundlagen

1 Formgebungen bei verzögerter Strömung

1.1 Allgemeine Betrachtungen

Das Problem von verzögerten Strömungen sowie der hier auftretenden Ablösungen ist für die Praxis von ganz großer Bedeutung. Man kann sogar hinzufügen, daß es sich um die wichtigste Aufgabe der Praxis handelt. In den verschiedensten Variationen treten diese Aufgaben an den Praktiker heran, wobei oft sehr schwierige Probleme vorliegen. Hinzu kommt, daß diese Fragen theoretisch leider nicht beantwortet werden können. Durch gezielte Versuche gelingt es oft, einige Auskünfte zu erhalten. Trotzdem kann heute gesagt werden, daß dem Praktiker viele Fragen beantwortet werden können.

Zunächst ist es angebracht, an Hand von Strömungsbildern Grundsätzliches zu veranschaulichen. So zeigen die folgenden Strömungsbilder wichtige Beobachtungen. In Abb. 1.1 erkennt man, daß bei einem Erweiterungswinkel von 13° die Strömung ganz anliegt. Bei einer Erweiterung von 28° (Abb. 1.2) erkennt man eine volle Ablösung, die den ganzen Erweiterungsraum erfüllt. Als erste Regel gilt somit die Tatsache, daß der Erweiterungswinkel enge Grenzen hat.

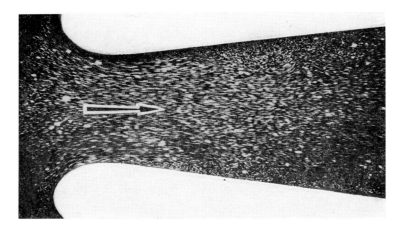

Abb. 1.1 Verzögerte Strömung. Erweiterungswinkel 13°. Strömung liegt gerade noch an

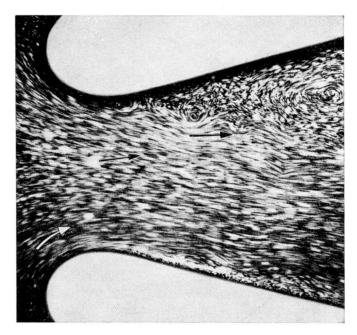

Abb. 1.2   Abgerissene Strömung. Erweiterungswinkel 28°

1.1.1   Verschiedene in der Praxis verwendete Diffusorformen

Erweiterte Kanäle, bei denen eine Ablösungsgefahr besteht, werden in der Industrie in vielfältiger Form verwendet. Eine typische Auswahl mit den erreichten Ergebnissen wird im folgenden aufgezeigt. Nach Thoma[1] werden bei Verwendung einer Stoßplatte bei Abb. 1.3 gute Ergebnisse erreicht, wenn die Diffusorkante eine Abrundung erhält. Die besten Ergebnisse ergeben sich bei einem Wert von $R/d = 0,85, 0,2 < h/d < 0,3$ sowie bei $D = 4 \ldots 5\,d$. Eine Abrundung der Stoßplatte ist schädlich. Der beste Wirkungsgrad wird bei einem Winkel von 8,5° erreicht. Wird umgekehrt die Verzögerung in die radiale Umlenkung gelegt, so ergeben sich gemäß Abb. 1.4 bei bestimmten Abmessungen klare optimale Verhältnisse[2].

Auch die einseitig geöffnete diffusorartige Umlenkung ist technisch für verschiedene Probleme interessant. Abbildung 1.5 zeigt eine mögliche Form, die mehr oder weniger bereits eine Sonderform des erweiterten Rechteckkrümmers darstellt.

Bei diesen Versuchsergebnissen ist zu berücksichtigen, daß sie bei verhältnismäßig kleinen Re-Werten durchgeführt wurden und die Änderung des Gesamtbildes bei höheren Re-Werten unbeachtet blieb!

Bei freiem Austritt verwendet man neuerdings mit Erfolg Austrittsdiffusoren, die aus unterteilten, ringförmigen Leitschaufeln bestehen. Abbildung 1.6 zeigt den Querschnitt durch eine solche bewährte Anordnung, Abb. 1.7 die Aufnahme dieses

---

[1] Thoma, Mitt. Hydraul. Inst. d. TH München, H. 4 (1931).
[2] Rutschi, O.: Versuche mit Radialdiffusoren. Tech. Ber. H. 5 (1944) 129.

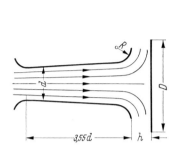

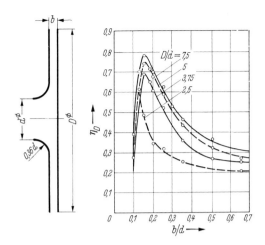

Abb. 1.3 Diffusor mit Stoßplatte.
(Nach Thoma)

Abb. 1.4 Optimale Auslegung von Radialdiffusoren.
(Nach Rutschi)

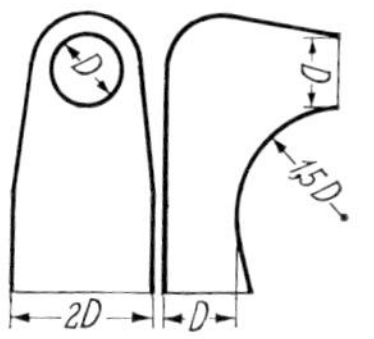

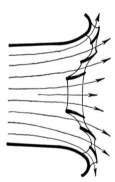

Abb. 1.5 Optimale diffusorartige
Umlenkung um 90°

Abb. 1.6 Enddiffusor, gebildet durch
ringförmig angeordnete Schaufeln im
Kanalaustritt

Diffusorendes, wie es beim Auslauf von großen Windkanälen verwendet wird[3].
Die ringförmig angeordneten Schaufeln ermöglichen eine halbkugelförmige Ent-
faltung des Strahles.

Sowohl die letzte Ausführung wie die Stoßplatte nach Abb. 1.4 können immer
angewandt werden, wenn ein gerader Diffusor gemäß den Ergebnissen von Polzin[4]
bereits versagt und die Strömung dort abreißen würde. Es handelt sich somit um
sehr wertvolle Hilfskonstruktionen, mit denen sehr weitgehende Verzögerungen
durchführbar sind.

Bei sehr starker Turbulenz scheint eine Vergrößerung des Winkels zweckmäßig
zu sein. So fand Vüllers[5] bei Diffusoren, die als Ausblaseschlot von Ventilatoren

---

[3] Darrieus, G.: Betrachtungen über den Bau von Windkanälen. BBC Mitt. (1943) 168.
[4] Polzin, J.: Strömungsuntersuchungen an einem ebenen Diffusor. Ing.-Arch. (1940) 361.
[5] Vüllers: Z. VDI (1933) 847.

Abb. 1.7   Vorderansicht eines Enddiffusors.
Ausblasequerschnitt eines großen Windkanals. (Nach Darrieus)

untersucht wurden, einen besten Erweiterungswinkel von 11 bis 13°. Auch Rotation des Strahles und unmittelbarer Einlauf ohne Auslaufstrecke bringen Vorteile, wie überhaupt alle Maßnahmen, die die kinetische Energie der Randschichten erhöhen, erklärlicherweise von Nutzen sind. Die beste Energieausnutzung scheint dann erreicht zu werden, wenn man den Diffusor gerade bis an die Grenze der Ablösung erweitert.

Nach Untersuchungen von Polzin ist der größte Druckanstieg zu erwarten, wenn

$$\alpha \sqrt[4]{Re} = 150.$$

Hiernach ergibt sich die Notwendigkeit, den Diffusorwinkel mit wachsender Eingangs-Re-Zahl zu verkleinern.

Re-Zahl	50 000	100 000	150 000	200 000	$2 \cdot 10^6$
Öffnungswinkel α	10,0°	8,4°	7,6°	7,1°	4,0°

Bemerkenswert sind auch die Feststellungen, daß der Umsetzungsgrad kurz vor dem Abreißen am besten wird.

Bei guten Ausführungen kann man mit Werten von 0,8...0,9 rechnen, während bei weniger sorgfältiger Ausbildung Werte von 0,7...0,8 zugrunde gelegt werden müssen. Sehr große Diffusoren mit Reynoldsschen Zahlen um 10^7 erreichen Wirkungsgrade bis zu 95%.

Die Verluste und der Energieumsatz in Diffusoren sind in dem Versuch der Abb. 1.8 veranschaulicht. Hier ist ein geschlossener Versuchskanal[6] an die Düse eines kleinen Windkanals angeschlossen.

---

[6] Eck, B.: Versuchsmöglichkeiten in einer geschlossenen Versuchsstrecke. Luftfahrt u. Schule (1936) 259, oder Eck, B.: Strömungslehre, Bd. II. Berlin: Springer 1936.

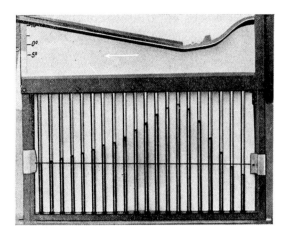

Abb. 1.8 Darstellung der Druckverteilung in einem Diffusor durch Reihenmanometer.
(Nach Eck)

Die untere Begrenzungswand besitzt 20 Öffnungen, die an Glasröhren angeschlossen sind. Diese münden in ein gemeinsames Rohr, das durch einen Schlauch
mit einer Tubusflasche verbunden ist. So entsteht ein Reihenmanometer, das die
Druckverteilung längs des Diffusors deutlich zeigt. Die Nullinie ist durch einen
Faden dargestellt. Die verstellbare Zunge des Diffusors ist so eingestellt, daß an
der engsten Stelle gerade der größte Unterdruck entsteht. Dieser Unterdruck, der
bei 11,5° am größten war, wird durch Verzögerung der Geschwindigkeit stetig verringert, so daß am Austritt des Kanals der Atmosphärendruck erreicht wird. Am
Eintritt des Kanals beobachtet man einen Überdruck, der die gesamten Strö-
mungsverluste der Strecke darstellt. Nach der Definition des Wirkungsgrades
kann auf diese Weise η leicht festgestellt werden. Es ergibt sich ein Wert von 0,863.

Bei Annäherung an die Schallgeschwindigkeit müssen die Erweiterungswinkel
u. U. erheblich verkleinert werden; Näheres hierüber in Band 1.

Bei Diffusoren mit geraden Wänden, bei denen zwei parallel sind, ergeben sich
charakteristische Unterschiede gegenüber konischen Diffusoren mit Kreisquerschnitt, über die eine besondere Studie vorliegt.[7]

1.1.2 Diffusoren mit Endwiderstand bzw. Druckstau

Besondere Verhältnisse ergeben sich, wenn sich am Ende des Diffusors ein Widerstand befindet, z. B. ein Sieb, ein Turbinenlaufrad oder ein Gebläselaufrad mit
steiler Kennlinie. Die Energiekonzentration in der Mitte des auslaufenden Diffusors, die sonst der Erweiterung ein Ende setzt, kann hier abgebaut werden. Die
Erweiterung des Diffusors kann hier erheblich größer sein. Die Diffusorverluste
werden hierbei oft merklich kleiner.

---

[7] Klinke, S.; Abbott, D.; Fox, R.: Die günstigste Konstruktion von Diffusoren mit geraden
Wänden. Trans. ASME, Ser. D, J. of Basic Eng. 3 (1959) 321.

1.1.3 Formelmäßige Erfassung der Diffusorströmung

Die Hauptgrößen eines Diffusors sind Eintrittsfläche A_e; Austrittsfläche A_a; Diffusorwinkel α, wenn der Diffusor sich geradlinig erweitert, während die Strömung zunächst durch Ein- und Austrittsgeschwindigkeit c_e; c_a sowie die entsprechenden statischen Drücke p_e; p_a gekennzeichnet ist. Ohne Verluste würde durch Verzögerung im Diffusor eine Drucksteigerung $\varrho/2(c_e^2 - c_a^2)$ eintreten. Der wirkliche Druckanstieg $p_e - p_a$ ist wegen der Verluste kleiner. Der Wirkungsgrad ergibt sich zu

$$\eta = \frac{p_a - p_e}{\varrho/2(c_e^2 - c_a^2)} = \frac{p_a - p_e}{\varrho/2 \cdot c_e^2} \cdot \frac{1}{1 - \dfrac{1}{n^2}}$$

indem wir $n = A_a/A_e$ setzen.

Da in vielen Fällen ein möglichst großer Druckumsatz im Diffusor erwünscht ist, weil oft die kinetische Austrittsenergie nicht mehr verwertbar ist, interessiert folgende Fragestellung: Würde der Diffusor sich unendlich erweitern, so wäre die Druckerhöhung $\varrho/2 \cdot c_e^2$. Inwieweit der Diffusor in Wirklichkeit diesem Endziel näher kommt, gibt der Quotient

$$\frac{p_a - p_e}{\varrho/2 \cdot c_e^2} = \eta \frac{n^2 - 1}{n^2} = \eta\beta$$

an. Nun ist die Frage von Bedeutung, welche Querschnittserweiterungen noch einen Gewinn bringen. Für ein bestimmtes η gibt die Größe von β die Antwort darauf:

n	1,5	2	3	4	5	10	∞
β	0,555	0,75	0,89	0,937	0,96	0,99	1,0

Die Ausrechnung zeigt deutlich, welche Querschnittserweiterungen noch einen praktischen Sinn haben. Danach können bei Querschnittserweiterungen von $n = 3\ldots4$ bereits 90% des überhaupt erreichbaren Endzieles bei unendlicher Erweiterung erreicht werden. Geht man mit n über 4, so lohnt sich offenbar der Aufwand nicht mehr, da nur noch wenige Prozent mehr erreicht werden können. Die Querschnittserweiterung sollte demnach nicht größer als $3\ldots4$ sein.

1.1.4 Eingehendere Betrachtungen

Dieser einfache summarische Überblick reicht deshalb nicht aus, weil obige Annahme, daß im Eintrittsquerschnitt c_e konstant ist, meist nicht stimmt. Abweichungen von diesem theoretischen Wunschbild ergeben sich durch die „Vorgeschichte", etwa vorgeschaltete Rohrstücke, Armaturen usw. Dadurch entstehen Grenzschichten im Querschnitt A_e. Nun hat die moderne Diffusorforschung gezeigt, daß gerade diese Grenzschichteinflüsse von erheblicher Bedeutung für die Druckumsetzung und den Wirkungsgrad im Diffusor sind.

Nun hatte schon Eytelwein[8] den Einfluß von vorgeschalteten Rohren untersucht und dabei gefunden, daß die Diffusorwirkung mit wachsender vorge-
schalteter Rohrlänge abnimmt. Noch deutlicher zeigen dies Messungen von Peters[9], Ackeret[10] und Sprenger[11]. Aus diesen Versuchen, die im Institut von Ackeret
durchgeführt wurden, zeigt sich besonders deutlich die Empfindlichkeit von Ein-
laufstörungen. Je nachdem wie lange Rohrleitungen dem Diffusor vorgeschaltet
sind, sinkt der Wirkungsgrad eines Diffusors erheblich.

Nun ist in jedem Falle beim Eintritt in einen Diffusor eine Grenzschicht vorhanden. Dies ist selbst dann der Fall, wenn nur eine gute Düse vorgeschaltet wird.
Um nun den Einfluß dieser Grenzschichtdicke zu erfassen, entsteht zunächst die
Frage, wie die Grenzschichtdicke definiert werden soll, weil der Übergang zu der
im Inneren konstanten Geschwindigkeitsverteilung diffus ist. Um zu einer einfachen zahlenmäßigen Erfassung zu kommen, wird nach Ackeret[10] eine sog. Verdrängungsdicke δ^* durch eine pauschale Kontinuitätsgleichung definiert. In
Abb. 1.9 wird dies schematisch erläutert. Die Geschwindigkeit in der Grenzschicht
sei u und die konstante größere Geschwindigkeit U. Nun kann man eine Dicke δ^*
so definieren, daß auf einem Kreis mit dem Radius $r - \delta^*$ mit konstantem U die
gleiche Menge durchströmt wie bei der wirklichen Geschwindigkeitsverteilung.
So ergibt sich die pauschale Kontinuitätsgleichung

$$V = (R - \delta^*)^2\, \pi U.$$

Dies so bekannte δ^* ermöglicht eine gute Analyse der folgenden Versuche.

In Abb. 1.10 sind die Versuchsergebnisse nach den Zahlenangaben von Ackeret
und Sprenger zusammengestellt. In Abhängigkeit von δ^*/r sind für sechs verschiedene vorgeschaltete Rohrlängen der Wirkungsgrad sowie auch die verschiedenen

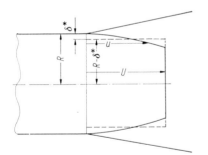

Abb. 1.9 Pauschale Darstellung der
Verdrängungsdicke δ^*

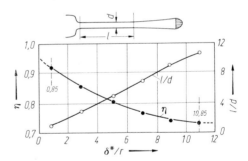

Abb. 1.10 Zusammenstellung der Abhängigkeit
des Diffusorwirkungsgrades von δ^*/r und der
vorgeschalteten Rohrlänge. (Nach Ackeret und
Sprenger)

[8] Eytelwein, J. A.: Handbuch der Mechanik fester Körper und der Hydraulik. Berlin 1800,
§ 96–99.
[9] Peters, H.: Energie-Umsetzung in Querschnittserweiterungen bei verschiedenen Zulaufbedingungen. Ing.-Arch. (1931) 92.
[10] Ackeret, J.: Grenzschichten in geraden und gekrümmten Diffusoren. In: Grenzschichtforschung. IVTAM Symp. Freiburg/Br. 1957 (Hrsg. Görtler, H.). Berlin, Göttingen, Heidelberg:
Springer 1958.
[11] Sprenger, H.: Experimentelle Untersuchungen an geraden und gekrümmten Diffusoren.
Mitt. Inst. f. Aerodynamik d. ETH Zürich, Nr. 27, 1959.

vorgeschalteten Rohrlängen aufgetragen. Die Verminderung des Wirkungsgrades durch größere Verdrängungsdicken, d.h. vorgeschaltete Rohrlängen ist ganz erheblich. Von 0,914 sinkt der Wirkungsgrad bis auf 0,738. Dieses wichtige Resultat sollte in der Praxis beachtet werden. Abbildung 1.11 zeigt eine genauere Darstellung von Ackeret.

Es muß betont werden, daß die neuere Diffusorforschung maßgebend durch Ackeret und Sprenger geprägt wurde. Die hier angedeuteten diesbezüglichen Erkenntnisse sind für die Diffusorforschung entscheidend. Sie dürften das Beste darstellen, was auf diesem Gebiete erschienen ist. Der Verfasser ist diesen Herren zu besonderem Dank verpflichtet, als er jeweils von deren Forschungen in Kenntnis gesetzt wurde.

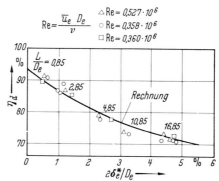

Abb. 1.11 Abhängigkeit des Diffusorwirkungsgrades von der Verdränungsdicke. (Nach Ackeret und Sprenger). $\bar{u}_e$ mittlere Eintrittsgeschwindigkeit

Die ungleiche Geschwindigkeitsverteilung im Querschnitt A_e zwingt zunächst zu einer anderen Wirkungsgraddefinition. Die ganze kinetische Energie am Eintritt soll als ausnützbar angesehen werden, während wir als Austrittsgeschwindigkeit die mittlere Geschwindigkeit $\bar{c}_a$ wählen wollen.

Um alle technisch wichtigen Feinheiten zu erfassen, soll folgende Wirkungsgraddefinition gewählt werden:

$$\eta_d = \frac{p_a - p_e}{\bar{\bar{q}}_e - \bar{q}_a}$$

p_a; p_e statische Drücke am Austritt bzw. Eintritt,
$\bar{\bar{q}}_e$ Mittelwert des Eintrittsstaudruckes, proportional dem effektiven Energiestrom,
$\bar{q}_a$ Mittelwert des Austrittsstaudruckes, proportional dem effektiven Massenstrom.

Die Geschwindigkeit verteilt sich bei verzögerten Grenzschichten nach Dönch[12] und Nikuradse[13] in erster Näherung nach folgendem Gesetz

$$c = C\, y^{1/n} \qquad\qquad n = 7 \text{ für } Re < 80\,000,$$
$$n = 8\ldots 10 \text{ für } Re > 80\,000.$$

Das ist aber die gleiche Gesetzmäßigkeit wie bei verzögerter Strömung.

[12] Dönch: VDI-Forschungsh. Nr. 282 (1926).
[13] Nikuradse, J.: Untersuchung über die Strömungen des Wassers in konvergenten und divergenten Kanälen. VDI-Forschungsh. Nr. 289 (1929).

1.1.5 Diffusoren mit plötzlicher Erweiterung

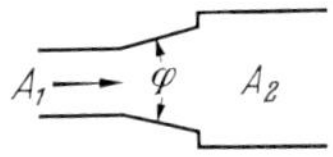

Auch ohne stetige Erweiterung, d.h. bei plötzlich erweitertem Querschnitt, ergibt sich gemäß S. 71, Bd. 1 nach dem Impulssatz eine Drucksteigerung. Ein solcher Diffusor nach Abb. 1.12 hat einen Wirkungsgrad

$$\eta = 2\,\frac{m}{m+1}$$

m	0,6	0,7	0,8	0,9	1,0
η	0,75	0,824	0,889	0,942	1,0.

Bei kleineren Querschnittsänderungen d.h. größeren m-Werten ist dieser Wirkungsgrad durchaus befriedigend, so daß ein stetig erweiterter Diffusor hier öfters entbehrlich ist.

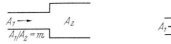

Abb. 1.12 Diffusor mit plötz-   Abb. 1.13 Kurzdiffusor
          licher Erweiterung

Weiter zeigt sich gelegentlich der eingehenden experimentellen Vorarbeiten zur
Normung der Venturi-Rohre, daß es in fast allen Fällen genügt, sog. Kurzdiffusoren
auszubilden (Abb. 1.13). Das sind Diffusoren, die nach einer anfänglichen stetigen
Erweiterung plötzlich auf größeren Querschnitt erweitert werden. Eingehende
Versuche zeigten, daß nur bei kleineren m-Werten etwas größere Verluste auftreten
(Abb. 1.14). Der Erweiterungswinkel kann um so größer gewählt werden, je kürzer
der Diffusor ist. Erweiterungswinkel bis zu 20 und 25° mit Querschnittsverhält-
nissen von 4 ergaben noch Verluste von etwa 16%. Es muß allerdings darauf hin-

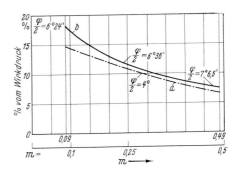

Abb. 1.14 Verluste bei Kurzdiffusoren,
    Abb. 1.13 (Nach Wendzel)

gewiesen werden, daß diese Regeln zunächst nur für die kleineren Re-Werte gelten, bei denen die Versuche durchgeführt werden.

Über den Wirkungsgrad von Diffusoren bei hohen Unterschallgeschwindigkeiten siehe Naumann[14].

1.1.6 Diffusoren mit gekrümmten Achsen

Insbesondere bei Strömungsmaschinen sind Diffusoren mit gekrümmten Achsen nicht zu umgehen. Es war immer angenommen worden, daß diese Diffusoren schlechter sind als gerade Diffusoren; ein tieferer Einblick in dieses Gebiet war bisher unbekannt. Es ist das Verdienst von Karrer[15], den Stein hier ins Rollen gebracht zu haben. Bei der Gestaltung von Spiralgehäusen, d. h. typischen Diffusoren mit gekrümmten Achsen machte er die Entdeckung, daß es zweckmäßig ist, die Krümmung von der Erweiterung zu trennen. So entstanden Spiralgehäuse mit viermaliger Kanalführung. Die dabei beobachteten Wirkungsgradverbesserungen waren beachtlich. Angeregt durch diese Versuche wurden vielerorts weitere diesbezügliche Untersuchungen angestellt. Zum Beispiel wurden von Ackeret[16] und Sprenger[17] solche Diffusoren systematisch untersucht, wobei die Beobachtungen von Karrer bestätigt wurden.

Das einmal aufgegriffene Problem ergab dann im Institut von Ackeret ganz überraschende Ergebnisse. Ackeret und Sprenger untersuchten Diffusoren, die nicht nur gekrümmt waren, sondern sich auch in der Querschnittsform änderten, um auch den Einfluß dieser Gestaltungsform kennenzulernen. Der Eintrittsquerschnitt war ein Kreis, anschließend folgte ein Übergang in elliptische Querschnitte; sowohl hochkantige wie flachkantige Übergänge bei einer Querschnittserweiterung 1:4 wurden untersucht. Die Ergebnisse waren überraschend und bedeuten einen wesentlichen Fortschritt auf diesem Gebiet. Es wurde nämlich festgestellt, daß bei einem gekrümmten Diffusor der Übergang vom runden zum Flachkantquerschnitt u. U. noch bessere Wirkungsgrade bringt als der gerade Diffusor. Dies ist aber eine ganz neue überaus wichtige Entdeckung für den ganzen Maschinenbau und verdient hervorgehoben zu werden.

Diese Erscheinung ist durch Sekundärbewegungen zu erklären, die bei gekrümmten Kanälen immer auftreten. Diese Bewegungen bringen die seitlich strömenden Teile in das Gebiet mit größerer Strömungsenergie. Es fällt auf, daß die Hochkantstellung besonders schlecht ist. Die Versuche zeigten weiter, daß in jedem Fall eine Drallbewegung von Vorteil ist. Diese kann notfalls durch entsprechende Leitflächen im Krümmer angefacht werden.

Aufschlußreich ist das Verhalten von gekrümmten Diffusoren bei verschiedenen turbulenten Eintritts-Grenzschichtdicken. Je größer die Eintritts-Grenzschichtdicke ist, um so kleiner wird der Wirkungsgrad.

---

[14] Naumann, A.: Wirkungsgrad von Diffusoren im kompressiblen Unterschallbercich. VDI-Forschungsber. Nr. 1705 (1942).
[15] Karrer, W.: Die Oerlikon-Versuchs-Gasturbinenanlage. Technik 1947, 16. Juli. Beilage der Züricher Zeitung.
[16] Ackeret, J.: Siehe Fußnote 10, S. 7.
[17] Sprenger, H.: Siehe Fußnote 11, S. 7.

Sprenger entnimmt aus den Versuchen folgende Gesetzmäßigkeiten:

1. Der gerade Kreiskegeldiffusor von 8° totalem Erweiterungswinkel erzeugt bei allen Eintrittsschichtdicken die beste Druckumsetzung.

2. Mit der Diffusorkrümmung sinkt der Wirkungsgrad; kleine Ablenkwinkel verstärken prozentual stärker als größere Umlenkungen (infolge der Sekundärströmung).

3. Für die verschiedenen Formen wachsen im Bereich der dünnen Grenzschichten die Unterschiede in η mit zunehmendem δ^*.

4. Je schlechter die Diffusorform, um so steiler fällt η über δ^* ab. (Bei den hochkant gekrümmten Radialgebläsediffusoren sollte δ^* deswegen besonders klein sein.)

5. Breitkantkrümmer reagieren viel weniger empfindlich auf Grenzschicht- und Umlenkungswinkelveränderung als Hochkantkrümmer.

6. Bei großem Seitenverhältnis des Austrittsquerschnittes können Breitkantkrümmer höhere Werte erreichen als die nichtgekrümmte Bauform.

1.1.7 Ringdiffusoren

Ringdiffusoren, bei denen der innere Nabenkörper evtl. plötzlich aufhört, sind bei Axialgebläsen im Gebrauch und finden sich auch bei anderen Anwendungen. Von Herzog[18] stammen eingehende Untersuchungen dieser Diffusoren. Dabei ergab sich, daß die Änderung des Nabenverhältnisses $\nu = r_0/r_i$ ohne wesentlichen Einfluß auf den Wirkungsgrad ist. Eine merkliche Verschlechterung tritt erst bei $\nu \approx 0,82$ bzw. $A_2/A_1 \approx 0,33$ ein ($A_2 =$ Ringfläche; $A_1 = r_a^2 \pi$). Das Optimum liegt bei einem Diffusor mit dem Öffnungswinkel $\alpha = 10,5°$ und einem Flächenverhältnis $\overline{A}_2/\overline{A}_1 = 0,55$ $\eta = 0,83$.

1.1.8 Der Nabendiffusor

Auch ohne Erweiterung der Kanalwände kann ein Diffusor entstehen, z.B. durch eine Nabe, die in einem Rohr zentrisch eingesetzt ist und in Strömungsrichtung ausläuft. Hierbei nehmen die Querschnitte in der Bewegungsrichtung zu, so daß sich ähnliche Verhältnisse wie bei einem Diffusor ergeben. Insbesondere hinter den Naben von Axial-Kreiselmaschinen ergeben sich solche Fälle. Hierbei beobachtet man ganz besondere, typische Ablösungen, die wegen ihrer grundsätzlichen Bedeutung näher behandelt werden sollen.

Das Charakteristische dieser Strömungen durch Nabendiffusoren besteht darin, daß sie ganz besonders empfindlich gegen einen Drall der Strömung sind. Hinter Kreiselmaschinen muß fast durchweg damit gerechnet werden, daß die Strömung zumindest noch einen Restdrall besitzt. Nach den Untersuchungen von Meldau[19] und anderer Forscher bildet sich aber bei der nabenlosen Drallströmung

---

[18] Herzog, J.: Untersuchungen an Ringdiffusoren. Maschinenbau u. Wärmewirtschaft (1956) 189.

[19] Meldau: Drallströmung in Drehhohlräumen, Diss. TH Hannover 1935.

ein Wirbelkern aus, der sich an der Hauptströmung nicht beteiligt und somit als „Ablösung" verbucht werden muß. Abbildung 1.15 (links oben) zeigt schematisch diesen Fall. Ganz anders sieht das Bild aus, wenn die Strömung drallfrei ist. Bei zu starker Erweiterung löst sich hier meist die Strömung nicht — wie vielleicht bei naiver Betrachtung vermutet wird — von der Nabe ab, sondern von der Außenwand gemäß Abb. 1.15 (rechts oben). Verfolgt man quer zur Strömung eine Normallinie von der gekrümmten Nabe bis zur Wand, so muß infolge der Zentrifugalkräfte der Druck nach außen zunehmen, so daß sich an der Außenwand der

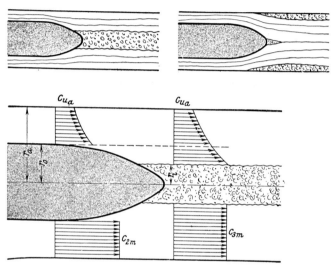

Abb. 1.15   Ablösung am Nabendiffusor. *Links oben*: Ablösung an Nabe bei Drallströmung.
Rechts oben: Ablösung an Außenwänden bei dralloser Strömung.
Unten: Verlauf der Umfangsgeschwindigkeit und Meridiangeschwindigkeit

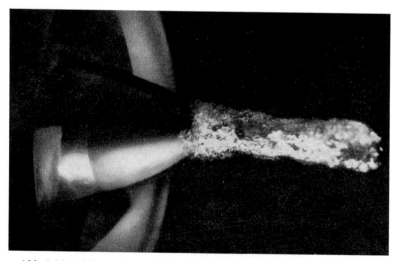

Abb. 1.16   Ablösung hinter Nabe einer Kaplanturbine. (Nach Escher-Wyss)

Druckanstieg und späterer Druckabfall und damit eine Ablösungsgefahr ergibt. Abbildung 1.16 zeigt nach einer Aufnahme von Escher-Wyss deutlich den Wirbelkern einer Drallströmung hinter einer Wasserturbine, wo sich infolge der Luftausscheidung der Wirbelkern besonders schön erkennen läßt. Für den zweiten Fall bringt Abb. 1.17 einen Beleg. Hier wurde ein Tragflügel in einen engen Kanal eingesetzt. Die Ablösung entsteht nicht am Tragflügel, sondern an der Außenwand. Es ist einleuchtend, daß diese Ablösung durch Änderung der Krümmung des eingesetzten Körpers bzw. der Nabe beeinflußt werden kann.

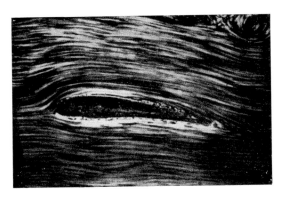

Abb. 1.17 Ablösung an Außenwand bei Umströmung eines Tragflügels
im parallelen Kanal

Gemäß Abb. 1.15 betrachten wir die Drallströmung genauer. Wir wollen uns dabei auf die Untersuchungen über Wirbelkernbildung stützen. Hiernach bildet sich bei jeder Drallströmung ein Wirbelkern, dessen Durchmesser mit größerem Drall größer wird.

Verfolgen wir die Strömung am hinteren Nabenende, so kann zunächst die Strömung noch anliegen. Dabei kommen Teilchen näher zur Mitte und müssen gemäß der Beziehung $c_u r = c_{ua} r_a$ (c_{ua} Umfangskomponente außen, r_a Rohrradius) eine größere c_u-Komponente erhalten, während die Drallverteilung nach außen unverändert bleibt. Schließlich wird bei einem bestimmten Radius r_i die Strömung unter Bildung eines Wirbelkernes abreißen. Die Bewegung in diesem Kern ist ungeordnet und trägt nicht mehr wesentlich zum Durchfluß bei, so daß wir uns auch einen zylindrischen Einsatz von diesem Durchmesser denken können. Infolge der zunehmenden Querschnitte wird die c_m-Komponente abnehmen, d. h. $c_{m3} < c_{m2}$. Einerseits wird sich somit durch diese Verzögerung ein Druckanstieg $(c_{m2}^2/2g) - (c_{m3}^2/2g)$ ergeben, während andererseits die von r_0 bis r erweiterte Drallverteilung einen Zuwachs an kinetischer Energie, d. h. eine Druckabsenkung hervorrufen wird. Je nachdem, ob der letzte Betrag größer oder kleiner als der erstere ist, wird sich im Nabendiffusor eine Druckabsenkung oder ein Druckanstieg einstellen. Man erkennt, daß die bis zum Kern neu zu erzeugende Drallverteilung u. U. stark druckvermindernd wirken kann. Eine Nachrechnung dieser Verhältnisse ist leicht möglich.

1.1.9 Mehrstufige Stoßdiffusoren nach Gibson

Die Anordnung, mit der Gibson[20] bereits im Jahre 1910 eine Halbierung der Verluste erzielte, zeigt Abb. 1.18, wo a den zweistufigen Diffusor zeigt, dessen Verluste nur halb so groß sind, wie bei der einstufigen Ausführung nach b bei gleichem Ein- und Austrittsdurchmesser.[21]

Aus den neuerdings von Regenscheit[22] und der Fa. Krantz durchgeführten Versuchen mit n Stufen (Krantz-Hausnotiz 2300) kann man folgende Bestwerte entnehmen, wobei die erreichten Verlustwerte angegeben werden:

n	1	2	3	4	5
A_2/A_1	2	3	4	5	6
ζ	0,5	0,33	0,25	0,2	0,16.

Nach den großen Erfolgen von mehrstufigen Stoßdiffusoren liegt der Gedanke nahe, einen stark erweiterten Diffusor mit stetig folgenden Stolperkanten zu versehen. Dabei ergibt sich ein Diffusor gemäß Abb. 1.19. Dieser Gedanke wurde von Migay[23] verwirklicht. Diese Anwendung zeigt wieder, wie nützlich bei verschiedenen Anwendungen kleine Ablösungen sein können. Sie bewirken, daß durch die kleinen Ablösungswirbel Energie aus der Strömung an die Wand gebracht werden kann.

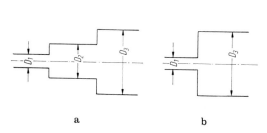

a   b

Abb. 1.18 Zweistufiger (a) und einstufiger (b) Stoßdiffusor. (Nach Gibson)

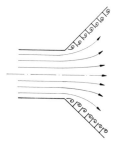

Abb 1.19. Diffusor mit stetig folgenden Stolperkanten. (Nach Migay)

1.1.10 Ermittlung einer Ablösung

In einfachen Fällen kann der Ablösungspunkt berechnet werden, so z.B. durch eine einfache Berechnung von Ackeret (Bd. 1, S. 129). Eine sehr genaue und einfache Regel für eine Ablösung kann inzwischen noch angegeben werden. Sowohl bei

[20] Gibson, A. H.: Proc. Roy. Soc. London 83 (1910) 366.
Gibson, A. H.: Engineering (London) (Febr. 1912) 205.
[21] Berry, C. H.: Flow and Fan. New York: The Industrial Press 1954, p. 84.
[22] Regenscheit, B.: Druckverlustbeiwerte von Stoßdiffusoren. Mitt. d. Entwicklungsabt. Fa. Gebr. Trox, Neukirchen-Vluyn.
[23] Migay, V. K.: Povysenie effektivnos ti diffuzorow putem ustanovski popereenovo orebrenia. Teploenergetika (1961) 41—43.

einer Umströmung eines Zylinders wie bei der Durchströmung eines Rohrstückes mit anschließendem Diffusor möge dies veranschaulicht werden. In Abb. 1.20 ist dies dargestellt. Die Regel besteht darin, daß beim Ablösungspunkt das Grenzschichtprofil einen Wendepunkt hat. Beim umströmten Zylinder mit überkritischer Strömung reißt die Strömung etwas hinter dem Meridianquerschnitt ab.

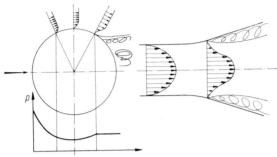

Abb. 1.20   Ablösung bei einer Umströmung eines Zylinders und Durchströmung eines Rohrstückes

Das Grenzschichtprofil an dieser Stelle hat einen Wendepunkt, während die vorhergehenden Grenzschichtprofile dies nicht aufweisen. Daneben ist ein Rohrstück mit anschließendem Diffusor mit den Geschwindigkeitsverteilungen im Rohr und dem nachfolgenden Diffusor gezeichnet. Im Rohr ist ein normales Geschwindigkeitsprofil dargestellt, wie es bei Rohrströmungen bekannt ist. Im Diffusor reißt die Strömung ab. Das Grenzschichtprofil an dieser Stelle zeigt einen Wendepunkt. Dieser Abreißpunkt liegt immer bei einem Druckanstieg.

Auch meßtechnisch existiert eine höchst einfache Feststellung. Wenn man mit einem dünnen Schlauch mit einem Stetoskop die Strömung abtastet, ist eine Ablösungsstelle an einem sehr deutlichen Rauschen zu hören.

Schrifttum zu Kapitel 1

Ackeret, J.: Grenzschichten in geraden und gekrümmten Diffusoren. In: Grenzschichtforschung. IUTAM Symp. Freiburg/Br. 1957 (Hrsg.: Görtler, H.) Berlin, Göttingen, Heidelberg: Springer 1958.

Bardili, W.; Notter, O.; Betz, B.; Ibel, G.: Wirkungsgrad von Diffusoren. Jahrb. d. dtsch. Luftfahrtforschung 1939, S. I 691

Buri, A.: Eine Berechnungsgrundlage für die turbulente Grenzschicht bei beschleunigter und verzögerter Grundströmung, Diss. ETH Zürich 1931.

Gruschwitz, E.: Die turbulente Reibungsschicht in ebener Strömung bei Druckabfall und Druckanstieg. Ing.-Arch. (1931) 321

Kaufmann, K.: Grenzschichtbeeinflussung bei Diffusoren von Strömungsmaschinen. Diss. TH Karlsruhe 1957.

Kmonicek, V.: Verbesserung der Diffusorarbeit durch einfache Eingriffe. SNTL Praha (1956) 57.

Nikuradse, J.: Untersuchung über die Strömungen des Wassers in konvergenten und divergenten Kanälen. VDI-Forschungsh. Nr. 289 (1929).

Peters, H.: Energieumsetzung in Querschnittserweiterungen bei verschiedenen Zulaufbedingungen. Ing.-Arch. (1931) 92.

Polzin, J.: Strömungsuntersuchungen an einem ebenen Diffusor, Ing.-Arch. (1940) 361.
Sprenger, H.: Experimentelle Untersuchungen über den Einfluß der Eintrittsgrenzschicht auf
   die Druckumsetzung in geraden und gekrümmten Diffusoren. ZAMP (1956) 372.
—: Experimentelle Untersuchungen an geraden und gekrümmten Diffusoren. Mitt. Inst. f.
   Aerodynamik d. ETH Zürich, Nr. 27, 1959.
Truckenbrodt, E.: Fluidmechanik (2 Bände). Berlin, Heidelberg, New York: Springer 1980.
   (2., völlig neubearb. u. erweiterte Aufl. des 1968 ersch. Buches „Strömungsmechanik").
Wuest, W.: Strömungsmeßtechnik. Braunschweig: Vieweg 1969.

2 Sichtbarmachung von Strömungen

2.1 Flüssigkeitsströmungen

1. Weiße Ölfarbe wird mit viel Trockenstoff auf Wände gestrichen. Stromlinien, insbesondere Ablösungsbereiche werden auf den Wänden gut abgezeichnet.

2. Zur Herstellung von Farbstrahlen, die in Düsen einer Strömung beigegeben werden, eignet sich besonders Dunkelkammergrün 1:100 in Wasser gelöst. Auch Malachitgrün oder Methylenblau mit wenig Bismarckblau ist gut geeignet. Erwähnt sei auch Kaliumpermanganat in Wasser gelöst, Fuxin, Indigo, Methylviolett, Tusche oder Ponzeau.

3. Man versieht den Versuchskörper mit Tupfen von Ölfarbe, die vor dem Versuch aufgebracht werden. In der Strömung werden die Tupfen in Strömungsrichtung gelenkt. So entstehen Striche, die eine gute Orientierung über die Strömung vermitteln.

4. Statt Ölfarbe wird verschiedentlich auch mit weißer Lackfarbe gearbeitet, die man vor dem Versuch wenig trocknen läßt.

5. Einblasen von feinen Luftblasen stellt für kürzere Versuchsstrecken ein vorzügliches Mittel zur Sichtbarmachung dar.

6. Einführen von kleinen Schwebekörpern, die das gleiche spezifische Gewicht wie die Flüssigkeit haben, z.B. Sägespäne bestimmter Hölzer (Buchsbaum usw., auch Aluminiumpulver).

Aluminiumfilter, Iriodin. Unter Aluminiumfilter versteht man kleine Teile zerriebener Aluminiumfolie, etwa 0,3 mm. Für 1 m³ Wasser werden etwa 100 cm³ lose Filter benötigt. Zur Entfettung werden sie mit 300 m³ Sodalösung oder Spiritus vermischt und der Strömung dann zugeführt. Geeignet sind auch Plexiglasspäne. Durch ein Gemisch von Wachs (0,96) und Harz (1,07) lassen sich Kügelchen herstellen, die genau das spezifische Gewicht des Wassers haben. Viel verwendet werden auch Polystyrolkugeln.

Mikroskopisch kleine Glaskügelchen von 1 bis 10 µm lassen sich leicht herstellen. Sie können sowohl in Wasser wie in Luft verwendet werden.

7. Zur Sichtbarmachung von bestimmten Strahlen eignet sich neben den unter 2. genannten Mitteln Milch vorzüglich.

8. Für Oberflächenversuche ist das Bestreuen der Oberfläche mit Aluminiumpulver, Korkpulver oder Lykopodium zu empfehlen.

9. Für Vermischungsversuche ist es oft von Vorteil, den Versuchskörper aus einem in Wasser löslichen Farbstoff herzustellen bzw. die Oberfläche damit dick aufzutragen. Die Grenzen turbulenter Vermischung zeigen sich dann gut an der Färbung der Strömungsbereiche.

10. Die für gefärbte Farbstrahlen verwendeten Flüssigkeiten, bestehend aus stark konzentrierten Wasserlösungen, haben den Nachteil, daß sie verhältnismäßig rasch diffundieren und deshalb nicht bei sehr langen Beobachtungsstrecken verwendet werden können. Diese Schwierigkeiten werden vermieden, wenn man Petroleum nimmt, das mit fettlöslichem Nigrosin oder Olesol tiefschwarz gefärbt wird.

11. Nach Wortmann kann man im Wasser Tellur als stromdurchflossene Kathode verwenden, zweckmäßig als dünner Tellurdraht quer zur Strömung gestellt. Beim Stromdurchgang wandert Farbstoff in die Flüssigkeit. Kleine Tellurperlen, einzeln oder auf einen Draht aufgereiht, geben schöne Strömungsbilder. Durch Stromstöße lassen sich einzelne Farbpunkte erzeugen.

12. Benutzt man als Flüssigkeit Essigester und löst darin Hammerschlag-Lack, so entstehen scharfe Bilder der Wirbelbildung.

13. Darstellung von Vermischungsvorgängen. Physikalisch chemische Vorgänge bei Mischung von Säuren und Basen mit Farbstoffen geben verschiedentlich Farbeffekte, die zur Veranschaulichung von Vermischungsvorgängen benutzt werden können. Nach amerikanischen Beobachtungen kann damit das Verhalten einer Flamme beobachtet werden. Wird z.B. der Farbstoff Phenolphtalein mit Säure zusammengebracht, so bleibt die Lösung farblos, während in basischer Lösung eine rotviolette Farbe eintritt. Dazu verwendet man Säuren und Basen. Gibt man in eine Base etwas mehr als die äquivalente Menge einer Säure, so wird mit Sicherheit erreicht, daß die Endlösung farblos wird. Da die Reaktionsgeschwindigkeit der Salzbildung unmeßbar groß ist, wird die Vermischung augenblicklich durch den Farbumschlag rotviolett in farblos angezeigt. Jede Stelle der Strömung, in der als Folge der Durchmischung das Salz gebildet ist, ist demnach farblos wie die Säurelösung. Man kann auch daran denken, durch mehrfarbige Indikatoren solche Versuche auszuführen, z.B.

Dreifarbige Indikatoren

Farbstoff	sauer	neutral	basisch
meta-Kresyl-purpur	rot	gelb	purpur
Thymolblau	rot	gelb	blau
ortho-Xylenol-blau	rot	gelb	blau

2.2 Luft- und Gasströmungen

1. Bei Luftströmungen mit kleiner Geschwindigkeit genügt ein Beifügen von Aluminiumstaub, Magnesia, Talkum, feinem Korkpulver oder auch Kohlenstaub, damit man Bewegung mit dem Auge gut verfolgen kann.

2. Luft wird mit Metaldehyd oder Azetaldehyd, das durch Sublimation des festen Metaldehyds entsteht, gemischt. Es entstehen Flocken, deren Bewegung leicht zu beobachten ist.

3. Beimischung von Funken in die Strömung ist ziemlich das einfachste Mittel,

das leichte Beobachtung mit dem Auge gestattet, auch bei größeren Geschwindigkeiten. Funken aus Kohlenstaub, Zunder oder durch Abschleifen an kleinem
Schmirgelstein kommen in Betracht. Infolge der Trägheit der Festkörper ergeben
sich Abweichungen von der Bewegung des Gases, die u. U. groß sein können.

4. Als Schwebestoff wird öfters auch zerkleinerter Holunder (ca. 1/3 mm) mit
Erfolg verwendet.

5. Einführen einer langgestreckten Gasflamme durch dünne Düsen. Vorzügliches Mittel zum Abtasten der Strömung. Hervorragendes Mittel, um eine örtliche Turbulenz visuell zu prüfen. Scharfes Abgrenzen der Totwassergebiete, wenn
Gasdüse in das Ablösungsgebiet gebracht wird. Noch besser ist Zuführen von Ruß
in das Gas.

6. Ein Netz glühender Platindrähte wird im Luftstrom angebracht und die
erwärmten dünnen Schichten werden durch optische Mittel, z. B. mit Hilfe des
Schlierenverfahrens, sichtbar gemacht.

7. Statt der Hitzdrähte können auch winzige Funkenstrecken verwendet werden.

8. Der Versuchskörper wird mit einer Mischung aus Lampenruß und Petroleum bestrichen. Beim Abblasen verdampft Petroleum und Ruß ordnet sich in
Richtung der Stromlinien. Insbesondere zeichnen sich die Ablösungszonen bzw. die
Umschlagstellen sehr schön bei diesen Versuchen ab. Gelegentlich wird auch Öl
verwendet.

9. Der Versuchskörper wird eingeölt und mit Schwefelstaub bestreut. Bei Verwendung von stark feuchter Luft zeichnen kleine Wassertröpfchen die Stromlinien.

10. Der Versuchskörper wird mit Ozalidpauspapier beklebt. In Düsen werden
ein oder mehrere dünne Ammoniakstrahlen beigemischt, die auf dem Pauspapier
in Richtung der Strömung Verfärbungen hinterlassen.

11. Beimischung von dünnen Rauchstrahlen, z. B. Tabakrauch oder Verschwe-
lung von Holz oder Papier. Man achte darauf, daß die aus Düsen austretenden
Rauchstrahlen die gleiche Geschwindigkeit wie die Umgebung haben. Verbesserung
von Zunder oder Baumwollsamt. Empfehlenswert auch Rauchpatronen, z. B.
„Keton-Nebelmasse-weiß" (Rauch eventuell vorher durch Kohlefilter leiten, um
Verstopfen von kleinen Öffnungen zu vermeiden.)

12. Zur Rauch- oder Nebelerzeugung ist auch die Verwendung von Titan-
tetrachlorid verwendbar. Auch Aufstrich dieses Mittels auf den Versuchskörper
oder Teile desselben genügt, um einige Zeit Nebelentwicklung an dieser Stelle zu
erzeugen, eventuell mit Tetrachlorkohlenstoff mischen, um Verstopfen von Öffnungen zu vermeiden. (Vorsicht: greift Metalle an!)

13. Der Versuchskörper wird mit leichten dünnen Fäden beklebt. Die Fäden
stellen sich in Strömungsrichtung ein.

14. Die Modelle werden mit einer Schicht dünnen staubbindenden Öles bestrichen, während der Luft einfach Schlemmkreide, gut verteilt, beigemischt wird.
Der Kreidestaub lagert sich dann an den stark durchwirbelten Stellen ab.

15. Durch Beimischung von Gips kann bereits ohne jede Vorbereitung der
Modelle bei genügender Luftfeuchtigkeit ein Ablagern an den verwirbelten Stellen
erreicht werden.

16. Zur Untersuchung der Durchströmung von Schüttungen (Brennstoffbetten) kann man die Einzelkörper mit einem Stärkeüberzug versehen und mit Joddämpfen beschicken. An der Verfärbung lassen sich die Hauptströmungswege sowie die Ablösungszonen erkennen.

17. Siliziumtetrachlorid wird auf die Oberfläche des zu untersuchenden Körpers gestrichen. Die vorbeistreichende Frischluft reißt einen intensiven, kontrastreichen Nebelstreifen mit, dessen Bewegung durch Blitzlichtaufnahmen gut festgehalten werden kann.

18. Größere makroskopische Schwebeteilchen lassen sich dadurch erreichen, daß ein rotglühender Lötkolben auf einen Meta-Brennstoff-Block (Trockenspiritus) von ca. 2 g aufgepreßt wird. Hierdurch sublimiert das polymerisierte Azetaldehyd. Die sich so bildenden schneeflockenähnlichen Teilchen werden mit einem kleinen Luftstrahl leicht an eine zu untersuchende Stelle in einem Luftstrom geführt.

19. Zur leichten, ersten Orientierung können auch Fäden, die mit Gänsedaunen besetzt sind, empfohlen werden.

20. Öldämpfe, gewonnen durch Erhitzung in einer Flasche oder durch Auftropfen auf eine elektrisch geheizte Platte eignen sich vorzüglich für lange sichtbare Stromfäden. Bei Einführung durch einen Düsenkamm kann man einen größeren Bereich erfassen. Sehr wichtig und entscheidend dabei ist, daß die Öldämpfe an der Düse mit der gleichen dort vorhandenen örtlichen Geschwindigkeit austreten, weil sonst Vermischung eintritt. Dazu sind genaue Reguliermaßnahmen notwendig. Ein in Asbest eingebetteter geheizter Draht verdampft eine regelbar zugeführte Menge Petroleum.

21. Ein Stück Plastikschlauch von etwa 10 cm Länge wird mit Widerstandsdraht umwickelt und in einem geschlossenen Behälter elektrisch beheizt. Die bei der Verschwelung sich bildenden Nebel sind zur Rauchentwicklung vorzüglich geeignet.

22. Salmiakteilchen in Luftstrom, erzeugt durch Blasen von HCl-Dämpfen durch NH_4OH (Ammoniakgeist). Beide Bestandteile chemisch rein.

23. Man tränkt Balsaholz mit Benzin, wodurch Benzin an der Oberfläche verdampft und in die Wirbelzone hineingezogen wird.

24. Man läßt auf eine elektrisch beheizte Platte Öl (z.B. Shell Spezial 03) tropfen und verdampfen. Periodische Vorgänge in Grenzschichten können so sichtbar gemacht werden.

25. Eine Oberfläche wird mit Quecksilberchlorid bestrichen und ein Rauchfaden, z.B. Ammoniak, eingeleitet. Im laminaren Bereich entsteht ein schwarzer Strich, bei Turbulenz Zerflattern.

2.3 Sichtbarmachung von Strömungsfeldern durch Funkenentladungen

Folgendes Prinzip (Spark Tracing-Verfahren) wird dabei verwendet:

Ein mit der Strömung transportiertes Funkenplasma wird durch Hochspannungsimpulse periodisch zum Leuchten gebracht.

Dazu werden in Richtung der Strömung zwei nahezu parallele Drähte im Abstand von einigen Zentimetern gespannt.

Ein kurzer Hochspannungsimpuls wird an diese Drähte gelegt, so daß es an einer verengten Stelle am vorderen Drahtende zum Durchschlag kommt. Für die Dauer des Hochspannungsimpulses, d.h. einige Mikrosekunden, leuchtet die Funkenbahn auf. Die Ionisierung dieses Plasmakanals bleibt aber länger, etwa 10^{-4} s, erhalten. Wird innerhalb der Entionisierungszeit ein weiterer Hochspannungsimpuls an die Drähte gelegt, so bricht der Funke nicht wieder an der ursprünglichen Stelle durch, sondern benutzt den ionisierten Kanal, der aber in der Zwischenzeit um die Strecke $\Delta s = u \, \Delta t$ gewandert ist. Hierbei ist u die Geschwindigkeit der Strömung und Δt der Impulsabstand. Die Wegdifferenz wird fotografisch ermittelt, so daß sich bei bekanntem Impulsabstand unmittelbar die Strömungsgeschwindigkeit ergibt.

Durch eine Serie von Impulsen mit fester Frequenz erhält man also die vollständige Darstellung eines Strömungsprofils in extrem kurzer Zeit. Die Meßdauer beträgt nur einige Millisekunden, so daß das Spark tracing-Verfahren auch auf fluktuierende Strömungen anzuwenden ist.

Das Verfahren arbeitet einwandfrei über einen weiten Druckbereich von 80 mbar bis ca. 25 bar. Daher kann es mit speziellen Elektrodenformen auch im Inneren von Dieselmotoren eingesetzt werden.

Eine erhebliche Verbesserung erreichte Früngel[1] durch Einsatz eines Differentialtransformators für Spannungen bis 250 kV, der primärseitig über eine getriggerte Löschfunkenstrecke mit einem Hochleistungsimpulsgenerator aus dem Strobokin-Programm der Fa. Impulsphysik GmbH, Hamburg 56, verbunden ist. Diese Kombination ermöglicht Blitzfrequenzen bis 100 kHz. Eine vereinfachte Ausführung

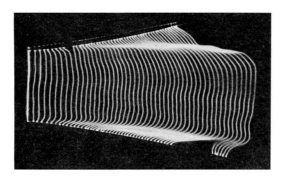

Abb. 2.1   Verlauf eines Laminarstrahles (Impulsphysik GmbH)

---

[1] Die Darstellung erfolgt mit freundlicher Genehmigung von Dr.-Ing. Früngel, Impulsphysik GmbH.

befindet sich z.Zt. in Vorbereitung. Als Beispiel zeigt Abb. 2.1 den Verlauf eines Laminarstrahles, bei dem seitlich langsam Luft angesaugt wird.

Abbildung 2.2 zeigt die Durchströmung eines Diffusors mit beidseitiger Ablösung der Strömung.

Erwähnt sei noch die Combi Spark-Blitzlampe der Fa. Impulsphysik, die aus einer kompakten Blitzlampe mit lichtstarkem Kondensator (Abb. 2.3) und einem Steuergerät mit einstellbarer Verzögerungszeit besteht. Für Geschwindigkeitsmessungen von Partikeln können zwei Combi-Spark-Lampen kombiniert werden. Zur Aufnahme sehr schneller Vorgänge bei starker Vergrößerung werden Blitz-

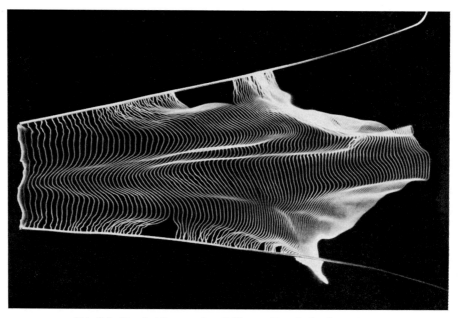

Abb. 2.2 Durchströmung eines Diffusors (Impulsphysik GmbH)

Abb. 2.3 Combi-Spark-Blitzlampe (Impulsphysik GmbH)

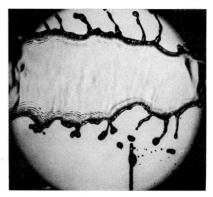

Abb. 2.4 Aus einer Flachstrahldüse austretender Flüssigkeitsstrahl zerstäubt an seinem Rand (Impulsphysik GmbH)

lampen benötigt, die eine hohe Lichtintensität mit extrem kurzer Blitzdauer vereinigen. Nur 18 ns beträgt die Belichtungszeit der mit einer Nanolite-Blitzlampe nach Prof. Fischer aufgenommenen Abb. 2.4. Ein aus einer Flachstrahldüse austretender Flüssigkeitsstrahl zerstäubt an seinem Rand. Die Durchlichttechnik macht die Dickenänderungen am Rand infolge der Oberflächenspannung deutlich.

Schrifttum zu Kapitel 2

Albring, W.: Angewandte Strömungslehre. Dresden 1961.
Arshanikow; Malzow: Aerodynamik. 1959.
Baturin, W. W.: Lüftungsanlagen für Industriebauten. Berlin 1959.
Betz, A.: Einführung in die Theorie der Strömungsmaschinen. Karlsruhe 1959.
—: Windenergie. Göttingen 1926.
Brauer, H.: Grundlagen der Einphasen- und Mehrphasenströmungen. Sauerländer, Aarau 1971.
Daugherty: Fluid Mechanics. New York 1954.
Dryden, H. C.; v. Karmán, Th.: Advances in Applied Mechanics. New York ab 1948.
Dubs, F.: Aerodynamik der reinen Unterschallströmung. Basel: Birkhäuser 1954.
—: Angewandte Hydraulik. Basel: Birkhäuser 1949.
Duncan, W. C.: Elementary Treatise on the Mechanics of Fluids. London 1960.
Ferri; Küchemann; Sterne: Progress in Aeronautical Sciences. Oxford ab 1961.
Festschrift Jakob Ackeret zum 60. Geburtstag. Basel 1958.
Festschrift Stodola. Zürich 1929.
Hackeschmidt: Grundlagen der Strömungstechnik, 3 Bände. Leipzig 1969.
Herning: Grundlagen der Praxis und der Mengenmessung. Düsseldorf: VDI-Verlag 1959.
—: Stoffströme in Rohrleitungen. Düsseldorf: VDI-Verlag 1957.
Ideljčik: Spravocnik po gidravliceskim. Moskau 1960.
Jaeger: Technische Hydraulik. Basel 1949.
v. Kármán, Th.: Aerodynamik. Genf 1956.
—: Die Wirbelstraße. Hamburg: Hoffmann u. Campe 1968 (Deutsche Übersetzung von Alfred
    Scholz).
Krischer, O.; Kast, W.: Die wissenschaftlichen Grundlagen der Trocknungstechnik. 3. Aufl.
    (Trocknungstechnik Bd. 1). Berlin, Heidelberg, New York: Springer 1978.
Kröll, K.: Trockner und Trocknungsverfahren. 2. Aufl. (Trocknungstechnik Bd. 2). Berlin,
    Heidelberg, New York: Springer 1978.
Meldau: Handbuch der Staubtechnik. Düsseldorf 1956.
Moog, W.: Dimensionierung von Luftführungssystemen. Fortschritt-Ber. VDI Z. 1978.
Popow, S. G.: Strömungstechnisches Messen. Berlin 1958.
Prandtl, L.: Strömungslehre. Braunschweig :Vieweg 1965.
Richter, H.: Rohrhydraulik, 5. Aufl. Berlin, Heidelberg, New York: Springer 1971
Rouse, H.; Hunter: Engineering Hydraulics. New York: Wiley 1950.
Schlichting, H.: Grenzschichttheorie. Karlsruhe 1965.
Tietjens, O.: Strömungslehre (2 Bände). Berlin, Heidelberg, New York: Springer 1960 u. 1970.
Truckenbrodt, E.: Fluidmechanik (2 Bände). Berlin, Heidelberg, New York: Springer 1980
    (2., völlig neubearb. u. erweiterte Aufl. des 1968 ersch. Buches „Strömungsmechanik").
Trutnovsky, K.: Berührungsfreie Dichtungen, 2. Aufl. Düsseldorf: VDI-Verlag 1964.
Vennard: Elementary Fluid Mechanics. New York 1954.
Witte, R.: Die Strömung durch Düsen und Blenden. Forsch. Ingenieurwes. 2 (1931).
Wuest, W.: Strömungsmeßtechnik. Vieweg 1969.

II Widerstandsangaben

3 Einzelwiderstände

3.1 Widerstand verschiedener Körper

3.1.1 Widerstand bei Beschleunigung eines Körpers in einer Flüssigkeit

Bei Beschleunigung eines Körpers tritt zu dem Widerstand ein Beschleunigungs-
widerstand hinzu, der dazu dient, die kinetische Energie der Flüssigkeit zu erhöhen.
Dieser Widerstand wird dadurch zweckmäßig erfaßt, daß man die Masse des Körpers um einen gewissen Betrag, den man scheinbare Masse nennt, vergrößert denkt.
Als Beispiel sei die Kugel angeführt, für die eine exakte Rechnung durchführbar ist.
Hier ist die scheinbare Masse gleich der halben von der Kugel verdrängten Flüssig-
keitsmasse. Eingehendere Angaben stammen von Tollmien[1].

3.1.2 Widerstandsänderung durch verschiedene Formgebungen

Ein vorn abgerundeter Körper kann durch verschieden folgende, gerade Ver-
längerungen wesentlich kleineren Widerstand zeigen. Abbildung 3.1 zeigt einen
Halbzylinder, der hinten parallel auf verschiedene Längen erweitert wurde. Von

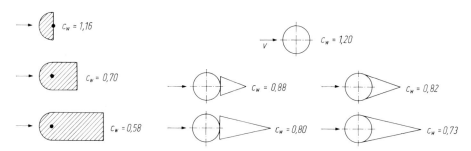

Abb. 3.1 Widerstand eines   Abb. 3.2 Einfluß von verschiedenen Abflußkörpern auf den
Halbzylinders. (Nach Barth)   Widerstand von Kreiszylindern. (Nach Kramer)

---

[1] Tollmien, W.: Ing.-Arch. 9 (1938) 8.

Barth[2] wurde der Widerstand dieser Körper gemessen. Dabei ergab sich eine Widerstandszahl, die sich von $c_w = 1,16$ auf 0,70 und 0,58 verringerte.

Verschiedene andere Abflußkörper (kegelige und konische) eines Zylinders wurden von Kramer[3] untersucht (Abb. 3.2). Von dem Normalwert $c_w = 1,2$ kann immerhin der Widerstand eines Zylinders bis auf $c_w = 0,73$ vermindert werden.

3.1.3 Widerstandsverminderung durch mittlere Flächen vor oder hinter einem Zylinder

Abbildung 3.3 zeigt das Strömungsbild eines rechteckigen Körpers, der vorn in der Verzweigungsstromlinie eine Wand enthält. Dadurch wird das Strömungsbild geändert, und zwar indem eine stark verdickte Grenzschicht den Körper erreicht und somit die Ablösung schwächer wird. Vergleich der Strömung ohne Wand s. Abb. 3.4.

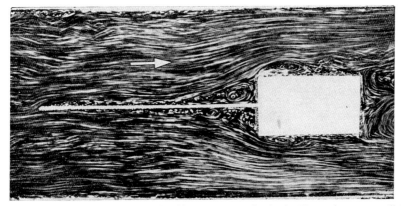

Abb. 3.3   Strömungsbild eines rechteckigen Körpers, der in der Verzweigungsstromlinie eine Wand enthält

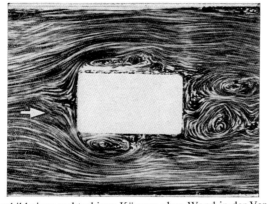

Abb. 3.4   Strömungsbild eines rechteckigen Körpers ohne Wand in der Verzweigungsstromlinie

---

[2] Barth, R.: Flugwissen (1954) 309.
[3] Kramer, C.: DVL Versuchsergebnisse (1934).

Eindrucksvoller wird diese Maßnahme, wenn man als Versuchsobjekt einen Zylinder verwendet. So zeigt Abb. 3.5 einen Versuch des Verfassers, bei dem hinter einem Zylinder eine Platte von doppeltem Zylinderdurchmesser eingesetzt wurde. Dabei ergab sich eine Widerstandsverminderung von 30 %.

Diese Erscheinung wurde von Tanner[4] genauer untersucht. Beachtlich ist dabei u.a. Abb. 3.6, die von den zahlreichen interessanten Versuchen von Tanner hervorgehoben werden mag. Hier ist der Basisdruck bei periodischer und nicht-periodischer Strömung (d.h. mit hinterer Platte) aufgetragen. Typisch ist dabei, daß sich bei Verwendung einer hinteren Platte eine nicht-periodische Strömung einstellt, während ohne diese und ähnliche Maßnahmen Karmán-Wirbel mit periodischer Abflußströmung auftreten, die den Widerstand erheblich vergrößern. Von Tanner dürfte die beste Untersuchung dieses Gegenstandes erfolgt sein. Freundlicherweise stellte mir Herr Tanner Abb. 3.6 zur Verfügung.

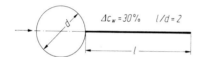

Abb. 3.5 Widerstandsverminderung bei einem Zylinder, dem eine Platte nachgeschaltet wurde

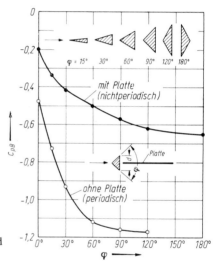

Abb. 3.6 Basisdruckbeiwert bei periodischer und nicht-periodischer Strömung. (Nach Tanner)

3.1.4 Widerstand von zwei hintereinander angeordneten Scheiben

Wenn hinter einer runden Scheibe in bestimmten Abständen eine weitere runde Scheibe angeordnet wird, so ergibt sich eine erhebliche Beeinflussung. Eiffel[5] hat diesen Fall bereits untersucht. Seine Ergebnisse sind in Abb. 3.7 dargestellt. Die gegenseitige Beeinflussung ist erheblich. Dabei wird bei einem Abstand von $x/d = 1,5$ der Widerstand am kleinsten.

    [4] Tanner, M.: Totwasserbeeinflussung einer Keilströmung. AVA-FB 64—03. Theorie der Totwasserströmung um angestellte Keile. DLR 65—14 (1965) daselbst auch 65—18 (1965). Dazu auch: Die AVG 1945—1969, S. 4.
    [5] Eiffel: La resistance de l'air. Paris 1914.

3.1.5 Diffusoreffekt durch Wandeinfluß eines Profils

Wenn z.B. ein Tragflügel am Rumpf ansetzt oder ein Schraubenflügel auf der
Nabe endet, ergibt sich eine bestimmte Beeinflussung. Hier lassen sich Ablösungen
nur vermeiden, wenn die Verzögerung vor dem Staupunkt gemildert wird. Dabei
wird durch die Seitenwand die Ablösungstendenz auf der Saugseite vergrößert,
eine Erscheinung, die dem Aerodynamiker unter dem Namen „Diffusoreffekt"
bekannt ist. Allgemein spricht man von gegenseitiger Beeinflussung von Widerstandskörpern. Abhilfe ergibt sich hier durch Übergänge gemäß Abb. 3.8. Dadurch
konnte beim Flugzeug eine beachtliche Widerstandsverringerung erzielt werden.
Da bei vielen anderen praktischen Anwendungen des Maschinenbaues diese Tatsache nicht immer beachtet wird, dürfte eine Betonung dieser Erscheinung angebracht sein.

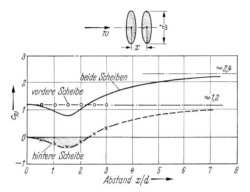

Abb. 3.7 Widerstand von zwei hintereinander angeordneten Scheiben. (Nach Eiffel)

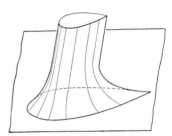

Abb. 3.8 Übergänge beim Aufsetzen
eines Profils auf eine Wand

3.1.6 Widerstand von vorn offenen halbkugelartigen Gebilden

Wird z.B. eine Kreisscheibe nach innen ausgebuchtet, so ergibt sich je nach der
Ausbuchtung ein verschiedener Widerstand. Abb. 3.9 zeigt solche Versuche von
Doetsch[6], wo in Abhängigkeit von h/d der Widerstandskoeffizient aufgetragen ist.
Beginnend mit der bekannten Kreisscheibe ist bei der Kalbkugel ein Maximum,
während *für sehr* große Werte h/d ein Minimum von ca. 1,0 entsteht.

3.1.7 Einfluß der Strahlgröße auf den Widerstand

Bei vielen praktischen Anwendungen befindet sich irgendein Gebilde, dessen
Widerstand von Interesse ist, in einem mehr oder weniger großen Strahl. Hierdurch ergeben sich Änderungen des Widerstandes, die insbesondere bei Windkanälen von Bedeutung sind. Um einen allgemeinen Überblick zu erhalten, soll

---

[6] Doetsch: Parachute Models. Luftfahrt Forsch. (1938) 577.

der Widerstand einer Kreisscheibe betrachtet werden, die in einem Strahl verschiedener Größe umströmt wird. Dabei ergibt sich nach Popow[7] ein großer Unterschied, je nachdem der Strahl seitlich ganz frei ist oder in einem Kanal wirkt; Abb. 3.10 zeigt den Einfluß. Bis zu einem Durchmesserverhältnis von ca. $d/D = 0,15$ ist kein Einfluß vorhanden. Von da ab wird im Freistrahl der Widerstand erheblich kleiner und im geschlossenen Kanal größer. Die sich so ergebenden Unterschiede sind ganz beachtlich. Eine Berücksichtigung ist notwendig.

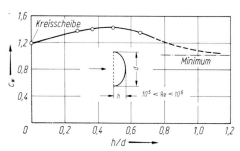

Abb. 3.9 Widerstand einer nach innen ausgebuchteten Kreisscheibe. (Nach Doetsch)

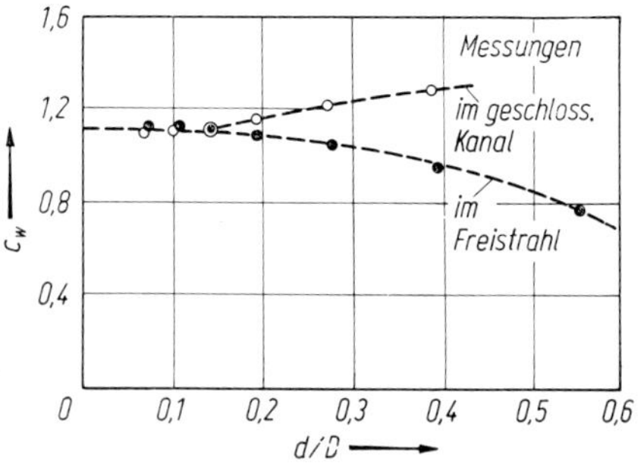

Abb. 3.10 Der Widerstand einer Kreisscheibe, gemessen in Windkanälen mit offener und geschlossener Meßstrecke, abhängig vom Durchmesserverhältnis d/D. (Nach Popow)

3.1.8 Umströmung von Drosselklappen

Die Widerstandsziffern von Drosselklappen sind deshalb von besonderem Interesse, weil diese Ziffern u. U. zur ungefähren Mengenmessung benutzt werden können. So zeigt Abb. 3.11 die normale Drosselklappe in einem runden Rohr mit den Widerstandsziffern in Abhängigkeit vom Ausschlagwinkel.

Besteht die Möglichkeit einer quadratischen Formgebung des Rohres, so läßt sich die Klappe einseitig ausbilden gemäß Abb. 3.12. Dabei ergeben sich besonders kleine Widerstände bei kleinen Ausschlagwinkeln. Diese Messung dürfte noch genauer sein.

3.1.9 Umströmung von Eisenträgerprofilen

Für den Widerstand von Stahlbauten mit Eisenträgerprofilen muß der Widerstand dieser Profile bekannt sein. Eine typische Zusammenstellung dieser Werte für Anströmung von vorn und von hinten zeigt Abb. 3.13. Die dabei entstehenden Unterschiede sind ganz erheblich. Sehr eingehend wird dieses Thema in einer früheren Göttinger Veröffentlichung behandelt[8]. Es ist damit möglich, den Widerstand eines ganzen Trägerverbandes zu ermitteln, Abb. 3.14.

---

[7] Popow, S. G.: Strömungstechnisches Messen. Berlin 1958.
[8] Ergebnisse der Aerodynamischen Versuchsanstalt Göttingen. III. Liefg. (1958).

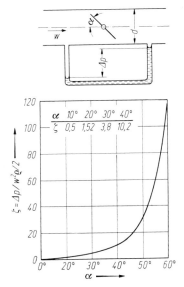

Abb. 3.11   Widerstandsziffern einer Drosselklappe im runden Rohr

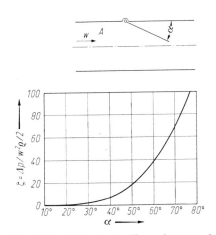

Abb. 3.12   Widerstandsziffern einer an der
Wand sich drehenden Drosselklappe in einem
quadratischen Rohr

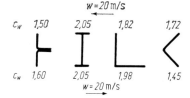

Abb. 3.13   Widerstand von Eisenträgerprofilen.
(Nach AVG Göttingen)

3.1.10   Übergeschwindigkeiten und Widerstandsziffern bei verschiedenen Formen

Bei der Umströmung von irgendwelchen Körperformen wird der Widerstand entscheidend durch die maximale Übergeschwindigkeit bestimmt, die an der breitesten Stelle auftritt. Beim Zylinder ist diese Geschwindigkeit doppelt so groß wie die Geschwindigkeit der ungestörten Strömung. Je größer diese maximale Geschwindigkeit ist, um so größer ist die Ablösungsgefahr.

Nun läßt sich bei der reibungsfreien Strömung diese größte Übergeschwindigkeit nach der konformen Abbildung genau berechnen. Die folgende Tabelle enthält für verschiedene Formen diese Werte.

Körperform	c_{max}/c_∞
Zylinder	2
Kugel	1,5
Elliptische Körper (*l* Länge; *d* Dicke)	$d/l + 1$
Jukowski-Profil	$1,75\, d/l + 1$
Mittelwert normaler NACA-Profile	$1,4\, d/l + 1$

In Abb. 3.15 sind diese Werte in Abhängigkeit von d/l aufgetragen. Danach ergibt sich bei den erwähnten Körperformen der Größtwert von c_{max}/c_{∞} mit 2 bei einem Zylinder. Anschaulich zeigt Abb. 3.16 den Vergleich eines Zylinders mit

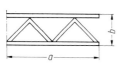

$c_w = 1,5 \dots 1,2$ für $0,2 < A/ab < 0,5$

A Summe der Stabflächen für
$0,2 < \otimes/ab < 0,5$

$\otimes$ Summe der einzelnen Stabflächen

Abb. 3.14 Widerstand bei verschiedenen Körperformen

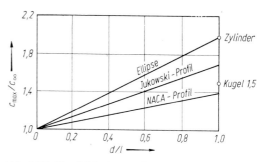

Abb. 3.15 Vergleich eines Zylinders mit einer Ellipse

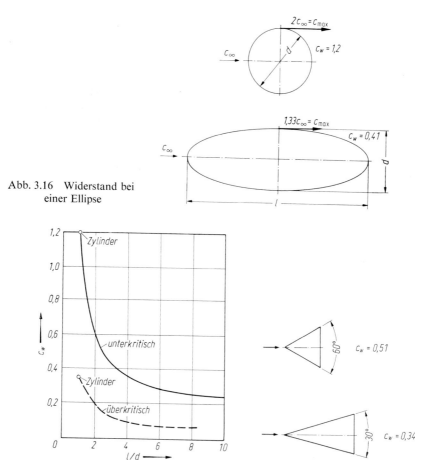

Abb. 3.16 Widerstand bei
einer Ellipse

Abb. 3.17 Widerstandskoeffizient bei Ellipse
in Abhängigkeit von l/d

Abb. 3.18 Widerstand von
spitzen Kegeln

einer Ellipse, bei der $l/d = 3$ ist. Im unterkritischen Bereich ist für die Ellipse der Widerstandskoeffizient in Abhängigkeit von l/d in Abb. 3.17 aufgetragen. Für das Beispiel der Abb. 3.16 ergibt sich demnach bei der Ellipse ein Widerstandskoeffizient von 0,41. Die Kurven der Abb. 3.17 sind aus zahlreichen Versuchsergebnissen entstanden, die ziemlich genau in diese Kurven fallen. Der überkritische Bereich ist dadurch gekennzeichnet, daß sich ein bedeutend geringerer Widerstand ergibt. Für spitze Kegel von 30° und 60° ergeben sich die Werte nach Abb. 3.18.

3.1.11 Widerstandsverringerung durch geeignete Profilierung

Während die vorgenannte geometrische Eigenschaft in erster Linie den Widerstand beeinflußt, ergeben sich weitere Feinheiten durch geeignete Profilierung an der Profilnase. Dies wurde mit Hilfe der Singularitätenmethode von Pötter[9] untersucht. Abbildung 3.19 zeigt den Druckverteilungskoeffizienten für zwei verschiedene Profilierungen. So wird bei der Form a das Maximum des Unterdruckes erheblich verkleinert.

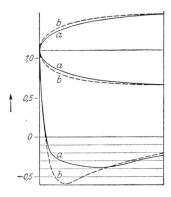

Abb. 3.19 Druckverteilungskoeffizient für zwei verschiedene Ausbildungen einer Profilnase. (Nach Pötter)

3.1.12 Wirkung von Abrundungen bei verschiedenen Formen

Abrundungen von rechteckartigen Körperformen haben immer eine gute Wirkung. Dies ist um so günstiger je schmaler der Körper ist. Goethert[10] hat darüber berichtet. Aus seinen Ergebnissen sind drei verschieden breite Formen in Abb. 3.20 behandelt. Hier wurden die relativen Abrundungen r/h von 0 bis 0,7 geändert. Etwa um c_w 1,0 fallen die c_w-Werte erheblich und nähern sich dann bald einem konstanten Wert.

3.1.13 Druckverlust von Rohrbündeln im Kreuzstrom

Für die vielen praktischen Anwendungen bei Wärmeaustauschern sind die Druckverluste beim Durchströmen von im Kreuzstrom durchströmten Rohrbündeln von

---

[9] Pötter, H.: Über den Einfluß des Kopfes von Schaufelprofilen bei Kreiselrädern auf die Kavitation. Diss. TH Aachen 1927.
[10] Goethert: Tech. Ber. (1944) 94.

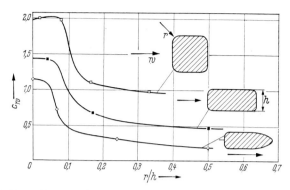

Abb. 3.20   Widerstand bei abgerundeten Körperformen. (Nach Goethert)

Interesse. Hier müssen vor allem die Untersuchungen von Reiher[11], Brandt[12] sowie von Antufjew[13] und Kosatschenko erwähnt werden. Die Arbeiten der beiden letzten Autoren können wie folgt zusammengefaßt werden:

Für versetzte Rohranordnung ist der Druckverlust durch folgende Formel zu erfassen:

$$\Delta p = C_1\, C_2\,(z+1)\, Re^{-0,27}\, w^2 \varrho$$

w	Gasgeschwindigkeit im engsten Querschnitt in m/s,
$\sigma_1 = s_1/d$	Verhältnis von Rohrabstand in einer Rohrreihe quer zur Gasströmrichtung zum Rohrdurchmesser,
$\sigma_2 = s_2/d$	Verhältnis des Abstandes zweiter Rohrreihen (Rohrabstand in der Gasströmrichtung) zum Rohrdurchmesser,
d	Rohrdurchmesser,
$Re = \dfrac{wd}{\nu}$	
z	Anzahl der Rohrreihen.

σ_1, σ_2	1,25	1,3	1,4	1,5	1,6	1,7	1,8	1,9	2,0	2,5	3,0	3,5
C_1	2,9	2,6	2,3	2,13	2,0	1,9	1,84	1,77	1,72	1,54	1,4	1,3
C_2	0,75	0,74	0,79	0,88	0,96	1,0	1,03	1,05	1,06	1,08	1,10	1,11

Bei fluchtender Anordnung sind zwei Gebiete zu unterscheiden:

$$\Delta p_1 = \Delta p_2 \left(\frac{11\,500\,\sigma_1}{Re\,(\sigma_1 - 1)}\right)^{0,36/\sigma_1} \quad \text{für } Re < \frac{11\,500\,\sigma_1}{\sigma_1 - 1}$$

$$\Delta p_2 = \left[0,058\,\frac{\sigma_1}{\sigma_1 - 1} + 0,071 \left(\frac{\sigma_2}{\sigma_1 - 1}\right)^{0,375}(z-1)\right] w^2 \varrho \quad \text{für } Re > \frac{11\,500\,\sigma_1}{\sigma_1 - 1}.$$

---

[11] Reiher, H.: Wärmeübergang von strömender Luft an Rohre und Röhrenbündel im Kreuzstrom. VDI-Forschungsh. 269. Berlin 1925.
[12] Brandt, H.: Über Druckverlust und Wärmeübergang in Röhren-Wärmeaustauschern. Diss. TH Hannover 1934.
[13] Antufjew, V. M.; Kosatschenko, L. S.: Der Wärmeaustausch zwischen Gasen und Rohrbündeln im Kreuzstrom. Sov. Kotloturbostroenie (1937) 241–248. – Ref. Feuerungstech. 25 (1937) 352.

Die Werte dieser neuen Untersuchungen liegen im allgemeinen oberhalb derjenigen von Brandt und unterhalb derjenigen von Reiher.

Nach Eckert[14] ist besonders bei kleinen Re-Werten der Querstrom erheblich günstiger als der Längsstrom. Die versetzte und die fluchtende Anordnung unterscheiden sich nur wenig voneinander. Bei kleinen Re-Werten ist die versetzte Anordnung etwas günstiger.

Widerstand von Profilgittern. Nach den Untersuchungen von Keller[15] kann über den Widerstand von Profilgittern nach Abb. 3.21 eine sehr präzise Antwort erteilt werden. Danach ergibt sich ein Druckverlust $\Delta p = c_{we} \cdot \varrho/2 \cdot w_e^2$ wobei c_{we} der c_w-Wert des Einzelprofils ist und $\varrho/2 \cdot w_e^2$ der Staudruck an der engsten Gitterstelle. Bei guten Profilen kann mit $c_{we} = 0{,}01$ gerechnet werden.

3.1.14 Stabilität von umströmten, frei beweglichen Körpern

Bei verschiedenen praktischen Anwendungen sind die Widerstandskörper frei beweglich. Dabei entsteht die Frage, in welcher Lage sich diese Körper stabil verhalten. Bei der pneumatischen Förderung ist diese Situation gegeben.

Abbildung 3.22 zeigt verschiedene Körperformen, bei der nur eine bestimmte Lage stabil ist, während in der dazu senkrechten Lage eine Instabilität auftritt und der Körper sich von selbst in die stabile Lage dreht. Rouse[16] berichtete darüber.

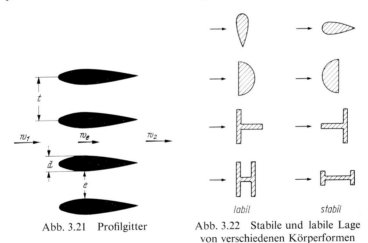

Abb. 3.21 Profilgitter   Abb. 3.22 Stabile und labile Lage
                                  von verschiedenen Körperformen

3.1.15 Widerstand von Luftschiffkörpern

Bei einem Luftschiffkörper läßt sich mit der Quellen-Senken-Methode die Druckverteilung sehr genau vorausberechnen. Vorausgesetzt ist natürlich, daß keine Ablösung vorhanden und der Oberflächenwiderstand vernachlässigbar klein ist, was durch ein schlankes hinteres Ende mit Sicherheit erreicht werden kann.

[14] Eckert, E.: Die günstigste Rohranordnung für Wärmeaustauscher. Forsch. 16 (1949) 133.
[15] Keller, C.: Axialgebläse vom Standpunkt der Tragflügeltheorie. Diss. ETH Zürich 1934, S. 85.
[16] Rouse, H.: Engineering Hydraulics. New York: Wiley 1950, Fig. 96, S. 131.

Fuhrmann[17] hat zum ersten Male derartige Ermittlungen durchgeführt. Abbildung 3.23 zeigt, wie Rechnung und Versuch gut in Einklang stehen. v. Kármán[18]
ist auch die Erweiterung der Quellen-Senken-Methode auf die quergerichtete Anströmung eines Rotationskörpers gelungen.

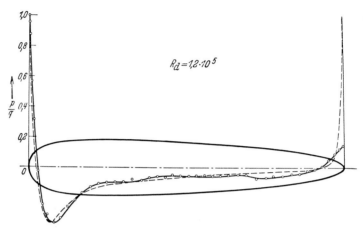

Abb. 3.23   Druckverteilungskoeffizient (berechnet und gemessen) an einem Luftschiffkörper
nach Fuhrmann. R_d Reynolds-Zahl bezogen auf den Durchmesser d_{max}

Bei Beurteilung des Widerstandskoeffizienten nach der Formel

$$W = cqA$$

entsteht bei Luftschiffen ein schiefes Bild. Der Schattenquerschnitt, auch Spant-
querschnitt genannt, interessiert beim Luftschiff weniger. Die Fragestellung ist
hier folgende: Bei einem gegebenen Volumen V, d.h. bei gegebener Tragfähigkeit,
soll ein möglichst kleiner Widerstand vorhanden sein. Es ist deshalb zweckmäßig,
in die Widerstandsformel eine Fläche einzusetzen, die aus V abgeleitet wird. Man
wählt meist die Seitenfläche eines Würfels, der denselben Inhalt wie V hat. Diese
ist gleich $A = \sqrt[3]{V^2}$; so ergeben sich zwei Widerstandskoeffizienten:

$$W = c_{w\ spant}\, Aq$$
$$W = c_{w\ vol2/3}\, V^{2/3}q.$$

Für den konstruktiven Aufbau ist noch die Verhältnisgröße

$$\frac{\text{Länge}}{\text{größter Durchmesser}} = l/d$$

maßgebend. In Abhängigkeit von diesem sog. Schlankheitsgrad ist in Abb. 3.24
für eine Reihe amerikanischer Luftschiffmodelle $c_{w\ spant}$ und $c_{w\ vol2/3}$ aufgetragen.

[17] Fuhrmann, G.: Diss. Univ. Göttingen 1912.
[18] v. Kármán, Th.: Berechnung der Druckverteilung an Luftschiffkörpern. Abb. a. d.
Aerodyn. Inst. d. TH Aachen, Heft 7, Berlin 1927.

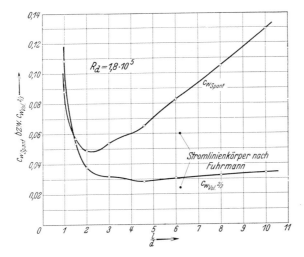

Abb. 3.24 Widerstandsbeiwerte von Stromlinienkörper in Abhängigkeit
vom Schlankheitsgrad nach amerikanischen Messungen.
R_d Reynolds-Zahl bezogen auf den Durchmesser d

Das Optimum liegt bei etwa $l/d = 4 \ldots 5$. Bei gegebener Spantfläche ist hingegen bei $l/d = 2 \ldots 3$ das Optimum vorhanden.

3.2 Widerstand von Wanderhebungen und Vertiefungen

Bei vielen Konstruktionen lassen sich Wanderhebungen und Vertiefungen nicht vermeiden. Es entsteht hier die Frage, um wieviel durch diese Störungen der Gesamtwiderstand vergrößert wird. In deutlicher Form ist dies der Fall, wenn z.B. scharfkantige Vorsprünge aus irgendwelchen Gründen nicht zu vermeiden sind. Dabei ergeben sich u.U. erhebliche Ablösungen. Dies zeigt z.B. deutlich Abb.3.25 von Wieghardt[19]. Bereits vor der plötzlichen Stufe bildet sich eine Ablösung, die hinter der Kante erheblich ist.

Abb. 3.25 Ablösung bei einer plötzlichen Stufe. (Nach Wieghardt)

---

[19] Wieghardt, K.: Erhöhung des turbulenten Reibungswiderstandes durch Oberflächenstörungen. Forschungshefte für Schiffstechnik (1953) Heft 2.

Wir sind nun in der glücklichen Lage, über diesen Gegenstand eine vorzügliche Versuchsarbeit zu besitzen. Es handelt sich um frühere Versuche von Wieghardt und Tillmann[20], die eine gute Übersicht über die dabei auftretenden Verluste geben. Freundlicherweise wurde mir von diesen Herren die Erlaubnis erteilt, einige Resultate zu übernehmen, die im Göttinger Rauhigkeitskanal gemessen wurden.

Bei diesen Messungen ist von Bedeutung, daß die Grenzschichtdicke berücksichtigt wird. Zudem muß in geeigneter Weise ein dimensionsloser Beiwert für den Zusatzwiderstand gebildet werden. Bedeutet ΔW den gemessenen Zusatzwiderstand, A den größten gemessenen Querschnitt des Störkörpers senkrecht zur Strömungsrichtung und $\bar{q}$ den über die Rauhigkeitshöhe gemittelten Staudruck, so ergibt sich nach Wieghardt ein dimensionsloser Beiwert für den Zusatzwiderstand durch

$$c_w = \frac{\Delta W}{\bar{q}A}.$$

So zeigt Abb. 3.26 das Widerstandsgesetz von rechteckigen Leisten nach Wieghardt, in Abhängigkeit von t/h. Mit wachsendem t/h fällt der Widerstandsbeiwert zunächst stark ab und bleibt dann nahezu konstant.

Stark veränderliche Werte ergeben sich bei abgerundeten Körpern, z.B. Nietköpfen (Abb. 3.27), je nach den Re-Werten.

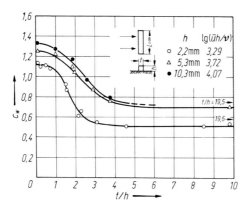

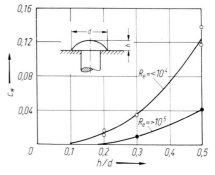

Abb. 3.26 Widerstand von rechteckigen Leisten.   Abb. 3.27 Widerstand bei abgerundeten
(Nach Wieghardt)   Körpern (Nietköpfen)

Praktisch wichtig sind die Widerstände von herausragenden Schraubenköpfen. Dabei ergeben sich nach Tillmann verschiedene c_w Werte je nach der Strömungsrichtung dieser kantigen Körperformen. Abb. 3.28 zeigt diese Versuchswerte.

Unvermeidlich sind oft Plattenstöße von unterschiedlicher Form. Je nach ihrer Anströmung ergeben sich verschiedene c_w Werte. Abbildung 3.29 zeigt in anschaulicher Form die dabei sich ergebenden Werte. Je nach der Anströmrichtung sind gemäß den Versuchen von Wieghardt gewisse Unterschiede vorhanden.

[20] Tillmann, W.: Neue Widerstandsmessungen an Oberflächenstörungen in der turbulenten Reibungsschicht. Forschungshefte für Schiffstechnik (1953) Heft 2.

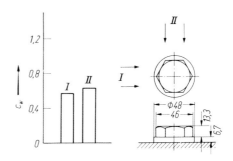

Abb. 3.28 Widerstände von herausragenden
Schraubenköpfen. (Nach Tillmann)

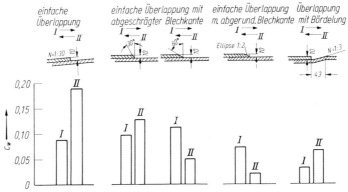

Abb. 3.29 Widerstände verschiedener Plattenstöße. (Nach Wieghardt)

Größere Schwierigkeiten bereitet die Widerstandserfassung durch Öffnungen verschiedener Art. Zunächst zeigt Abb. 3.30 nach einer Aufnahme des Verfassers die Strömung in einer kleinen rechteckigen Öffnung. Darin zeichnet sich eine deutliche Wirbelbildung ab. Die dadurch entstehende Widerstandserfassung be-

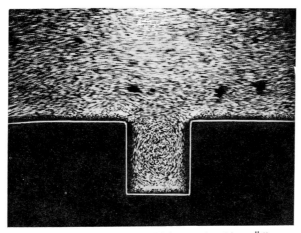

Abb. 3.30 Strömung in einer kleinen rechteckigen Öffnung

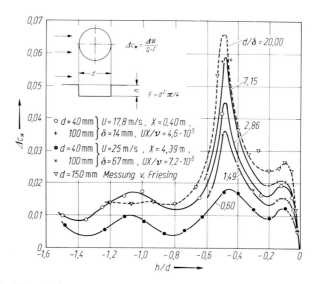

Abb. 3.31   Widerstand von kreisförmigen Vertiefungen. (Nach Tillmann)
δ Grenzschichtdicke

reitet ja nach der Form dieser Vertiefung gewisse Schwierigkeiten. So werden z. B. für kreisförmige Vertiefungen in Abb. 3.31 nach Tillmann die Versuchsergebnisse ermittelt. Hier ist die Widerstandserhöhung mit dem Staudruck außerhalb der Reibungsschicht dimensionslos gemacht. Das Bild ist nicht einheitlich und zeigt je nach den Werten von h/d verschiedene Maxima und Minima auf. Dabei zeigt sich, daß flache Vertiefungen von $h/d < 1:10$ dieselbe Widerstandsvergrößerung zeigen wie entsprechende Erhebungen. Die Sekundärströmungen in diesen Vertiefungen ändern sich je nach h/d gewaltig. Dies zeigen Strömungsbilder von Wieghardt (Abb. 3.32 und 3.33). Je nach den Vertiefungen ist die Wirbelstruktur grundverschieden.

Charakteristisch ist dabei, daß sich bei flachen Vertiefungen zwei Wirbel nebeneinander zeigen, während bei tiefen Ausführungen nach Wieghardt zwei untereinander liegende Wirbel entstehen. So kommt es zu den verschiedenen Schwankungen nach Abb. 3.31. Dies dürfte der Grund dafür sein, daß sprunghafte Änderungen des Widerstandes auftreten.

Nach Versuchen von Gaudet und Winter[21] wird ein neuer Ansatz zur Ermittlung einer dimensionslosen Kennzahl gemacht, indem die ungestörte Schubspannungsgeschwindigkeit am Ort der Einzelrauhigkeit dazu benutzt wird, den Ausdruck dimensionslos zu machen. Es handelt sich dabei zunächst um Messungen für Mach 0,2 bis 2,8. Diese Bezugnahme dürfte im übrigen die einzig sinnvolle Weise sein, die darüber liegende Grenzschicht irgendwie mitzuberücksichtigen.

Herr Prof. Wieghardt teilte mir noch folgenden wesentlichen neuen Gesichtspunkt mit: Er vermutet, daß bei herausragenden Einzelrauhigkeiten die mittlere

[21] Gaudet, L.; Winter, K. G.: (RAE) im AGARD Specialists Meeting on Aerodynamic Drag at Izmir. April 1973.

Staudruckhöhe (bis zur größten Höhe der Rauhigkeit) der beste Weg zur Erfassung der Widerstände ist. So erhält man nämlich Widerstandsbeiwerte, die denen der doppelten Einzelrauhigkeit (an der Wand gespiegelt) in freier Anströmung mit konstanter Geschwindigkeit recht nahe kommen. Dies kann somit einfach in einem kleinen Windkanal gemessen werden.

Abb. 3.32 Sekundärströmung in Vertiefungen mit $h/\delta = 1,0$; $h/t = 2/1$. (Nach Wieghardt)

Abb. 3.33 Sekundärströmung in Vertiefungen mit $h/\delta = 0,5$; $h/t = 1/2$. (Nach Wieghardt)

3.3 Fahrzeuge

3.3.1 Allgemeines

Bei den ständig steigenden Geschwindigkeiten der Fahrzeuge spielt der Luftwiderstand eine immer größere Rolle. Bis zu Geschwindigkeiten von rd. 70 km/h
ist der Anteil des Luftwiderstandes im Verhältnis zu den anderen Widerständen
gering. Bei Geschwindigkeiten über 100 km/h ist der Einfluß so groß, daß die
Formgebung dieser Wagen durch die Forderung nach kleinstem Luftwiderstand
entscheidend beeinflußt wird. Der Leistungsaufwand wächst mit der dritten Potenz
der Geschwindigkeit, während der Widerstand mit dem Quadrat der Geschwindigkeit steigt.

$$L = Ww; \quad W = c_\mathrm{w} \frac{\varrho}{2} w^2 A.$$

A ist die sog. „Spantfläche" des Wagens, worunter man das projizierte Umriß-
profil des Wagens in Fahrtrichtung versteht.

Der Widerstand des Fahrzeuges hängt von verschiedenen Größen ab, nämlich
a) gut abgerundeten Übergängen mit längerem Auslauf nach hinten, b) dem
Schlankheitsgrad des Fahrzeuges, c) der Oberflächenrauhigkeit, d) dem Kühl-
system. Der Widerstand selbst besteht aus a) Formwiderstand, b) Oberflächenwiderstand, c) induziertem Widerstand, den einzelne Teile in der Nähe anderer
Teile erfahren, d) innerem Widerstand für die Kühlung und die Lüftung.

Die Formgebung ist zunächst in Bodennähe anders als in der freien Strömung.
Abbildung 3.34 zeigt für drei typische Lagen die Bestformen. Die Form C ist
bei Autos anzustreben.

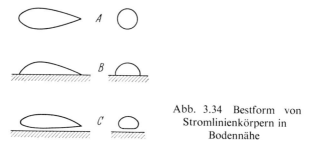

Abb. 3.34 Bestform von
Stromlinienkörpern in
Bodennähe

3.3.2 Widerstand von Autos

Eine Übersicht über die Hauptformen bei Gebrauchsfahrzeugen zeigt Abb. 3.35.
Als oberster Vergleich mag die Scheibe in Bodennähe dienen. Aus der Zusammenstellung erkennt man, was durch geeignete Formgebung erreichbar ist. Nr. 5 mit
einem $c_\mathrm{w} = 0,28$ zeigt ungefähr die Bestform, die bei Rennfahrzeugen erreicht
wird, nach Barth[22]. Bei den heute vorkommenden Pontonfahrzeugen können die
Einzelwiderstände wie folgt aufgeteilt werden:

---

[22] Barth, R.: Einfluß der Form und der Umströmung von Kraftfahrzeugen auf Widerstand, Bodenhaftigkeit und Fahrtrichtungshaltung. Z. VDI (1956) 1265.

Kühlluftwiderstand	0,053
Einfluß von zerklüfteter Unterseite,	
Leisten, Fenstern	0,064
Oberflächenwiderstand	0,04
Induzierter Widerstand	0,031
Formwiderstand	0,262
	$c_\mathrm{w} = 0,45$

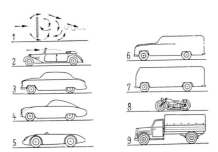

Abb. 3.35 Widerstand von Gebrauchsfahrzeugen. *1* Scheibe in Bodennähe $c_\mathrm{w} = 1,27$; *2* offener Wagen $c_\mathrm{w} = 0,9$; *3* Pontonform $c_\mathrm{w} = 0,42$; *4* Fahrzeuge mit abfallendem, windschlüpfigem Heck $c_\mathrm{w} = 0,231$; *5* Renn- und Sportfahrzeuge $c_\mathrm{w} = 0,28$; *6* Kastenform $c_\mathrm{w} = 0,52$; *7* Zweckform $c_\mathrm{w} = 0,63$; *8* Motorrad $c_\mathrm{w} = 0,67$ (mit Fahrer ist der Widerstand 2,7mal größer); *9* Lastwagen $c_\mathrm{w} = 0,75$ bis $0,87$. (Nach Barth)

Bei modernen Personenwagen ergibt sich durchweg ein $c_\mathrm{w} = 0,4$, während bei besonderen Erzeugnissen auch $c_\mathrm{w} = 0,3$ erreicht wird.

Bei Kraftfahrzeugen moderner Herkunft werden heute die Widerstände in großen Windkanälen in normaler Größe genau untersucht. Dazu werden Windkanaltypen gemäß Abb. 3.36 verwendet (Windkanal des Volkswagenwerkes). Der Wagen steht auf dem Boden, während die übrigen 3 Seiten frei sind. Diese Anordnung hat sich als zweckmäßig erwiesen, um den Bodeneinfluß genügend genau zu ermitteln. Von Wuest[23] konnte nachgewiesen werden, daß dabei die Verdrängungskorrektur in der Größenordnung von 2 % liegt. Auf diese Weise kann jeder Einfluß bei der Formgestaltung genau gemessen werden.

Freundlicherweise hat mir das Volkswagenwerk die nachfolgenden Originalfotos über typische Messungen zur Verfügung gestellt. So zeigt z. B. Abb. 3.37 den großen Einfluß des hinteren Hecks. Dabei ist typisch, daß nur dann eine große Verminderung des Widerstandes eintritt, wenn der Neigungswinkel des Hecks kleiner als 30° ist. Allein durch diese Maßnahme wird der Widerstandskoeffizient von 0,4 auf 0,34 vermindert. Abbildung 3.38 zeigt weitere Feinheiten am hinteren Dachschnitt.

In Abb. 3.39 sind wichtige Formoptimierungen eines Mittelklasse-Pkw zusammengestellt. Oben im Bild ist gezeichnet, welche Formänderungen vorgenommen werden müssen, damit die in dem Balkendiagramm gezeigten Widerstandskorrekturen erzielt werden können. Die Formänderungsvorschläge zeigen Opti-

---

[23] Wuest, W.: Strömungstechnik. Braunschweig: Vieweg 1935, S. 395.

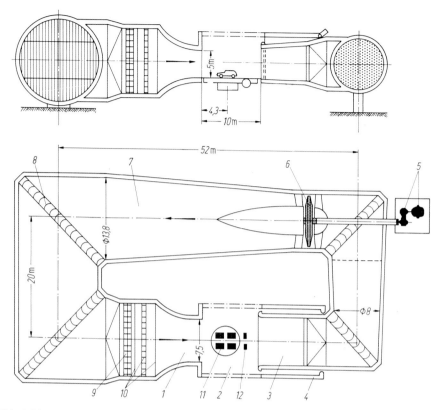

Abb. 3.36   Der große Klimawindkanal der Volkswagenwerk AG. *1* Düse, *2* Meßstrecke, *3* Auffangtrichter, *4* fahrbarer Meßstreckenmantel, *5* elektr. Antrieb mit Getriebe, *6* Gebläse, *7* Diffusor, *8* Umlenkecke, *9* Kühler, *10* Gleichrichter und Turbulenzsiebe, *11* Waage, *12* Rollenprüfstand

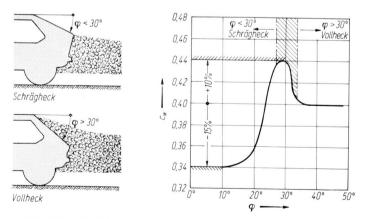

Abb. 3.37   Einfluß des hinteren Hecks. (Nach Volkswagenwerk AG)

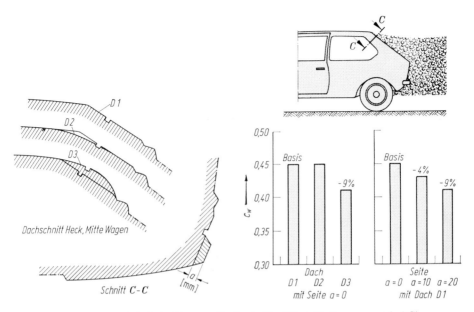

Abb. 3.38 Einfluß des hinteren Dachschnitts. (Nach Volkswagenwerk AG)

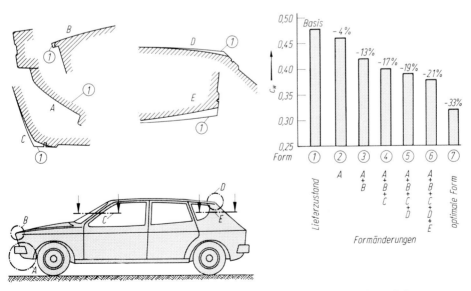

Abb. 3.39 Formoptimierungen eines Mittelklasse-Pkw. (Nach Hucho)

malwerte. Herr Dr.-Ing. Hucho[24] führte diese Arbeiten aus; sie zeigen, welche wesentlichen Verbesserungen mit Versuchen in großen Windkanälen zu erreichen sind.

Eine besonders günstige neue Entwicklung erfolgte bei den Ford-Werken, die mir freundlicherweise die diesbezügliche Abb. 3.40 zur Verfügung stellten. Bei einem $c_w = 0,22$ wird hier der wohl günstigste Wert für Gebrauchswagen erreicht. Extreme Keilform des Vorderwagens, fließende Luftführung bis zur Abrißkante am Heck, ganz glatte Verkleidung des Unterbodens sowie die Radkästen voll ausfüllende Scheibenräder sind die charakteristischen Merkmale für diesen neuen Gebrauchswagen der Zukunft.

Abb. 3.40   Neues Ford-Auto mit $c_w = 0,22$

3.3.3   Widerstand von Lokomotiven und Eisenbahnfahrzeugen

Eine gute Übersicht über die Widerstandskoeffizienten von Lokomotiven stammt von Nordmann[25]. Obschon nunmehr der Vergangenheit angehörend, sind die damals erzielten Werte beachtenswert. Modellmäßig hat man auch hier Widerstandsverminderungen und Verkleidungen untersucht, die jedoch — soweit bekannt — nicht verwendet wurden (Abb. 3.41). Auch wurden modellmäßig Züge mit verschiedener Anzahl von Wagen von Johansen[26] untersucht. Diese Versuche sind in Abb. 3.42 enthalten. Dabei sind normale Ausführungen wie Stromlinienform in Abhängigkeit von der Anzahl der Wagen zusammengestellt. Außerdem sind die Einzelwagen mit und ohne Verkleidung berücksichtigt.

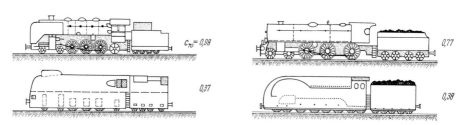

Abb. 3.41   Widerstandsziffern verschiedener Lokomotivformen. (Nach Nordmann)

[24] Hucho, W. H.: Versuchstechnik in der Fahrzeug-Aerodynamik. Aerodynamik von Straßenfahrzeugen. Kolloquium 1974, Fachhochschule Aachen.
[25] Nordmann: Fortschritt im Eisenbahnwesen. Z. VDI (1938) 515.
[26] Johansen: Air Resistance of Trains. Proc. Inst. Mech. Eng. 134 (1936) 91.

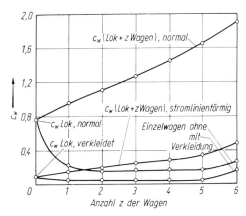

Abb. 3.42   Widerstandsziffern von Zügen mit verschiedener Anzahl von Wagen.
(Nach Johansen)

Widerstände von Elektroloks. Nachdem nunmehr fast der gesamte Eisenbahnverkehr auf elektrische Lokomotiven ausgerichtet ist, wird man nach den Widerständen dieser Fahrzeuge fragen. Die äußere Form dieser Elektroloks ist von den
Dampflokomotiven ganz verschieden. Die folgenden Angaben wurden mir freundlicherweise vom Bundesbahn-Zentralamt in München zur Verfügung gestellt. Zunächst zeigt Abb. 3.43 die typische Grundform. Es handelt sich um die Wechsel-
stromlokomotive E 103001-004.

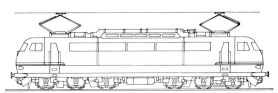

Abb. 3.43   Grundform von Elektrolokomotiven

Bei einem Modellmaßstab 1 : 20 wurden hierfür im Windkanal folgende Widerstandskoeffizienten gemessen:

$c_w = 0,26$ vor einem Zug ($Re = 4,5 \cdot 10^5$)

$c_w = 0,45$ für die allein fahrende Lok.

Für den Triebzug 403 (Höchstgeschwindigkeit 200 km/h) wurde im Auslauf-
versuch gemessen:

$c_w = 1,04$ für die 4teilige Einheit (S-Bahn-Triebzug)

$c_w = 0,85$ für den Kurzzug. (Die Messungen 1 : 1 enthalten den Widerstand der
Fahrmotorenlüfter, welche bei den Triebzügen an den Fahrmotoren-
wellen angebracht sind. Bei allen Messungen ist der hintere Stromab-
nehmer gehoben.)

Neue Schnellbahnsysteme. Dem Leser wird aufgefallen sein, daß auf einer Seite
die aerodynamische Ausbildung von Autos fast als optimal bezeichnet werden
muß, während bei Eisenbahnfahrzeugen, z.B. Loks und dgl., wenig geschehen ist
und nur geringfügige Verbesserungen zu erkennen sind. Tatsächlich sind hier die
derzeitigen Möglichkeiten begrenzt. Was würde es auch bringen, wenn man die

vorderen Loks aerodynamisch wie etwa die Autos ausbilden würde, während die nachfolgenden Wagen unverändert mit ihren unzähligen Einbuchtungen bei Fenstern, Wagenübergängen, dem nicht verkleideten Fahrwerk usw. unglaublichen Widerstand bedingen würden. Bei der derzeitigen Struktur der Eisenbahn sind aber große Abweichungen von der jetzigen Form unmöglich. Hinzu kommt, daß zudem scharfe Bahnkrümmungen, die Ausbildung des Schienenweges usw., größere Geschwindigkeiten unmöglich machen, wenn auch auf einzelnen Strecken z.B. München—Augsburg, Geschwindigkeiten von 200 km/h möglich sind, während 150 km/h bei der derzeitigen Struktur des Eisenbahnnetzes als möglicher Durchschnitt bezeichnet werden müssen. Aerodynamisch ist dabei nicht viel zu erreichen.

Eine ganz neue Entwicklung ist nun auf der Basis der elektrotechnischen Schwebetechnik in absehbarer Zeit zu erwarten. Hier werden synchrone Langstatormotoren verwendet, deren Primärteil aus einem Blechlamellenpaket und einer Wanderfeldwicklung im Fahrweg besteht. Typisch ist dabei, daß bei dem Langstator-Linearmotor die Wanderfeldwicklung im Fahrweg liegt. Ein elektromagnetisches Regelsystem stellt die Magnetkraft automatisch so ein, daß immer ein gleichbleibender Abstand von 13 mm zwischen Fahrzeugmagnet und Fahrweg eingehalten wird. Die Geschwindigkeit des magnetischen Wanderfeldes und des Fahrzeuges ist gleich. Im Inneren des Fahrzeuges befinden sich somit keine Antriebsteile. Es fährt ohne innere Hilfe ganz automatisch.

Nach über 8jähriger Entwicklungszeit in Europa und Japan besteht jetzt die Hoffnung, daß in absehbarer Zeit Geschwindigkeiten bis zu 400 km/h erreichbar sind. Da die bisherige Entwicklung mehr mechanisch und elektromagnetisch war, spielten aerodynamische Gesichtspunkte keine entscheidende Rolle. Dies wird aber bald anders werden, da eine optimale aerodynamische Formgebung nötig ist, weil bei den sehr hohen Geschwindigkeiten sich Luftwiderstände ergeben, die unbedingt optimal sein müssen. Dies ist hier noch wichtiger als bei Autos.

Im Inland dürfte diese Entwicklung von besonderer Bedeutung sein, da Flugplätze fehlen und eine Abhängigkeit vom Wetter nicht gegeben ist.

Es ist zu erwarten, daß besondere Windkanalversuchsstrecken notwendig werden, um optimale Formen zu erhalten. Im Augenblick können Aussagen über mögliche c_w-Werte noch nicht gemacht werden.

Höchstgeschwindigkeit bei besonderem Streckenabschnitt. In jüngster Zeit wurde bekannt, daß in Frankreich auf einem neuen Hochgeschwindigkeits-Streckenabschnitt der SNCF bei einem vollständig verkleideten Außenbild des gesamten Zuges mit schrägem Lok-Kopf eine Geschwindigkeit von 380 km/h erreicht werden konnte. Damit wurde die bisherige Höchstgeschwindigkeit überschritten.

3.3.4 Beeinflussung der Fahrzeuge bei Tunnelfahrten

Dicht hintereinander fahrende Fahrzeuge beeinflussen sich gegenseitig, indem eventuell der hintere Wagen im Nachlauf einen erheblich geringeren Widerstand erfährt. Genaue Züricher Messungen von Haerter[27] haben ergeben, daß von einer

---

[27] Haerter, A.: Theoretische und experimentelle Untersuchungen über die Lüftungsanlagen von Straßentunnels. Mitt. Inst. f. Aerodynamik d. ETH Zürich, Nr. 29.

fühlbaren Beeinflussung erst bei einer Annäherung von 3 Wagenlängen die Rede
ist. Bei nur einer Wagenlänge Abstand ergibt sich bereits eine Widerstandsverringerung bis zu 50%.

3.3.5 Auslaufverfahren zur Bestimmung des Widerstandes von Fahrzeugen

Durchweg wird der Widerstand von Fahrzeugen durch Modellversuche im Windkanal festgestellt. Bei diesen Versuchen ist es sehr schwer, den Bodeneinfluß zu
berücksichtigen, da bei Nachahmung der richtigen Verhältnisse unter dem Modell
ein mit der Windgeschwindigkeit sich bewegendes Band angeordnet werden müßte.
Zudem ist die genaue Modellähnlichkeit, wenn auf alle Einzelheiten, z. B. Armaturen usw. der notwendige Wert gelegt wird, sehr schwer zu erreichen; in großen
amerikanischen Windkanälen können allerdings schon Wagen mit voller Aus-
rüstung und Größe untersucht werden.

Unter Umständen muß bei Modellmessungen in Windkanälen mit Abweichungen
bis zu 30% gerechnet werden. Beim Auslaufverfahren fallen die vorerwähnten
Schwierigkeiten weg. Bei Windstille bringt man den Wagen in der Ebene auf
Höchstgeschwindigkeit und schaltet dann den Motor ab. Danach stellt man die
Geschwindigkeit oder auch (z. B. durch Beobachtung der Kilometersteine) den
Weg in Abhängigkeit von der Zeit fest. Durch einmaliges, bzw. zweimaliges Diffe-
renzieren ergibt sich dann mit großer Genauigkeit die jeweilige Beschleunigung,
woraus der gesamte Widerstand zu berechnen ist. Der bei der Geschwindigkeit
Null entstehende Widerstand ist der Rollwiderstand, der nach bekannten
Untersuchungen von der Geschwindigkeit in erster Näherung unabhängig ist. Er
beträgt bei normalem Reifendruck ca. 0,01...0,02 des Wagengewichtes. Zieht man
diesen Rollwiderstand vom Gesamtwiderstand ab, so ergibt sich der Luftwiderstand in Abhängigkeit von der Geschwindigkeit. Bei quadratischem Widerstandsgesetz, eine Beziehung, die um so genauer stimmt, je schlechter der Wagen aerodynamisch ist, ist diese Kurve eine Parabel. Durch Gefällmessungen kann das
Verfahren noch ergänzt werden.

Das Auslaufverfahren spielt auch bei der Widerstandsbestimmung von Schiffen
und Luftschiffen eine Rolle.

Schrifttum zu Kapitel 3 siehe am Ende von Kapitel 4

4 Armaturen

4.1 Krümmer

4.1.1 Grundlagen

Die allgemeinen Erkenntnisse über gekrümmte Bewegungen gestatten einen leichten Einblick in die Strömungsverhältnisse bei Krümmern. Die bei der gekrümmten Bewegung auftretenden Zentrifugalkräfte müssen von den außen fließenden Teilchen aufgenommen werden, so daß der Druck nach außen wachsen muß. In roher Näherung beträgt der Druckzuwachs $\Delta p = b\varrho \, (c_m^2/R)$, wobei c_m die mittlere (zentrale) Geschwindigkeit, R der mittlere Krümmungsradius und b die Tiefe des Krümmers bedeuten. Ist z. B. $R/b = 2$, wie es bei handelsüblichen Krümmern oft der Fall ist, so ist $\Delta p = (\varrho/2) \, c_m^2$; das ist aber ein Druckunterschied von der Größenordnung des Staudruckes. Nach der Bernoullischen Gleichung stellen sich entsprechende Geschwindigkeitsunterschiede ein, so daß an der inneren Krümmung die größte und außen die kleinste Geschwindigkeit vorhanden ist. (Grob betrachtet, ändert sich die Geschwindigkeit nach der Gleichung $Rc = \text{const.}$) Verfolgen wir die Strömung vom Einlauf an, so wird bis zum Scheitel innen eine Beschleunigung, außen eine Verzögerung eintreten. Vom Scheitel bis zum Auslauf ist es umgekehrt.

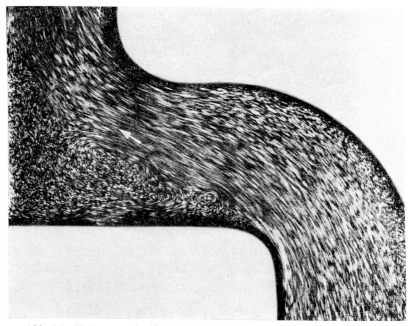

Abb. 4.1   Krümmer. Abreißen der Strömung hinter einer inneren Abrundung

An der Außenseite ist die Verzögerung nun bedeutend geringer als an der Innenseite kurz hinter der Krümmung, da der Weg an der Außenwand erheblich länger
ist. Tatsächlich löst sich auch, wie Abb. 4.1 deutlich erkennen läßt, unmittelbar
hinter der inneren Krümmung die Strömung meist ab. Die Verzögerung an der
Außenseite ist aus der Abb. 4.1 ebenfalls zu erkennen; man sieht deutlich, daß sie
für die Gesamtbewegung keine sehr nachteiligen Folgen hat. Das Staudruckprofil
nach Abb. 4.2 hinter einem Krümmer von quadratischem Querschnitt zeigt noch
mehr. Die Energieverminderung infolge Ablösung auf einem großen Bereich des
Querschnittes läßt deutlich die schädlichen Folgen der durch die Krümmung erzeugten Ablösung erkennen.

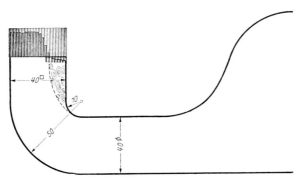

Abb. 4.2 Staudruckprofil am Austritt eines Krümmers. Ablösungszone ist deutlich erkennbar

Es leuchtet ein, daß die Verluste durch eine bessere Abrundung gemildert werden können. Diese wirkt so, daß einmal die Übergeschwindigkeiten kleiner werden
und dann der für die Verzögerung zur Verfügung stehende Weg vergrößert wird.
Die Ablösungsgefahr wird dadurch geringer und schließlich ganz vermieden.

Ohne eine räumliche Betrachtung kommen wir bei Krümmern nicht aus. Denn
gerade hier ist Gelegenheit, mit einer wichtigen Bewegungsform bekanntzumachen,
die mit dem Namen „Sekundärströmung" bezeichnet wird. Man versteht darunter
Nebenbewegungen, die der Hauptströmung überlagert sind und oft beachtliche
Geschwindigkeitskomponenten senkrecht zur Hauptströmung erreichen können.
Ursache und Ablauf dieser Sekundärbewegung können schematisch leicht erklärt
werden[1].

An der inneren Krümmung ist die Geschwindigkeit am größten und nimmt
nach außen ab. Nun wird die voraufgehende Rohrströmung im allgemeinen die
an der Wand fließenden Teilchen wegen der Reibung nur mit verminderter Energie
in den Krümmer schicken, so daß diese jetzt auch im Krümmer kleinere Geschwindigkeiten besitzen als die benachbarten in der Mitte des Krümmers. Infolgedessen
sind die durch die gekrümmte Bewegung entstehenden Zentrifugalkräfte in der
Mitte größer als an den Seitenwänden. Die Folge ist, daß die mittleren Teilchen
nach außen drängen, was aber aus Gründen der Kontinuität nur möglich ist, wenn
an den Seitenwänden eine umgekehrte Bewegung einsetzt. Es entsteht ein Doppel-

[1] Detra, R. W.: The Sesondary Flow in Curved Pipes. Mitt. Inst. f. Aerodynamik d. ETH
Zürich. Nr. 20, 1953.

wirbel nach Abb. 4.3, der sich der Hauptströmung überlagert. Die resultierende Bewegung ist in Abb. 4.3 rechts angedeutet. Man erkennt: Zum Entstehen einer solchen Sekundärbewegung sind eine gekrümmte Bewegung und Geschwindigkeitsunterschiede von der Wand bis zur Mitte notwendig. Da letztere bei verzögerter Strömung am größten sind, läßt sich mit Bestimmtheit folgender Satz aufstellen:

Jede gekrümmte, verzögerte Bewegung erzeugt eine Sekundärströmung.

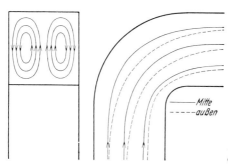

Abb. 4.3   Schematische Darstellung der Sekundärwirbel in einem Krümmer

Bei verschiedenen technischen Anwendungen von großer praktischer Bedeutung ist diese Sekundärströmung erst in neuerer Zeit klar erkannt worden (Spiralgehäuse von Pumpen[2], glatte Leitringe von Pumpen[3]). Die Sekundärströmungen führen hier zu Bewegungen, die bisher ungeklärte Erscheinungen nunmehr gut erkennen lassen. Die klare Hervorhebung der Satzes ist deshalb durchaus angebracht.

Die Verlustquellen eines Krümmers können leicht angegeben werden:
1. Ablösungsverluste an der inneren Krümmung;
2. Reibungsverluste;
3. Verluste durch Sekundärströmungen.

Die Krümmerverluste nach 1. können stark vermindert werden, wenn die Ablösungen verringert werden. Zwei Maßnahmen führen hier zum Erfolg:
a) Möglichst großer innerer Krümmungsradius;
b) Beschleunigung der Hauptströmung.

Mit größerem Krümmungsradius wächst die Krümmerlänge und damit auch die Reibung, so daß schließlich eine Vergrößerung des Krümmungsradius die Verluste vergrößert. Bei einem bestimmten Verhältnis r_i/d (Abb. 4.4) wird ein Minimum zu erwarten sein. Bei Kreisquerschnitten ist r_i/d 7 bis 8 der Bestwert. Nippert[4] stellte fest, daß für $r_i/d < 3$ die Ablösungsverluste und für $r_i/d > 3$ Reibungsverluste und Verluste durch Sekundärströmung maßgebend sind.

Die Krümmungsverluste vergleicht man zweckmäßig mit dem Staudruck der durchschnittlichen Rohrgeschwindigkeit, die, einfachheitshalber, nur mit c bezeichnet werde. Das führt zu einem Verlustkoeffizienten

$$\Delta p = \zeta \, \frac{\varrho}{2} \, c^2.$$

[2] Kranz: Strömung in Spiralgehäusen. VDI-Forschungsh. 370.
[3] Schrader: Messungen an Leitschaufeln von Kreiselpumpen. Diss. TH Braunschweig 1939.
[4] Nippert: VDI-Forschungsh. 320.

Für 90°-Krümmer mit Kreisquerschnitt ergeben sich folgende ζ-Werte:

r_m/d	1	2	4	6	10
ζ glatt	0,21	0,14	0,11	0,09	0,11
ζ rauh	0,51	0,30	0,23	0,18	0,20

r_m = Radius der Mittel-Linie

Unter „glatt" und „rauh" werden hier nicht etwa hydraulisch, sondern technisch glatte Rohre (z. B. gezogene Rohre, Blechrohre) bzw. technisch rauhe Rohre (z. B. Guß, Mauerwerk) verstanden. Ganz ähnliche Werte (wie in der oberen Tabelle) können aus Abb. 4.5 entnommen werden. Diese sind als Mittelwert von Widerstandsbeiwerten mehrerer Verfasser zusammengestellt worden.

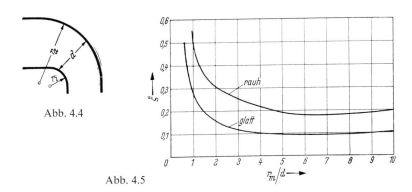

Abb. 4.4

Abb. 4.5

Bei Umlenkungen von $\delta = 0 \ldots 180°$ kann der Widerstandsbeiwert dadurch berechnet werden[5], daß man die Werte für die 90°-Krümmer mit einem Faktor $k \approx (\delta/90°)^{3/4}$ multipliziert:

$\delta°$	30	60	90	120	150	180
k	0,4	0,7	1,0	1,25	1,5	1,7

4.1.2   Praktische Ausführungen

Bei vielen technischen Aufgaben ist die Ausführung der Bestwerte aus irgendwelchen Gründen nicht möglich. Oft ist auch der Krümmerverlust prozentual so belanglos, daß technologische Gesichtspunkte die Formgebung bestimmen. Für solche Fälle genügen handelsübliche Formen.

---

[5] Manuel de ventilation. Paris 1951.

Werte handelsüblicher Formstücke für Warmwasserheizungen nach Brabbee[6]

d in mm	14	20	25	34	39	49	
ζ	1,7	1,7	1,3	1,1	1,0	0,83	Knie 90°, Kehle scharfkantig, außen abgerundet. d Durchmesser des einzuschneidenden geraden Rohrstückes.
ζ	1,2	1,1	0,86	0,53	0,42	0,51	Bogenstück 90°, an beiden Enden Schraubenmuffen.

Die folgende Tabelle enthält Versuchswerte für glatte und rauhe Kniestücke.

Scharfkantige Kniestücke nach Abb. 4.10 (Thoma u.a.)

$\delta°$	10	15	22,5	30	45	60	90	105	120
ζ glatt	0,034	0,042	0,066	0,13	0,236	0,471	1,129	1,80	2,26
ζ rauh	0,044	0,062	0,154	0,165	0,32	0,684	1,265	2,00	2,54

Während bei Rohrleitungen der Krümmer mit Kreisquerschnitt eine beherrschende Rolle spielt, ist bei den meisten Problemen des Maschinenbaues die Rechteckform viel wichtiger. Die z.B. durch Schaufeln der Dampfturbinen und anderer Turbomaschinen gebildeten Krümmerformen sind rechteckig. Die hier auftretenden Verluste sind oft von größerer Bedeutung als die Verluste von Rohrleitungsarmaturen.

Für quadratische Rohrquerschnitte können die Widerstandskoeffizienten für Kreisquerschnitte genommen werden.

Bei rechteckigen Querschnitten ist der Widerstandskoeffizient abhängig von der Form des Querschnittes, d. h. vom Seitenverhältnis H/B, worin H die Höhe des Rohres (in Radiusrichtung) und B die Breite des Rohres bedeuten (Abb. 4.6). Es gilt annähernd:

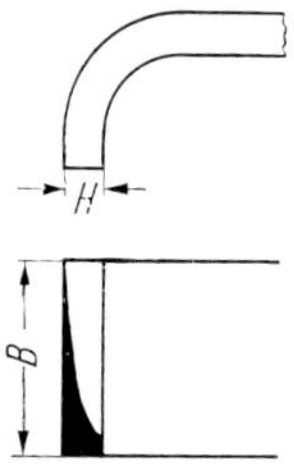

bei $H/B < 1$ vermindert sich der Beiwert: $\zeta_\square \approx \dfrac{H}{B}\zeta_0$

bei $H/B > 1$ vergrößert sich der Beiwert: $\zeta_\square \approx \sqrt{\dfrac{H}{B}}\,\zeta_0$

($\zeta_0 =$ Beiwert des Rohres mit Kreisquerschnitt)

Abb. 4.6

Das Danziger Institut von Prof. Flügel hat die Untersuchung verschiedener Formen von Umlenkungen besonders gepflegt und wertvolle Ergebnisse erzielt. Die Hauptergebnisse mögen hier angeführt werden:

---

[6] Rietschel/Raiß: Heiz- und Lüftungstechnik, 13. Aufl., Berlin, Göttingen, Heidelberg: Springer 1958. (15. Aufl. in 2 Bänden: Bd. 1: 1968, Bd. 2: 1970).

a) *Faltenrohrbogen* nach Abb. 4.7 $\zeta = 0,4$
b) *Gußkrümmer* 90°

NW	50	100	200	300	400	500
ζ	1,3	1,5	1,8	2,1	2,2	2,2

Abb. 4.7

c) *Krümmer* α) gebogen, glatt (Abb. 4.8)

ζ-*Werte*

δ		15°	22,5°	45°	60°	90°
	= 1	0,03	0,045	0,14	0,19	0,21
	= 2	0,03	0,045	0,09	0,12	0,14
r_m/δ	= 4	0,03	0,045	0,08	0,10	0,11
	= 6	0,03	0,045	0,075	0,09	0,09
	= 10	0,03	0,045	0,07	0,07	**0,11**

Abb. 4.8

β) segment-geschweißt

δ	15°	22,5°	30°	45°	60°	90
Anzahl der Rundnähte	1	1	2	2	3	3
ζ	0,06	0,08	0,1	0,15	0,2	0,25

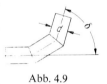

Abb. 4.9

l/d	0,71	0,94	1,17	1,42	1,86	2,56	6,28
ζ glatt	0,51	0,35	0,33	0,28	0,29	0,36	0,40
ζ rauh	0,51	0,41	0,38	0,38	0,39	0,43	0,45

Abb. 4.10

l/d	1,23	1,67	2,37	3,77
ζ glatt	0,16	0,16	0,14	0,16
ζ rauh	0,30	0,28	0,26	0,24

Abb. 4.11

Abbildungen 4.12 und 4.13 zeigen die Verlustkoeffizienten für Krümmer nach Nippert[7], deren Austrittsquerschnitt halb so groß wie der Eintrittsquerschnitt ist, sowie für Krümmer mit gleichem Ein- und Austrittsquerschnitt. Innen- und Außenradius sind variiert. Die Verlustkoeffizienten beziehen sich auf den Staudruck der

---

[7] Nippert: Siehe Fußnote 4, S. 50.

Austrittsgeschwindigkeit, d. h. auf die jeweils vorhandene größte Geschwindigkeit. Man erkennt deutlich den Vorteil einer Beschleunigung. Der kleinste Wert von ζ_a ist in Abb. 4.12 nur 0,03; der Verlust ist somit nicht viel größer als bei einer normalen Düse. Bei gleichbleibendem Querschnitt (Abb. 4.13) wird hingegen $\zeta_a = 0,1$ nicht unterschritten.

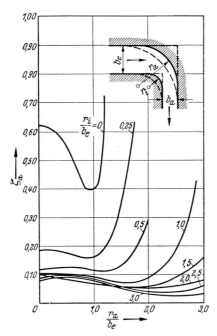

Abb. 4.12 Druckverlustziffern in düser-förmigen Krümmern, deren Austrittsquer-schnitt halb so groß ist wie der Endquer-schnitt. (Nach Nippert)

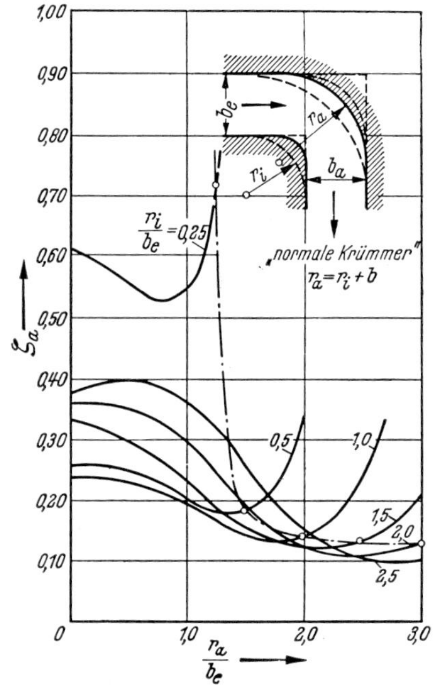

Abb. 4.13 Druckverlustziffern in rechteckigen Krümmern von gleichem Ein- und Austritts-querschnitt. (Nach Nippert)

Für jeden Innenradius gibt es einen günstigen Außenradius. Dieses Optimum ist um so ausgeprägter und damit praktisch um so wichtiger, je kleiner der Innen-radius ist, bis schließlich bei scharfer Innenkante, d.h. $r_i/b_e = 0$, der Außenradius sehr genau gewählt werden muß, wenn größere Verluste vermieden werden sollen. In Abb. 4.13 ist noch der „normale" Krümmer mit gleichbleibendem Querschnitt im Scheitel eingetragen (strichpunktierte Linie). Es fällt auf, daß nicht dieser Krüm-mer die geringsten Verluste aufweist. Das Minimum liegt bei einem kleineren Außenradius. Dies bedeutet aber eine Vergrößerung des Scheitelquerschnittes. Daraus folgt: Bei Krümmern mit gleichem Ein- und Austrittsquerschnitt ist eine gewisse Querschnittserweiterung im Scheitel von Nutzen.

Spalding[8] hat diese Versuche auf Rechteckkrümmer mit verschiedenem Um-lenkwinkel erweitert. Abbildung 4.14 zeigt die Verlustziffern für gleichen Ein- und Austrittsquerschnitt in Abhängigkeit vom Umlenkwinkel α. Zum Vergleich ist

[8] Spalding: Versuche über den Strömungsverlust in gekrümmten Leitungen. Z. VDI (1933) 143.

auch das scharfe Knie eingezeichnet. Man erkennt, wie mit wachsendem Umlenkwinkel der Verlust ansteigt. Die Vergrößerung des Innenradius darf nicht übertrieben werden. Bei $r_i/b_e = 3$ ergibt sich bereits eine Verschlechterung.

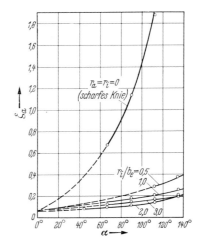

Abb. 4.14   Verlustziffern für Krümmer
in Abhängigkeit vom Umlenkwinkel.
(Nach Spalding)

Praktisch ist wichtig, daß gegenüber dem scharfen Knie durch eine Abrundung,
$r_i/b_e = 0,5$ die Hauptverluste bereits vermieden werden. Bei der Umlenkung in ein
radiales Laufrad genügen ähnliche Abrundungen, wie eine Untersuchung des Verfassers[9] gezeigt hat.

Eine bisher wenig beachtete Verbesserungsmöglichkeit besteht darin, daß man
in der Krümmung zu langgestreckten Querschnitten übergeht, z.B. gemäß Abb.
4.15 vom runden zum elliptischen Querschnitt. Dadurch wird der Weg, den die
äußere Grenzschicht von der Außenseite über die Seitenwände zu der Innenseite
braucht, bedeutend länger.

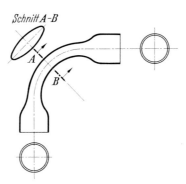

Abb. 4.15   Krümmer mit flachem Querschnitt
in der Krümmung

[9] Eck, B.: Neue Berechnungsgrundlagen für Ventilatoren radialer Bauart. Schweiz. Bauztg.
(1943).

4.1.3 Einfluß der *Re*-Zahl auf die Krümmerverluste

Man wird noch fragen, ob bei den Krümmerverlusten ein Einfluß der *Re*-Zahl vorhanden ist. Dazu ist zunächst folgendes zu sagen. Wenn bei einem Krümmer Ablösungen zu erwarten sind, so ergibt sich eine voll turbulente Strömung ohne *Re*-Einfluß. Das Gleiche gilt dann, wenn ohne Ablösung rauhe Wände vorhanden sind, was z.B. von Hofmann[10] genauer festgestellt wurde, dies in voller Analogie zu der turbulenten Strömung in rauhen Rohren. Ablösungsfreie Krümmerströmungen sind dann zu erwarten, wenn z.B. ein kreisförmig gebogener Krümmer bei einer Kreisfläche des Krümmers ähnliche Verhältnisse erwarten läßt wie bei einem glatten Rohr. Auch dies wurde von Hofmann untersucht. Aus seinen vielen Versuchen sind in Abb. 4.16 für die Verhältnisse $r_m/d = 1$; 2; 6 die Verlustziffern ζ in Abhängigkeit von *Re* aufgetragen. Wie zu erwarten, sinken die ζ-Werte erheblich, bis schließlich bei $r_m/d = 6$ keine Verminderung mehr zu erwarten ist.

4.1.4 Besondere technische Formen

Die verschiedenen praktischen Herstellungsmethoden von Krümmern bedingen notwendig Abweichungen von den jeweils möglichen Bestformen. Als typisches Beispiel ist in Abb. 4.17 ein normaler gefalzter Blechkrümmer angegeben, bei dem $\zeta = 1,3$ erreicht wird.

Gesamtübersicht. Einer vorzüglichen Arbeit von Sprenger[11] verdanken wir eine umfassende Zusammenstellung von fast allen möglichen geometrischen Formen. Darauf muß in diesem Zusammenhang hingewiesen werden.

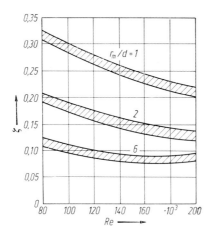

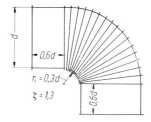

Abb. 4.16   Einfluß der *Re*-Zahl auf die Krümmer-   Abb. 4.17   Gefalzter Blechkrümmer
verluste. (Nach Hofmann)

---

[10] Hofmann, A.: Mitt. Hydraul. Inst. TH München 1928.
[11] Sprenger, H.: Druckverluste in 90°-Krümmern für Rechteckrohre. Schweiz. Bauztg. H. 13 (1969).

4.2 Rohrverzweigungen

4.2.1 Übersicht

Verzweigungen (Abzweige, Trennstücke) haben ganz allgemein eine Form, die in Abb. 4.18 dargestellt ist. Durch Trennung und Vereinigung erleidet jeder Teilstrom einen Druckverlust, der stets auf die Geschwindigkeit im Gesamtstrang c_g bezogen wird

$$\Delta p_{\text{verl}} = \zeta_i \frac{\varrho}{2} c_g^2.$$

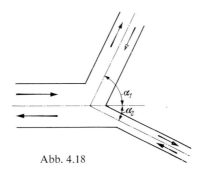

Abb. 4.18

Die Widerstandskoeffizienten sind von einer großen Anzahl von Parametern abhängig, und zwar spielen eine entscheidende Rolle:
1. Form des Durchflußquerschnittes (z. B. rund oder rechteckig);
2. Querschnittsverhältnis einzelner Stränge zum Gesamtstrang;
3. Durchflußrichtung (Trennung oder Vereinigung);
4. Geschwindigkeitsverhältnis zwischen einzelnen Strängen zum Gesamtstrang;
5. Abzweigwinkel zwischen einzelnen Strängen zum Gesamtstrang α_1 und α_2;
6. Form und Ausführung, z. B. scharfkantig, abgerundet, maskiert, Zwischenkonusse u. dgl.

Kreisquerschnitt

	Q_a/Q_g	0	0,2	0,4	0,6	0,8	1,0	
Trennung	ζ_a	0,95	0,88	0,89	0,96	1,10	1,29	$\alpha = 90°$
	ζ_d	0,05	−0,08	−0,04	0,07	0,21	0,35	$d_g = d_a$
Vereinigung	ζ_a	−1,20	−0,4	0,1	0,47	0,73	0,92	
	ζ_d	0,06	0,18	0,3	0,4	0,5	0,6	

	Q_a/Q_g	0	0,2	0,4	0,6	0,8	1,0	
Trennung	ζ_a	0,0	0,66	0,47	0,33	0,29	0,35	$\alpha = 45°$, $d_g = d_a$
	ζ_d	0,04	−0,06	−0,04	0,07	0,20	0,33	Trennung und
	ζ_a	−0,9	−0,37	0	0,22	0,37	0,38	Vereinigung
	ζ_d	0,05	0,17	0,18	0,05	−0,20	−0,57	gem. Abb. 4.19

Q_a abgetrennte Wassermenge; Q_g Wassermenge vor der Trennung bzw. nach der Vereinigung.

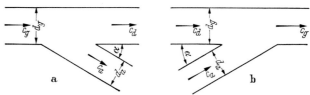

Abb. 4.19

Die ersten brauchbaren Versuche wurden von Thoma[12] ausgeführt und beziehen sich auf bestimmte Anordnungen. Die Verluste sind abhängig von dem Prozentsatz der abgezweigten Menge. Die folgenden Angaben gelten für scharfkantige Ausführungen. Die Versuche zeigten, daß durch Abrundung oder durch einen Konus eine merkliche Verringerung der Verluste eintrat.

Neuere Versuche in quadratischen Kanälen wurden im Institut von Ibrahim[13] durchgeführt. Einige Werte zeigt folgende Tabelle (Trennung).

Q_a/Q_g	0	0,2	0,4	0,6	0,8	1,0	
ζ_a	0,88	0,65	0,47	0,315	0,2	0,175	$\alpha = 45°$
ζ_d	0,1	0,03	0,05	0,14	0,29	0,49	
ζ_a	0,91	0,75	0,7	0,74	0,785	0,835	$\alpha = 90°$
ζ_d	0,04	0,00	0,05	0,15	0,275	0,415	

Die Tabellenwerte gelten für glatte Rohre.

Widerstände von Y-Stücken nach Abb. 4.20.

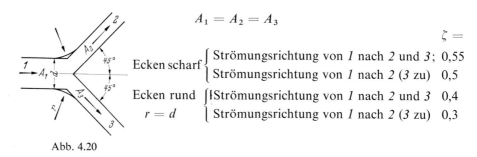

$$A_1 = A_2 = A_3$$

$\zeta =$

Ecken scharf $\begin{cases}$ Strömungsrichtung von *1* nach *2* und *3*; 0,55 \\ Strömungsrichtung von *1* nach *2* (*3* zu) 0,5 $\end{cases}$

Ecken rund $\begin{cases}$ Strömungsrichtung von *1* nach *2* und *3* 0,4 \\
$r = d$ $\quad$ Strömungsrichtung von *1* nach *2* (*3* zu) 0,3 $\end{cases}$

Abb. 4.20

Trennung und Vereinigung von Rohrverzweigungen.

$$A_2 = A_3 = 0,5\,A_1.$$

$\zeta =$

Ecken scharf $\begin{cases}$ Strömungsrichtung von *1* nach *2* und *3*; 0,75 \\ Strömungsrichtung von *1* nach *2* (*3* zu)   1,35 $\end{cases}$

Ecken rund $\begin{cases}$ Strömungsrichtung von *1* nach *2* und *3*; 0,4 \\
$r = d$ $\quad$ Strömungsrichtung von *1* nach *2* (*3* zu)   0,85 $\end{cases}$

---

[12] Thoma: Mitt. Hydraul. Inst. TH München.
[13] Ibrahim, M. A.; Hassan, M. A.: Druckverluste in Abzweigungen von quadratischen Kanälen. Schweiz. Bauztg. H. 4 (1944).

Als grobe Orientierung für handelsübliche kreisrunde T-Stücke und 45°-Abzweige können die Beiwerte der Abb. 4.21 entnommen werden[14].

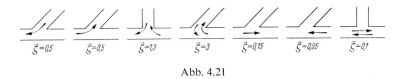

Abb. 4.21

Zum gleichen Zweck dient Abb. 4.22 (für kreisrunde, verschieden geformte T-Stücke). Die angegebenen Beiwerte gelten hier nur bei Trennung und zwar für den Abzweigstrang (ζ_a)[15].

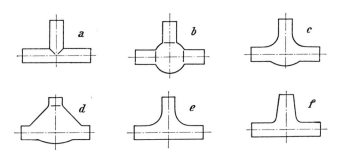

Abb. 4.22   a) 1,3; b) 4,87; c) 0,87; d) 0,82; e) 0,73; f) 0,75

Für Hosenstücke gelten[16] (Abb. 4.23 u 4.24):

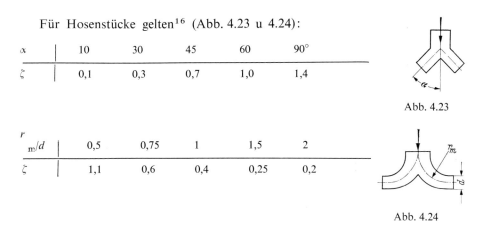

α	10	30	45	60	90°
ζ	0,1	0,3	0,7	1,0	1,4

Abb. 4.23

r_m/d	0,5	0,75	1	1,5	2
ζ	1,1	0,6	0,4	0,25	0,2

Abb. 4.24

Seitliche Abzweigungen erzeugen je nach Gestaltung der Trennung verschiedene Widerstände. Unabhängig davon wird der Widerstand noch durch die relativ abgetrennte Abzweigmenge beeinflußt. Was durch verschiedene Maßnahmen dabei

---

[14] Chaimowitsch, E. M.: Ölhydraulik. Berlin 1975.
[15] Stach, E.: Druckverluste in Formstücken für Preßluftleitungen. Glückauf 67 (1931).
[16] Stradtmann, F. H.: Stahlrohr-Handbuch, 5. Aufl. Essen 1956.

erreicht werden kann, zeigt am Beispiel einer 64°-Abtrennung eine Versuchs-
zusammenstellung von Grcic[17] in Abb. 4.25. Dieses Bild zeigt deutlich, welche
großen Widerstände bei unzweckmäßiger Formgebung in Kauf genommen werden müssen.

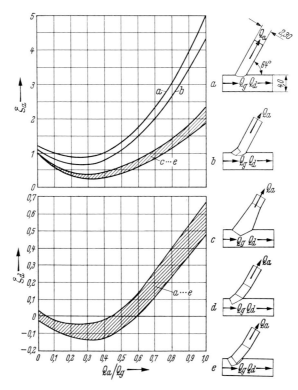

Abb. 4.25 Widerstandsziffer von schrägen Abzweigungen. (Nach Grcic)

Umgekehrt sei darauf hingewiesen, daß es in jedem Falle nützlich ist, mögliche
Ablösungszonen durch Füllstücke zu ersetzen. Dies geht sehr deutlich aus Versuchen von Hassan und Ibrahim hervor. An zwei solchen Stellen wurden hier
Füllstücke eingesetzt. Die dabei entstehenden Verlustziffern ζ sind in Abb. 4.26 in
Abhängigkeit von V/V_{ges} aufgetragen. Der dabei kleinste Verlustbeiwert sinkt von
0,7 auf 0,3, dies aber nur bei einem bestimmten Verhältnis V/V_{gea}.
    Eine eindrucksvolle Entwicklung fand Ideljčik[18] bei der Gestaltung der sym-
metrischen rechtwinkligen Abzweigung gemäß Abb. 4.27 a. Hier wurde im Staub-
bereich der seitlichen Abzweigungen eine Platte in der Mitte eingesetzt (Abb. 4.27 b).
Dadurch ergibt sich eine Verminderung des Verlustwertes von 2,0 auf 0,75. Wird
statt der scharfen Umführungen gemäß Abb. 4.27 c eine innere Abrundung aus-

[17] Grcic, J.: Gubici tlaka u racvama pri razdvajanju vodnih tokova, Saopstanja sa III.
Savetovanja o visokim branama. Beograd 1956.
[18] Ideljčik, I. E.: Spravocnik po gidraviceskim soprotivlenijam. Moskau 1960.

geführt, so ergibt sich eine Verminderung von 2,0 auf 0,5. Interessant ist auch noch ein Vorschlag von Regenscheit[19], gemäß Abb. 4.27 d, wo im Staubereich ein geeigneter Staukörper eingesetzt wird. Dadurch vermindert sich der ζ-Wert auf nur 0,275. Die durch diese Maßnahmen erreichten erheblichen Verbesserungen nach b) und d) wurden durch die Vorverlegung des Staupunktes in das Hauptrohr möglich.

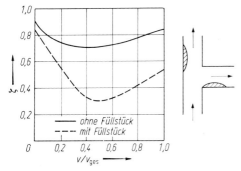

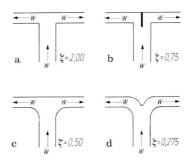

Abb. 4.26 Widerstandskoeffizient bei einer Abzweigung in Abhängigkeit von V/V_{ges}. (Nach Hassan und Ibrahim)

Abb. 4.27 a—d Widerstandsverminderung durch Einsetzen von Kurzwänden und Füllkörpern im Staubereich bei symmetrischen Abzweigungen um 90°. (Nach Ideljčik und Regenscheit)

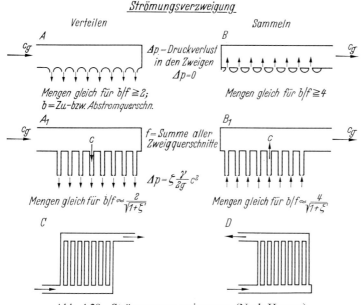

Abb. 4.28 Strömungsverzweigungen. (Nach Hansen)

---

[19] Regenscheit, B.: Ausblase- und Absaugkanäle lufttechnischer Anlagen, VDI-Ber. 34 (1959).

Für viele praktische Anwendungen ist die Verteilung oder das Sammeln von Strömungen in Leitungen und Armaturen oder das Ausblasen aus vielen Öffnungen von großer Bedeutung. Eine kurze saummarische Übersicht[20] dieser Probleme zeigt Abb. 4.28. Bei A verteilt sich die Strömung auf viele Düsen. Wenn dabei erreicht werden soll, daß aus jeder Düse etwa die gleiche Menge austritt, so muß der Zuströmquerschnitt mindestens doppelt so groß sein wie die Summe aller Zweigquerschnitte; beim Sammeln gemäß B muß er sogar viermal größer sein. Bei der angedeuteten Anordnung mit gut abgerundeten Düsen sind die Verluste sehr klein. Bei Anordnungen mit Widerständen in den Abzweigkanälen (schematisch bei A_1 und B_1 angedeutet) ergeben sich ziemliche Verluste in den Abzweigungen, die durch den Koeffizienten ζ erfaßt werden sollen. Will man auch in diesem Fall gleiche Mengenverteilung erreichen, so gilt:

$$\text{Verteilen}\quad b/f = \frac{2}{\sqrt{1+\zeta}}\,;\qquad \text{Sammeln}\quad b/f = \frac{4}{\sqrt{1+\zeta}}\,.$$

Die Fälle C und D sind Kombinationen von A_1 und B_1.

Reichardt und Tollmien[21] und in neuerer Zeit Regenscheit haben die angedeuteten Probleme eingehend untersucht.

4.2.2 Verzweigungen eines Leitungsnetzes

Nachdem eine große Anzahl von Einzelwiderständen angegeben wurde, entsteht die Frage, wie der Gesamtwiderstand eines irgendwie weit verzweigten Rohrnetzes mit vielen Armaturen ermittelt wird. Diese Frage wurde besonders aktuell, seit 1952 Ventilatoren mit einem Wirkungsgrad von 90% bekannt wurden und danach fast alle Radialventilatoren ausgetauscht wurden. Dabei zeigte sich sehr deutlich, daß nicht allein unglaublich schlechte Ventilatoren benutzt wurden, sondern zudem die richtige Auslegung oft nicht beachtet wurde. Die Ventilatoren arbeiten dann auf einem Punkte, der weit abseits des besten Wirkungsgrades liegt. In der Tat ergeben sich hier Aufgaben von großer Schwierigkeit. Besonders in der Verfahrenstechnik und der Chemie wird oft Luft oder Gas durch erheblich verzweigte Systeme gedrückt, die oft noch durch Armaturen der verschiedensten Art ergänzt werden.

Es konnte nun gezeigt werden, daß zur Lösung dieser Aufgabe oft relativ einfache graphische Verfahren möglich sind[22]. Ein Beispiel zeigt Abb. 4.29. Hier wird z.B. der Fall behandelt, daß Parallelschaltungen mit Hintereinanderschaltungen verbunden sind. Nach zwei Parallelwiderständen R_1 und R_2 folgt ein Einzelwiderstand R_3 und anschließend vier parallel geschaltete Widerstände R_4 bis R_7. So ergibt sich ein Punkt A, durch den die gemeinsame Kennlinie verläuft. Eine Parabel

[20] Hansen: Die Bedeutung der Strömungstechnik in der Eisenhüttenindustrie. Stahl u. Eisen (1955) 401–410.
[21] Reichardt, H.; Tollmien, W.: Mitt. Max-Planck-Inst. f. Strömungsforschung. Nr. 7 (1952).
[22] Eck, B.: Ventilatoren, 5. Aufl. Berlin, Heidelberg, New York: Springer 1972.

durch diesen Punkt wird anschließend mit dem Bestpunkt einer Ventilatorkenn-
linie verbunden. Mit diesem Beispiel wird gezeigt, daß ziemlich komplizierte Fälle
so leicht behandelt werden können.

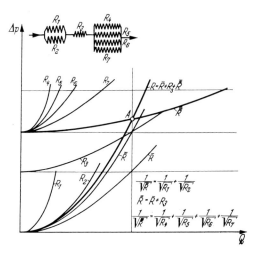

Abb. 4.29   Kombination von Parallel- und Hintereinanderschaltung

4.2.3   Experimentelle Verfahren

Es ist weiterhin möglich, ein einfaches experimentelles Verfahren anzuwenden. Dabei werden die Einzelwiderstände durch den Widerstand einer einfachen scharf-
kantigen Blende ersetzt, z.B. durch die Bohrung einer Plexiglasscheibe. Der Blen-
dendurchmesser ist gemäß der Berechnung

$$\Delta p = \sum \lambda \varrho/2 \, c^2 l/d + \sum \zeta \varrho/2 c^2 = \varrho/2 c'^2$$

(c′ Geschwindigkeit im kontrahierten Blendenstrahl)

$$A_{Bl} = \frac{Q}{\alpha \, c}$$

(A_{Bl} Blendenöffnung)

$\alpha = 0,61$ bis $0,65$ (Kontraktionskoeffizient)

leicht zu bestimmen.

Nachdem nun für alle Rohrstränge und Widerstände diese Blenden ausge-
rechnet und hergestellt sind, werden diese Blenden in Einzelkästen so eingesetzt,
daß dort, wo eine Verteilung ist, ein Kasten vorgesehen wird. So entsteht ein
Kastensystem, welches beim Durchblasen mit einem Lüfter das gleiche Wider-
standsverhalten wie das wirkliche Leitungsnetz zeigt. In Abb. 4.30 ist z.B. ein
System mit 9 Verzweigungen, 36 verschiedenen Rohrsträngen und 23 verschiedenen
Ausblasestellen dargestellt. Abbildung 4.31 zeigt das fertige Modell mit kleinem
Lüfter. So kann mit relativ einfachen Methoden auch eine schwierige Aufgabe gelöst werden, ohne daß dafür ein Rechenzentrum in Anspruch genommen wer-
den muß.

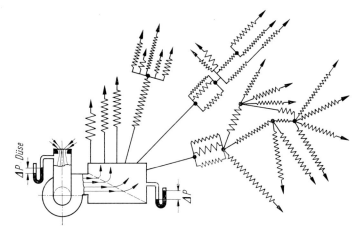

Abb. 4.30 Schematische Darstellung einer Leitungsverzweigung nach Abb. 4.31

Abb. 4.31 Kleines Modell zur Realisierung des Gesamtwiderstandes mit Plexiglaswänden, die
Bohrungen für die verschiedenen Widerstände enthalten

4.2.4 Anwendungen

In der Praxis der Verfahrenstechnik, der Chemie, des Apparatebaues und dgl.
gibt es viele Fälle, wo die notwendige Durchströmung z. B. für Kühlung, Heizung,
chemische Prozesse usw. in keiner Weise zu erfassen ist. Ein Wirrwarr von Armaturen, Elementen, chemischen Prozessen etc. macht es in solchen Fällen oft einfach
unmöglich, mit irgendwelchen bisher beschriebenen Methoden den Durchström-
widerstand zu bestimmen, der bei einer z. B. notwendigen Gesamtdurchströmung
bekannt sein muß. Schon bei relativ einfachen optischen und elektrischen Geräten
kommen solche Fälle vor. Hier gibt es nur einen sicheren Weg, der sehr oft in der
Praxis nötig ist. Er besteht darin, daß zunächst mit einem äußeren Fremdgebläse
das ganze System für verschiedene Luft- bzw. Gasmengen durchblasen wird. So
erhält man dann exakt die Betriebskennlinie und kann anschließend sehr genau ein
Gebläse angeben, welches den Anforderungen exakt entspricht. Schwierigkeiten
ergeben sich oft, wenn bei der Konstruktion die notwendigen Kanäle fehlen und

nur wenig Platz für ein richtiges Gebläse vorgesehen wurde. Vorhandene Mängel sind sehr oft an zu großem Geräusch zu erkennen. Ein zu großes Geräusch gibt in vielen Fällen den ersten Anlaß zu einer genaueren Untersuchung, wie oben angedeutet wurde.

4.3 Einlauf- und Austrittsverluste

4.3.1 Austrittsverluste

Wenn wir zunächst einfache Austrittsöffnungen betrachten, so muß zunächst definiert werden, was als Verlust angesehen werden kann. Je nach der Geschwindigkeitsverteilung wird die gesamte Austrittsenergie verschieden sein. Da diese kinetische Energie anschließend irgendwie wieder ausgenützt werden kann, hat es keinen Sinn, sie als Verlust zu bezeichnen. Dies ist z. B der Fall bei einfachen Rohrenden gemäß Abb. 4.32a und b. Der Verlustkoeffizient hat dabei den Wert $\zeta = 0$ Da zudem keine Kontraktion vorhanden ist, ist der Kontraktionskoeffizient $\mu = 1$. Anders sind die Öffnungen nach Abb. 4.32c und d. Hier bestehen große Kontraktionen, so daß im Austritt der Querschnitt nicht ganz ausgefüllt ist. Verlustkoeffizienten von $\zeta = 1,8$ und $\zeta = 0,5$ müssen hier in Kauf genommen werden.

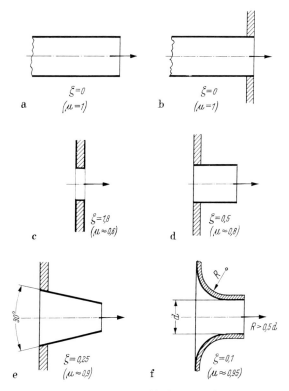

Abb. 4.32a–f Verschiedene Austritte

4.3.2 Einlaufverluste

Bei verengten Querschnitten gemäß Abb. 4.32e und f entstehen in den Verengungen
direkte Verluste, die zwar klein aber nicht zu vernachlässigen sind, ungefähr nach
der Gl. $\zeta = (1/\mu^2) - 1$. Ganz anders ist die Situation bei freien Einläufen in
irgendeiner Öffnung einer Leitung. Je nach dieser Eintrittsgestaltung ergeben sich
ziemlich verschiedene Werte. Abbildung 4.33 zeigt einige praktisch vorkommende
Gestaltungen mit den zugehörenden Verlustkoeffizienten ζ. Der Einfluß der Stirn-
wand und L/d ist in Abb. 4.34 dargestellt. Die teilweise schon von Weisbach ermittelten Werte wurden noch durch[23-26] ergänzt.

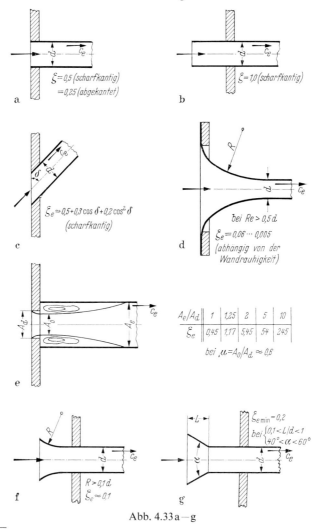

Abb. 4.33 a — g

[23] Richter, H.: Rohrhydraulik. Berlin, Göttingen, Heidelberg: Springer 1954 (5. Aufl. 1971).
[24] Herning, F.: Stoffströme in Rohrleitungen. Düsseldorf 1954.
[25] Recueil des renseignements sur les installations de ventilation. Sulzer Frères, Winterthur.
[26] Chaimowitsch, E. M.: Siehe Fußnote 14, S. 59.

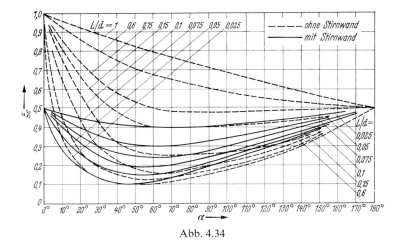

Abb. 4.34

4.3.2.1 Scharfkantiger Einlauf von ebenen und runden Querschnitten

Bei scharfkantigem Einlauf ergeben sich Kontraktionen, deren Durchfluß zu
großen Widerständen führt. In Abb. 4.35 sind die Ergebnisse der Kontraktionen
für runde Querschnitte in Abhängigkeit von x/d und für schmale rechteckige
Querschnitte nach Rouse[27] in Abhängigkeit von x/b aufgetragen. Dabei zeigt sich,
daß nach einem Einlauf von ca. 0,65 x/d bzw. x/b keine Änderung mehr eintritt.
Anschließend erfolgte natürlich turbulente Vermischung.

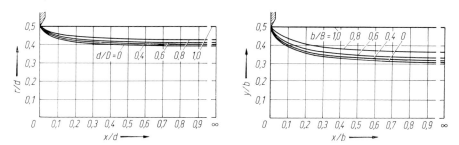

Abb. 4.35   Typische Verläufe für zwei- bzw. dreidimensionale Strömungen

4.3.3 Düsenkoeffizienten bei freiem runden Einlauf

Der bei freiem Eintritt in eine abgerundete Leitung entstehende Unterdruck ist
ein sehr einfaches Mittel für Mengenmessungen. Dabei ergeben sich gemäß
Abb. 4.36 bestimmte Düsenkoeffizienten, deren Messung in einem bestimmten
Abstand von der Öffnung vorgenommen werden muß; er sollte $>0,2$ d betragen,
um Düsenkoeffizienten von 0,98 bis 0,99 zu erreichen.
Auch mit einfachen Umbördelungen zu einer Art Düse und Verklebung der

[27] Rouse, H.: Engineering Hydraulics. New York: Wiley 1950.

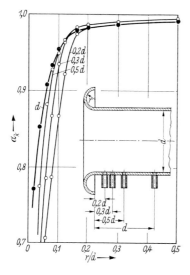

Abb. 4.36 Düsenkoeffizienten bei Einlauf mit verschiedener Einlaßkrümmung

Zwickel kann notfalls gemessen werden[28] (Abb. 4.37). Wenn die Messung in einem Abstand von 0,6 d vom Eintritt erfolgt, kann mit folgenden Düsenkoeffizienten gerechnet werden:

r/d	0,14	0,239	scharfkantig (r Abrundungsradius)
α	0,97	0,973	0,83

Leider findet man in der Praxis fast unzählige scharfkantige Einlauföffnungen von Leitungen. Die einfache Umbördelung nach Abb. 4.37 ermöglicht die Vermeidung der dadurch entstehenden Verluste in einfacher Weise.

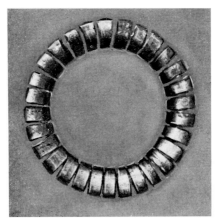

Abb. 4.37 Abgerundeter Einlaufdüsenring, bei dem die Abrundung vieler Einschnitte erfolgte

[28] Eck, B.: Verlustfreie Mengenmessung im Einlauf von Leitungen. Verfahrenstechn. Nr. 7 (1975).

4.3.3.1 Lösung des Düsenproblems

Die Lösung des Düsenproblems ist für die Meßtechnik von ganz großer Bedeutung gewesen. Darüber hinaus zeigt dieser Fall, wie gewollte kleine Ablösungen ein sehr wichtiges praktisches Problem lösen konnten.

Im Jahre 1912 wurde von Prandtl[29] die damalige Normaldüse angegeben. Sie wurde für ein bestimmtes Verhältnis $\dfrac{\text{Düsenquerschnitt}}{\text{Rohrquerschnitt}} = 0{,}4$ entworfen und diente fast bis 1930 als eine Hauptmeßdüse. Bei der Formgebung war der Gesichtspunkt maßgebend, daß an der Düsenwand keine Ablösung vorhanden sein sollte. Infolge der Zentrifugalkraft herrscht an der Düsenwand ein kleinerer Druck als in Düsenmitte und deshalb auch eine größere Geschwindigkeit. Je nach der Größe der Krümmungsradien kann an einer Stelle der Düsenwand der Druck kleiner sein als der Enddruck. Dann wird auf einem Teil der Düsenwand die Strömung verzögert, und eine Ablösung ist wahrscheinlich. Bei der Prandtl-Düse wurde nun die Krümmung so gewählt, daß eine solche Verzögerung vermieden wurde (Korbbogen mit $R = 1{,}4\,d$ auf 22,5° und $r = 0{,}5\,d$ von 22,5° auf 90°).

Der Verfasser baute zur Sichtbarmachung dieser Grenzschichtverhältnisse eine so große Strömungswanne, daß Re-Zahlen erreicht wurden, wie sie bei technischen Anwendungen vorkommen. Abbildung 4.38 zeigt die Strömung durch eine solche Düse. Man erkennt, daß die Strömung einwandfrei anliegt. Als Düsenkoeffizient gab Prandtl $\alpha = 0{,}97\ldots0{,}995$ an.

Abb. 4.38 Strömung durch VDI-Düse 1912. Keine Ablösung, laminare Grenzschicht, deren Dicke sich mit R_D ändert. $Re_D \approx 140\,000$

Damals wurde weniger darauf geachtet, daß der Düsenkoeffizient nicht konstant war. Dies kam dadurch, daß die anliegende Grenzschicht wohl eine größere Ablösung verhinderte, die Grenzschicht selbst aber mit ihrem Widerstand sich je nach Re-Zahl stark änderte. Auch andere Einflüsse, wie z.B. die notwendigen vor- und nachgeschalteten freien Rohrlängen, Druckmessung usw. waren unbekannt. So ergaben sich Freiheiten, die in der Praxis bei genauer Kenntnis dieser

---

[29] Prandtl, L.: Erläuterungsberichte zu den Regeln für Leistungsversuche an Ventilatoren und Kompressoren. Z VDI (1912).

Einflüsse bis zu 5 bis 6 % ausmachten und oft ausgenutzt wurden. Die Abnahmeversuche von großen Turbosätzen, womit der Verfasser damals zu tun hatte, ergaben oft einen ziemlichen Spielraum. Etwa 1927 wurde diese Unsicherheit offensichtlich, als eine große englische Firma bei der Ausschreibung eines großen Turbosatzes ein ganzes Buch beifügte, in dem alle Maßstellen und Vorrichtungen genauestens vorgeschrieben wurden. So gab es keine Ausweichmöglichkeiten mehr, wenn auch diese Vorschriften nichts Neues beinhalteten. Möglicherweise war dieser Vorgang ein Anlaß dazu, daß man sich eingehender mit den Düsenströmungen beschäftigte. So gelang es dann in den Jahren 1928 bis 1930 Witte[30], eine ganz neue Düse zu entwickeln, deren Düsenkoeffizient in weiten Re-Bereichen konstant war. Er zeigte eine Lösung, die dem Prinzip der Prandtl-Düse genau entgegengesetzt war. Er wies nach, daß eine scharf gekrümmte Düse mit zylindrischem Auslaufstück oberhalb bestimmter Re-Zahlen genau konstante Düsenkoeffizienten ergab. Diese in der Düsenforschung revolutionierende Entdeckung von Witte stellte sehr bald die ganze Düsenmessung auf eine neue Basis. Der Verfasser versuchte, diese Erscheinungen in der vorhin vermerkten großen Wanne sichtbar zu machen.

Die Abb. 4.39 und 4.40 zeigen diesen Vorgang. Im unterkritischen Bereich, d. h. in dem Gebiet, in dem auch die neue Düse keinen konstanten Düsenkoeffizienten zeigt, findet folgendes statt: Vom Standpunkt aus bildet sich eine laminare Grenzschicht, die sich an der scharfen Krümmung ablöst und später wellig und turbulent wird. Die Strömung bleibt abgerissen. Im überkritischen Bereich findet zunächst die gleiche laminare Ablösung statt. Der abgelöste Strahl wird aber viel schneller turbulent und die Trägheitskräfte bringen schließlich kurz vor dem Düsenende den Strahl wieder zum Anliegen (Abb. 4.40). Ein bestimmtes zylindrisches

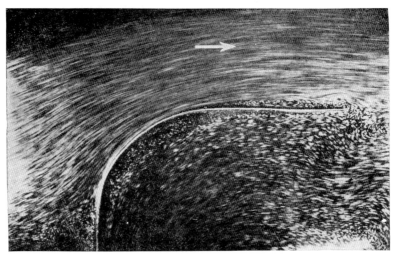

Abb. 4.39 Unterkritische Strömung durch I−G-Düse; $Re_D \approx 55\,000$.
Strömung löst sich ab und füllt Endquerschnitt nicht aus

[30] Witte: Duchflußwerte der IG-Meßmündungen für Wasser, Öl, Dampf und Gas. Z. VDI (1928) 42. Sowie Witte: Die Durchflußzahlen von Düsen und Stauwänden. Tech. Mech. u. Thermodynamik. (1930) 34.

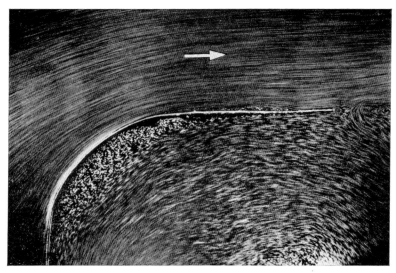

Abb. 4.40 Strömung durch I−G-Düse überkritisch; $Re_D \approx 140000$.
Ablösung der Strömung und Wiederanliegen im zylindrischen Auslauf

Stück ist somit notwendig. Daß man bei kleineren Re-Zahlen durch ein hinreichendes langes paralleles Stück die Strömung wieder zum Anliegen bringen kann, zeigt Abb. 4.41, die bei $Re = 14000$ aufgenommen wurde. Es ist sehr wahrscheinlich, daß für den zylindrischen Ansatz sowohl eine *untere* wie eine *obere* Grenze besteht, zwischen denen Konstanz der Düsenkoeffizienten erreicht wird.

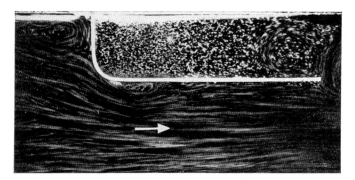

Abb. 4.41 Düsenströmung mit Eckwirbel und Ablösung hinter Krümmung;
$Re_D \approx 14000$

Diese Erscheinungen zeigen, daß es durchaus möglich wäre, eine weitere Normaldüse für den unteren Re-Bereich zu schaffen, die dann ein längeres zylindrisches Ende haben müßte.

Über besondere akustische Erscheinungen und ihre Auswirkungen auf die Ausströmung nach Düsen berichtet Spruyt[31].

---

[31] Spruyt, A. G.: Flow Induced Acoustic Resonances in Ducts with Flowmeasuring Nozzles having a Recess. FDO Hengelo, Techn. Advisers (1972).

4.3.4 Verluste bei Anordnungen von einem Rohr und einer Wand

Wenn die Einströmung in eine abgerundete Rohrleitung kurz vor einer Wand erfolgt, ergeben sich Widerstände ζ, die in Abb. 4.42 in Abhängigkeit von h/d aufgetragen sind. Erst von ca. $a/d = 0,3$ werden dabei die Widerstände sehr klein
und fast konstant. Anders ist der Ablauf, wenn nach Abb. 4.43 aus einem Rohr
mit Endabrundung auf eine Wand geblasen wird. Hier ergeben sich nach Abb. 4.44
Widerstandskoeffizienten, die bei $a/d = 0,18$ ein Minimum aufweisen.

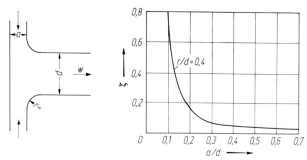

Abb. 4.42 Einströmung in eine abgerundete Rohrleitung kurz vor einer Wand

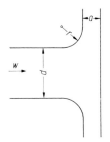 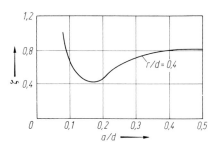

Abb. 4.43 Ausströmung aus   Abb. 4.44 Widerstandskoeffizienten zur
einer abgerundeten Rohrlei-   Anordnung nach Abb. 4.43
tung auf eine Wand

4.3.5 Ventile und Absperrmittel

Bezeichnungen nach Abb. 4.45. Der Verlust wird meist auf den Staudruck der Geschwindigkeit c im Ventilsitz bezogen (ζ), oder auf die Geschwindigkeit c_1 des
jeweilig kleinsten Durchflußquerschnitts (ζ_1).

$$\text{Verlust } \Delta p = \zeta \frac{\varrho}{2} c^2 = \zeta_1 \frac{\varrho}{2} c_1^2.$$

A_1/A (A_1 kleinster Durchflußquerschnitt)	0,2	0,4	0,6	0,8	1,0
Tellerventil mit oberer Führung ζ_1	1,2	1,6	2,0	2,5	3,0
Tellerventil mit Rippenführung im Sitz ζ_1	2,3	2,8	3,5	4,3	5,2

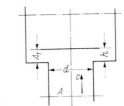

Abb. 4.45

Durch diffusorartigen Ansatz am Ventilteller gelingt es nach Schrenk[32], den Durchflußwiderstand auf 1/7 bis 1/8 zu vermindern. Ebenfalls fand Schrenk, daß in einem Tellerventil bei kleiner Hubhöhe, etwa zwischen $h/d = 1/7$ bis 1/8, der Strahl den engsten Querschnitt kontraktionsfrei ausfüllt. Er liegt dann an der Sitzfläche an. Oberhalb gewisser Grenzhubhöhen springt der Strahl ab und zeigt eine scharfe Kontraktion. Theoretische Untersuchungen[33] bestätigen dieses Verhalten. Es zeigte sich, daß die Strahlablenkung durch Ventile mit Hilfe der konformen Abbildung genau ermittelt werden konnte. Genaue Widerstandszahlen für Ventile und Schieber sind in [34] angegeben (s. a. Bd. 1, S. 134). Das Strömungsbild (Abb. 4.46) zeigt die Durchströmung eines Kegelsitzventils bei hoher Öffnung. Der Strahl legt sich hier eng an den Kegelsitz an und verursacht auf der anderen Seite eine große Ablösung.

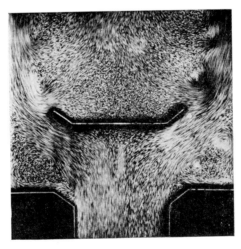

Abb. 4.46 Strömung durch ein Kegelsitzventil. Hub zu groß;
scharfe Kontraktion des austretenden Strahles

[32] Schrenk: VDI-Forschungsh. 272.
[33] Eck, B.: Potentialströmung in Ventilen. Zamm (1924) 464.
[34] Arbeitsblatt 42 BWK (1953).

4.4   Wirkung von Sieben in einer Strömung

4.4.1   Übersicht

Bereits in Bd. 1, Abb. 3.36 wurde gezeigt, wie ein einzelner Strahl durch ein Sieb auf ein Mehrfaches erweitert werden kann. Diese Eigenschaft wird bei vielen Anwendungen dazu benutzt, um ungeordnete Strömungen zu vergleichmäßigen, wozu allerdings Verluste in Kauf genommen werden müssen. Dazu muß der Siebwiderstand bekannt sein. Dieser hängt nun entscheidend von dem Völligkeitsgrad $A_R/A = \varphi$ ab (A_r Querschnitt der Drahtfläche, A Gesamtquerschnitt des Siebes). Die dabei auftretenden Widerstandskoeffizienten sind seit langem aus vielen Versuchen bekannt. Alle diese Versuche liegen ziemlich genau in der in Abb. 4.47 dargestellten Kurve. Je größer die relativ freie Fläche ist, um so kleiner ist der Widerstand.

Eine wichtige Anwendung besteht darin, daß eine turbulente Strömung laminar gemacht werden kann. Sowohl bei Windkanälen wie bei anderen Meßvorrichtungen ist dies von Interesse. Heute ist bekannt, daß dies dann erreicht wird, wenn ein Sieb mit dem Widerstandskoeffizienten $c_W = 2,5$ verwendet wird. In Wirklichkeit wird dadurch der sog. Turbulenzgrad verkleinert. Ist z. B. der Widerstandskoeffizient eines Siebes c_W, so wird nach Dryden und Schubauer[35] der Turbulenzgrad im Verhältnis $1/\sqrt{1 + c_W}$ vermindert. Bei n hintereinander geschalteten Sieben ist die Verminderung $1/(1 + c_W)^{n/2}$. Es lohnt sich also, mehrere Siebe hintereinander zu schalten.

Anders ist die Situation, wenn ein Sieb nicht in einer geschlossenen Leitung liegt, sondern eine freie Strömung nach Abb. 4.48 durchströmt. Vor dem Sieb ist die Anströmgeschwindigkeit w_1, im Sieb ein kleinerer Wert w' und weiter hinten

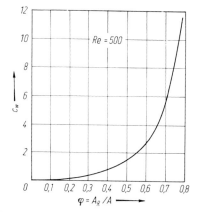

Abb. 4.47   Siebwiderstand in Abhängigkeit
                    vom Völligkeitsgrad

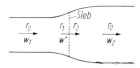

Abb. 4.48   Freie Durchströmung
                    eines Siebes

[35] Dryden, H. L.: The Use of Damping Screens for the Reduction of Wind Tunnel Turbulence. J. Aer. Sci. 14 (1947) 221—228.

ein noch kleinerer Wert w_2. Nach dem Impulssatz wirkt auf das Sieb eine Kraft $F = \varrho V (w_1 - w_2)$. Die Leistung, die im Sieb vernichtet wird, ist $P = Fw' = \varrho V(w_1 - w_2)$. Andererseits ist der gesamte Leistungsverlust weit vor und hinter dem Sieb $P = \varrho/2\, V\, (w_1^2 - w_2^2)$. Durch Gleichsetzen ergibt sich:

$$w' = \frac{w_1 + w_2}{2},$$

eine Beziehung, die auch für Propeller, Windräder und dgl. gilt. Definiert man nun den Widerstandsbeiwert c_{wS} für das Sieb im Freistrahl wie beim Rohr durch Division des Drucksprunges $p_1 - p_2$ mit dem Staudruck $\varrho/2\, w_1^2$, so erhält man leicht die Beziehung des Widerstandeskoeffizienten eines Siebes im Rohr c_{wR} und c_{wS} im Sieb zu

$$c_{wR}/c_{wS} = (w_1/w')^2.$$

4.4.2 Laminarströmung in Schüttungen

Zur Erzeugung der versuchstechnisch oft wichtigen Laminarströmung kann außer Sieben auch eine einfache Schüttung von kleinen Körnern benutzt werden. Im Bereich kleiner Re-Zahlen ergibt sich dabei ein Widerstandsgesetz $\psi = 160/Re$. Unter Berücksichtigung des Lückengrades ε (Verhältnis des freien Raumes zum Gesamtraum) ergeben sich dabei gleiche Gesetzmäßigkeiten, wenn die korrigierte Re-Zahl $Re'/(1 - \varepsilon)$ aufgetragen wird. Abbildung 4.49 zeigt dies für 4 verschiedene Kugelschüttungen[36]. Dies ist nun eine typische Sickerströmung, die laminar ist. Außer der Kugelströmung gilt dieses Gesetz für Körperformen verschiedener Art von gleicher Größe.

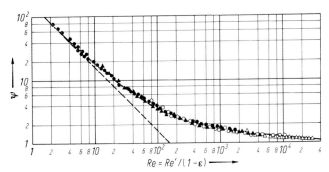

Abb. 4.49 Widerstandszahl von vier Kugelschüttungen

Diese Eigenschaft läßt sich nun gemäß Abb. 4.50 dazu benutzen, um eine sehr genaue laminare Versuchsstrecke herzustellen. Dazu wird auf einem Sieb eine kleine Schicht, z.B. Sand aufgelegt und von unten durch einen kleinen Ventilator belüftet. Wird die Abströmung noch durch eine Düse verengt, so ergibt sich eine

[36] Verfahrenstech. 3 (1969) S. 205.

einwandfreie Laminarströmung. Je nach der Körnerhöhe (z. B. Lagen von aus-
gesiebtem Sand) kann so jeder Grad von Turbulenz erzeugt werden.

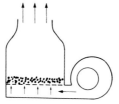

Abb. 4.50   Laminare Versuchsstrecke

4.5   Große Durchflußwiderstände

4.5.1   Labyrinthdichtungen

Die Konstruktion der Dichtungen von Kreiselmaschinen stellt uns vor die Aufgabe, enge Spalte mit möglichst großem Durchflußwiderstand herzustellen. Die
hohen Geschwindigkeiten dieser Maschinen verbieten Flächenberührungen zwischen Gehäuse und Rotor. Man ist gezwungen, Spalte vorzusehen, durch die eine
gewisse Menge strömt. Aufgabe des Konstrukteurs ist es, diese Spalte so zu bauen,
daß die Menge möglichst klein ist. Besonders bei kleinen Kreiselmaschinen, jedoch auch bei solchen mit hohen Drücken ist die Konstruktion der Dichtungen
sehr wichtig. Die durch die Dichtungen entstehenden Verluste sind u. U. entscheidend für die Anwendbarkeit einer Kreiselmaschine. Schließlich kommt je nach
Fördermenge und Druck eine Grenze, wo infolge der Undichtigkeitsverluste die
Kreiselmaschine gegenüber der Kolbenmaschine nicht mehr konkurrenzfähig ist.
   Grundsätzlich kann man unterscheiden zwischen Dichtungen für Flüssigkeiten
und solchen für Gase. Im ersten Fall verwendet man durchweg enge Spalte gemäß Abb. 4.51 a−e. Hierbei stehen sich Flächen mit engem Spiel gegenüber. Bei
einem möglichen Anlaufen, mit dem immer einmal zu rechnen ist, kann durch die
Flüssigkeit soviel Wärme abgeführt werden (evtl. durch Verdampfen), daß schäd-
liche Erwärmungen der Maschine und Verziehen von Teilen meist vermeidbar sind.
Bei Gasen fehlt eine solche Ausgleichmöglichkeit. Deshalb muß hier für den Fall
des Anlaufens im Augenblick ein solcher Verschleiß der berührenden Teile eintreten, daß ein Festsetzen vermieden wird. Durch Anwendung von messerartigen
Schneiden, sog. Labyrinthdichtungen, wird diese Forderung sehr gut erfüllt. Bei
dem einfachen Spalt nach Abb. 4.51 a entsteht beim Durchströmen ein Druckverlust, der sich aus drei Größen zusammensetzt.

Einmal ein Reibungsverlust $\lambda \dfrac{l}{4a} \dfrac{\varrho}{2} c^2$, worin a der hydraulische Radius ist,

$$a = \frac{A}{U} = \frac{\pi d s}{2 \pi d} = \frac{s}{2}.$$

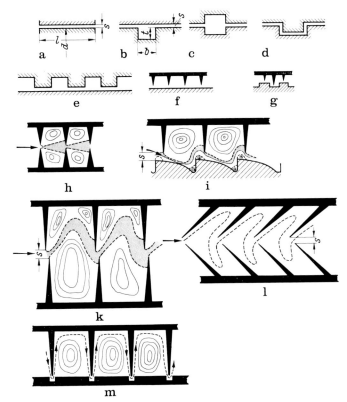

Abb. 4.51 a—m Labyrinthdichtungen. a—e) Flächendichtungen für Flüssigkeiten; f—g) einfache Spitzendichtungen für Gase und Dämpfe; h—l) Spitzendichtungen für höhere Ansprüche. Strömung nach Strömungsversuchen in Wanne eingezeichnet; m) Kohle-Spitzendichtung. (h—l nach Eck)

Infolge der Kontraktion im Einlauf ergibt sich ein weiterer Verlust, der mit $\approx 0{,}5\,(\varrho/2)\,c^2$ angesetzt werden kann. Hinzu kommt noch die zur Erzeugung der Mittelgeschwindigkeit c notwendige Drucksenkung $(\varrho/2)\,c^2$. Insgesamt ergibt sich also

$$\Delta p = \lambda \frac{l}{2s} \frac{\varrho}{2} c^2 = 1{,}5 \frac{\varrho}{2} c^2 = \frac{\varrho}{2} c^2 \left[\lambda \frac{l}{2s} + 1{,}5\right].$$

Die durchfließende Menge kann nun leicht berechnet werden

$$Q = cA = c\pi ds = \pi ds \frac{\sqrt{2(\Delta p/\varrho)}}{\sqrt{\lambda\,(l/2s) + 1{,}5}}.$$

Im laminaren Gebiet, d.h. für $Re = (2sc/\nu) < 2300$ ist $\lambda = 96/Re$ einzusetzen, während im turbulenten Gebiet nach Schneckenberg[37] gilt

$$\lambda_{\text{turb}} = 0{,}427/Re^{1/4}.$$

[37] Schneckenberg, E.: Der Durchfluß von Wasser durch konzentrische und exzentrisch-zylindrische Drosselspalte mit und ohne Ringnuten. Z. Angew. Math. Mech. (1931) 27.

Bei voller Exzentrizität wird λ bei laminarer Strömung auf den 2,5ten Teil und bei turbulenter Strömung auf den 1,21ten Teil der obigen Werte erniedrigt.

Eine Weiterbildung des einfachen Spaltes entsteht durch Anbringung einer Nut nach Abb. 4.51 b. In dieser Nut soll die Geschwindigkeit ganz vernichtet werden, um dann beim Wiedereintritt in den Spalt neu erzeugt zu werden. Das wird nur erreicht, wenn die Strömung in der Nut turbulent ist. Im laminaren Gebiet ist die Nut sowie alle nachfolgenden Konstruktionen zwecklos, es genügt der einfache Spalt. Eine dahingehende Zusammenstellung bekannter Versuchsergebnisse von Dziallas[38] zeigt dies deutlich. Nach unseren eingehenden früheren Bemerkungen ist dies leicht verständlich zu machen. Was geschieht im Spalt? Der an einer Seite freie Strahl wird sich mit der Umgebung vermischen. Dieser Vorgang ist mit sehr großem Widerstand behaftet, wenn eine turbulente Vermischung stattfindet. Ist dies der Fall, so kann aber auch eine Angabe über die notwendigen Abmessungen der Spaltkammer gemacht werden. Ist s die Spaltweite und b die Kammerlänge, so beginnt nach $b/s \approx 4...5$ die Auflösung des Strahles. Trutnovsky[39] bestimmte experimentell die Abhängigkeit der günstigsten Kammerbreite von der Spaltweite. Für die einseitige Kammer ergaben sich Werte von $b/t = 3,6...8$, wobei die erste Zahl für die kleinste Spaltweite ermittelt wurde. Es genügt hier zu wissen, daß die Größenordnung unserer Schätzung gemäß der Turbulenztheorie richtig ist.

Bildet man gemäß Abb. 4.51 c die Kammer beidseitig aus, so ergibt sich ein allseitig freier Strahl und damit die größte uns bekannte Bremswirkung. Auch ohne Kammer und ohne Verlängerung der Baulänge kann man die wirksame Spaltlänge vergrößern, indem man nach Abb. 4.51 d eine Tasche ausbildet. Bei Kreiselpumpen und Wasserturbinen sind oft recht komplizierte Ineinanderschachtelungen dieser Art vorhanden. Gelegentlich findet man auch Spalte und Kammern nach Abb. 4.51 e hintereinandergeschaltet, die insbesondere Trutnovsky[40] eingehender untersuchte mit der Nebenabsicht, Dichtungen dieser Art evtl. auch bei Kolbenmaschinen zu verwenden. Strömungstechnisch haben alle diese Konstruktionen den Nachteil, daß der Strahl an einer Wand immer eine glatte Führung behält und ein großer Teil des Strahlimpulses in die folgende Kammer eintritt. Das gleiche ist auch noch bei der Abb. 4.51 f der Fall, wo einfach scharfe Schneiden eingesetzt sind, eine Dichtung, die man schon Labyrinthdichtung[41] nennt. Der glatte Durchtritt der unteren Strahlseite kann verhindert werden, wenn man nach Abb. 4.51 g Absätze anordnet. Hier kann man damit rechnen, daß in jeder „Stufe" bestimmt der Staudruck der größten Geschwindigkeit als Druckverlust auftritt.

Die dabei erzwungenen Irrwege der Strömung zeigt an einem ähnlichen Beispiel die Strömungsaufnahme Abb. 4.52.

Ist der Druckabfall in der ganzen Dichtung nicht zu groß, so kann man annehmen, daß das spez. Volumen, bzw. das spez. Gewicht sich nicht merklich ändert.

---

[38] Dziallas, R.: Über Verluste und Wirkungsgrade bei Kreiselpumpen. Wasserkr. u. Wasserwirtsch. (1943) 106.

[39] Trutnovsky, K.: Spaltdichtungen. Z. VDI (1939) 857.

[40] Trutnovsky, K.: Labyrinthspalte und ihre Anwendung im Kolbenmaschinenbau. Forsch. Ing.-Wes. 8 (1937) 131—143.

[41] Eine reichhaltige Zusammenstellung über die bei Dampfturbinen und Turbogebläsen, üblichen Labyrinthkonstruktionen befindet sich in A. Loschge: Konstruktionen aus dem Dampfturbinenbau, 2. Aufl., Berlin, Göttingen, Heidelberg: Springer 1955.

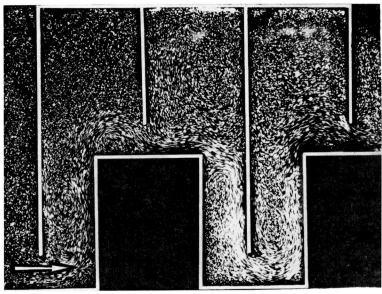

Abb. 4.52

Ist Δp der Gesamtdruckabfall und z die Stufenzahl, so ist die größte Geschwindigkeit im kontrahierten Strahl

$$c = \sqrt{2\,\varrho_{\mathrm{m}}\,\frac{\Delta p}{z}} \qquad (\varrho_{\mathrm{m}} \text{ mittlere spez. Dichte}).$$

Mit Berücksichtigung der Kontinuitätsgleichung $c = \dfrac{\dot m}{\varrho_{\mathrm{m}}\,\alpha A}$ erhält man das Leckgewicht

$$G = \alpha A \sqrt{2\,\varrho_{\mathrm{m}}\,\frac{\Delta p}{z}} \qquad (\alpha \text{ Kontraktionszahl}).$$

Die genauere Berechnung bei größeren Druckgefällen, wo sich schließlich die Schallgeschwindigkeit einstellt, wird am einfachsten mit Hilfe der Entropietafel durchgeführt; hierfür sei auf die Kreiselmaschinen-Literatur[42-44] verwiesen.

Die bisher erwähnten Konstruktionen befriedigen strömungstechnisch alle noch nicht. Während im laminaren Bereich der einfache Spalt die beste Lösung darstellt, wird im turbulenten Gebiet eine Strömung wünschenswert sein, bei der sich auf beiden Seiten des Strahles die freie Turbulenz auswirken kann. Dies würde z. B. durch die Bauart in Abb. 4.51h erreicht werden. Hier stehen sich immer zwei Schneiden gegenüber, so daß ein dünner kontrahierter Strahl bis zum nächsten Schneidenpaar die angedeutete turbulente Vermischung und Erweiterung erfährt, sofern die Länge der Kammer ausreicht. Auf beiden Seiten befinden sich heftig

[42] Stodola, A.: Dampf- und Gasturbinen, 6. Aufl. Berlin: Springer 1924.
[43] Eck, B.; Kearton: Turbo-Gebläse und Turbo-Kompressoren. Berlin: Springer 1929.
[44] Kluge, F.: Kreiselgebläse und Kreiselverdichter radialer Bauart. Berlin, Göttingen, Heidelberg: Springer 1953.

drehende Wirbel. Die Konstruktion ist schon besser als in Abb. 4.51 g. Aber auch mit einseitig angeordneten Schneiden kann noch eine wesentliche Verbesserung gegenüber Abb. 4.51 f erreicht werden. Dazu versieht man nach den Vorschlägen des Verfassers die Gegenseite gemäß Abb. 4.51 i mit Einbuchtungen. Diese gekrümmten Einbuchtungen lenken den Strahl nach unten ab, so daß er erst auf Umwegen und nach mehreren Ablösungsstellen die nächste Schneide erreicht. Die in Abb. 4.51 i angedeutete Bewegung des Hauptstrahles wurde ziemlich maßstäblich gemäß einer Beobachtung in einer Strömungsrinne aufgezeichnet. Man erkennt, daß der Strahl im Gegensatz zu der Ausführung in Abb. 4.51 f seine Richtung in der Kammer mehrmals ändern muß. Durch Strömungsbeobachtung in der Rinne konnte weiter festgestellt werden, daß auch Abb. 4.51 h noch verbesserungsfähig ist. Versetzt man die Schneiden nur ein klein wenig entsprechend Abb. 4.51 k, so entsteht die angedeutete Strömung. Der Strahl wird weit nach oben abgelenkt und gelangt erst nach ziemlicher Vermischung und langen Umwegen zum nächsten Scheidenpaar. Die Wirkung kann noch weiter verbessert werden, wenn die Schneiden nach Abb. 4.51 l versetzt und außerdem schräg gegen die Strömung gestellt werden. Schematisch ist der Weg der Hauptströmung angedeutet. Vermutlich ist eine bessere Wirkung und ein größerer Widerstand überhaupt nicht zu erzielen.

Interessant ist noch eine Sonderkonstruktion von Escher-Wyss[45]. Hier werden einseitige Schneiden nach Abb. 4.51 m verwendet, die ohne Spiel gegenüber eingebauten Kohleringen eingesetzt werden. Durch das Arbeiten des Läufers arbeiten die Schneiden sich etwas ein und schaffen so kleine Umkehrkrümmer, die den Gesamtstrahl an den Kammerwänden vorbeiführen.

Bei nichtstationärer Durchströmung, d.h. Kolbenmaschinen, wird die Wirkung der Labyrinthdichtungen geändert durch die Frequenz und durch das Volumen der Dichtungskammern, und zwar in dem Sinne, daß die Durchlässigkeit der Dichtungen durch Vergrößerung dieser Werte vermindert wird.

Von Trutnovsky[46] stammt eine neuere eingehende Darstellung über das Gebiet der berührungsfreien Dichtungen.

4.5.2 Große Druckdifferenzen

Wenn bei Gasen, Luft oder Dampf größere Druckdifferenzen abzudichten sind, so findet beim Durchströmen nach den Gasgesetzen mit dem Druckabfall in einer einzelnen Labyrinthdichtung eine Volumenvergrößerung statt. Um diese Vorgänge ermitteln zu können, muß der 2. Hauptsatz der Thermodynamik benutzt werden. Er besagt in kurzen Worten, daß Wärme nie von selbst von einem kalten auf einen wärmeren Körper übergehen kann. Man muß unterscheiden zwischen umkehrbaren und nichtumkehrbaren Zustandsänderungen. Umkehrbar ist bekanntlich nur eine isentropische Änderung, während alle anderen Vorgänge nicht umkehrbar sind. Zur Behandlung dieser Vorgänge hat man den Entropiebegriff S eingeführt, der besagt, daß bei $S = $ const der Vorgang umkehrbar ist, während bei nicht umkehrbaren Vorgängen S immer größer wird; d.h. S ist entweder konstant oder wird immer größer, also $\Delta S \geq 0$.

[45] Salzmann, F.: Versuche an Dampfturbinenelementen. Escher-Wyss-Mitt. (1939) 76.
[46] Trutnovsky, K.: Berührungsfreie Dichtungen. 2. Aufl. VDI-Verlag 1964.

Indem man berücksichtigt, daß nur zwei thermische Zustandsgrößen die Entropie beeinflussen können, hat man $dS = dQ/T$ gewählt (Q Wärmemenge) und benutzt sog. Entropiediagramme, die S als Abszisse und T als Ordinate enthalten. In diesen Diagrammen läßt sich eine vielstufige Labyrinthdichtung mit Expansion genau verfolgen. Wenn wir annehmen, daß jeder Spalt gleich groß ist und eine Fläche A hat und zudem angenommen wird, daß der Kontraktionskoeffizient gleich bleibt, so kann man zunächst leicht die Kontinuitätsgleichung aufstellen, die besagt, daß bei allen Spalten die gleiche Masse $\dot{m}$ durchströmt. Ist z. B. bei der $n$ten Stufe das spez. Volumen v_n und die Spaltgeschwindigkeit w_n, so muß danach $\dot{m} = A w_n \alpha / v_n$ konstant sein.

In jeder Stufe findet im Spalt eine isentropische Expansion statt; so ergeben sich die jeweiligen Geschwindigkeiten w_n leicht zu

$$H_1 = \frac{w_1^2}{2g}; \; H_n = \frac{w_n^2}{2g} \qquad \text{(Energiegleichung zur Erzeugung der Spaltgeschwindigkeit).}$$

Ersetzt man w_n aus der 1. Gleichung, so ergibt sich mit $w_n = \dfrac{\dot{m} v_n}{A \alpha}$:

$$H_n = \left(\frac{\dot{m} v_n}{A \alpha}\right)^2 \frac{1}{2g} = k v_n^2 \qquad (V \text{ spez. Volumen}).$$

Somit ergibt sich die sog. Fanno-Kurve, die im T, S-Diagramm die unteren Punkte der Zickzacklinie angibt.

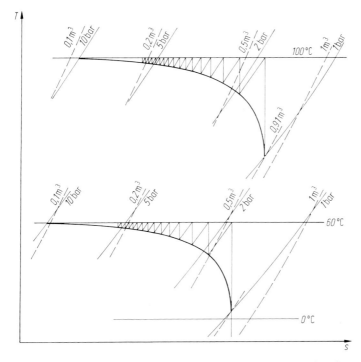

Abb. 4.53 Zustandsänderungen in einer Labyrinthdichtung für die Anfangstemperaturen 5 °C und 45 °C

Bildet man die Division

$$\frac{H_1}{H_n} = \frac{v_1^2}{v_n^2},$$

so entsteht eine einfache Beziehung zur Berechnung beliebiger Punkte der Fanno-Kurve im T, S-Diagramm.

Hat man somit einen Punkt der Fanno-Kurve berechnet, so lassen sich beliebige Punkte der Fanno-Kurve ermitteln.

Das Gesamtbild für eine 14stufige Abdichtung eines Turbokompressors, der von 1 bar auf 12 bar verdichtet, zeigt Abb. 4.53[47] bei 2 Temperaturen.

Der ganze Vorgang ist im Entropiediagramm leicht zu ermitteln, wenn vorher die Fanno-Kurve eingezeichnet ist. Welch großer Aufwand hier bei Höchstdruckturbinen notwendig ist, zeigt typisch Abb. 4.54.[48]

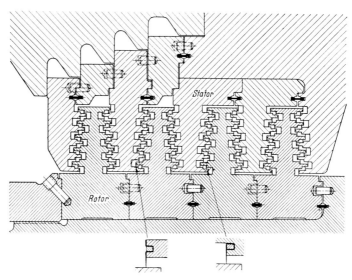

Abb. 4.54   Stopfbüchse einer Höchstdruckturbine

Schrifttum zu Kapitel 3 und 4

Abh. a. d. Aerodyn. Inst. d. TH Aachen.

Barth, R.: Windkanalmessungen über den Luftwiderstand eines Zylindertandems als Brückenträger. Stahlbau (1960).

Dubs, F.: Aerodynamik der reinen Ultraschallströmung. Basel: Birkhäuser 1954.

Ergebn. d. Aerodynamik. Versuchsanstalt Göttingen, I. bis. IV. Liefg. Oldenbourg bis 1932, sowie neuere Institutsber.

---

[47] Eck, B.; Kearton: Turbo-Gebläse und Turbo-Kompressoren. Berlin: Springer 1929, Abb. 45, S. 50.

[48] Ewert, G.: Die Höchstdruckturbine des Eddystone-Kraftwerkes. Konstruktion 13 (1961) 241—244.

Hackeschmidt, M.: Grundlagen der Strömungstechnik, (3 Bände). Leipzig 1970.

Ideljčik, I. E.: Handbuch der hydraulischen Widerstände.

Jaray, P.: Aerodynamik und Maschinenbau. In: Festschrift Ackeret. Birkhäuser 1958.

Jung, R.: Die Bemessung der Drosselorgane für Durchflußregelung. BWK 8 (1956).

Leiter, E.: Strömungsmechanik nach Vorlesungen von K. Oswatitsch. Braunschweig: Vieweg 1978.

Mitt. d. Hydraul. Inst. d. TH Münschen, Heft 1—5.

Mitt. d. Inst. f. Aerodynamik d. ETH Zürich.

Rebuffet, P.: Aerodynamique expérimentale. Paris: Dunod 1969.

Riegels, W. F.: Das Widerstandsproblem. Jahrb. d. Wiss. Ges. f. Luftfahrt 1952.

Rouse, H.: Engineering Hydraulics. New York: Wiley 1950.

Tietjens, O.: Strömungslehre (2 Bände). Berlin, Heidelberg, New York: Springer 1960 u. 1970.

Truckenbrodt, E.: Fluidmechanik (2 Bände). Berlin, Heidelberg, New York: Springer 1980 (2., völlig neubearb. u. erweiterte Aufl. des 1968 ersch. Buches „Strömungsmechanik").

5 Vermeidung von Ablösungen

5.1 Leitschaufeln

Scharfe Umlenkungen können durch Leitschaufeln nach Abb. 5.1 einem guten Krümmer ungefähr gleichwertig gemacht werden. Die Wirkung solcher Leitschaufeln kann dadurch erklärt werden, daß die bei der gekrümmten Bewegung auftretenden Zentrifugalkräfte durch die Leitschaufeln aufgenommen werden. In der Gleichung $\Delta p = \Delta n \varrho (c_m^2/R)$ wird also Δn kleiner; damit wird auch Δp kleiner und gleichzeitig ergeben sich geringere Übergeschwindigkeiten. Die Ablösungsgefahr wird dadurch bedeutend gemildert. Bei dem Bau von Windkanälen wurden solche Leitschaufeln wohl erstmalig von Prandtl angewandt, während eine erste Vorstufe bereits in den Grätings von Krell[1] vorliegt. Prandtl gibt für die Leitschaufeln ein $\zeta \approx 0{,}12$ an. In vielen Fällen genügen bereits nicht-profilierte Schaufeln. Allgemein läßt sich sagen, daß Blechschaufeln um so eher genügen, je kleiner der Umlenkwinkel ist. Bei nicht-profilierten Schaufeln entsteht u. U. am Schaufelrücken eine Ablösung, die durch Profilierung unterdrückt werden kann. Abbildung 5.2 läßt diese Verluste im Grenzschichtprofil deutlich erkennen. Die Gegenüberstellung von profilierten und nicht-profilierten Schaufeln zeigt anschaulich den Vorteil der Profilierung. Die in Abb. 5.2 erkennbare Ablösungszone wird mit größerem Umlenkwinkel größer, so daß schließlich eine Profilierung nicht zu umgehen ist.

Abb. 5.1   Verbesserung eines rechtwinkligen
Krümmers durch Unteilung

Scharfkantige Umführung bei rechteckigen Kanälen. Bei praktischen Anwendungen müssen oft rechteckige Kanäle scharfkantig um 90° umführt werden, z. B. bei Windkanälen. Größe Krümmerverluste sind hier nur durch Leitschaufeln zu vermeiden. Zwei Hauptwege stehen zur Verfügung. Unterteilte Leitschaufeln nach

---

[1] Die Leitschaufeln in der jetzt bekannten Form wurden von Prandtl für die Konstruktion der Umlenkungen von Windkanälen angegeben. Krell hatte bereits früher (Die Erprobung von Ventilatoren und Versuche über den Luftwiderstand von Panzergrätings, Jahrb. d. Schiffbautech. Ges. 1906, Bd. 7, S. 408) Leitschaufeln angegeben, die unter 45° in einem Krümmer eingebaut waren, sog. „Panzergrätings", und an Modellen die Wirkung vorgeführt. Die Unterteilung durch eine Leitschaufel wurde bereits von Meissner als vorteilhaft erkannt. Hydraulik (1876).

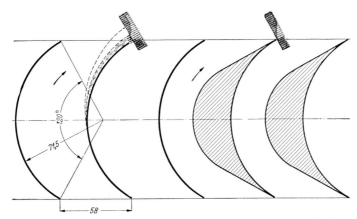

Abb. 5.2 Staudruckprofile hinter einem Gitter mit Kreisbogenschaufeln
und profilierten Schaufeln

Flügel und Frey nach Abb. 5.4 gestatten selbst scharfkantige innere Krümmungen.
Die genaue Lage dieser Schaufeln muß entweder versuchstechnisch oder durch
Sichtbarmachung in einem Strömungskanal ermittelt werden.

Ein zweiter Weg besteht darin, daß gemäß Abb. 5.3 eine Leitschaufelreihe in
der Diagonale eingesetzt wird. Die Frage, wie groß diese Leitschaufeln sein sollen,
welche Anzahl notwendig ist und ob profilierte Schaufeln oder Blechschaufeln
nötig sind, war bisher nicht zu beantworten. Nachfolgend wird eine neue Berech-
nungsmethode mitgeteilt.

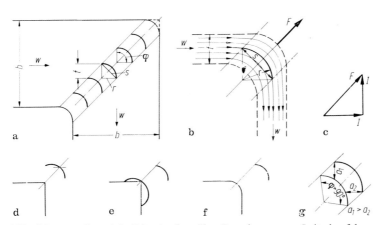

Abb. 5.3a−g Grundsätzliche Analyse über Berechnung von Leitschaufeln

Dazu werden Erscheinungen benutzt wie sie im Kapitel 7 beschrieben werden.
Zum Beispiel zeigen die Versuche entsprechend den Abb. 7.1, 7.4 und 7.5, daß
Einzelstrahlen durch Einzelschaufeln weitgehend umgelenkt werden können.

Bei Abb. 7.7 wird u.a. der ganze Strahl durch eine rotierende Walze am Strahlrand um 90° umgelenkt. Wenn man nun in Abb. 5.3 den Teilstrahl betrachtet, der
die einzelne Schaufel umströmt, so entsteht Abb. 5.3b. Eine solche Umlenkung

läßt sich nun in einfacher Weise einfach nach der Tragflügeltheorie berechnen. Dazu betrachten wir die auf eine Kreisbogenschaufel von 90° wirkende Auftriebskraft F. Der Impuls des eintretenden Strahles ist $I = \varrho t \cdot l w^2$, während der senkrecht nach unten strömende Strahl aus Symmetriegründen die gleiche Impulskraft I erzeugt. So ergibt sich ein Kräftegleichgewicht nach Abb. 5.3c $F^2 = I^2 + I^2$, d.h. $F = I\sqrt{2}$.

Nun wollen wir uns vorstellen, daß die gleiche Kreisbogenschaufel parallel in Richtung der Sehne s mit einer Geschwindigkeit w angeströmt wird und die gleiche Auftriebskraft F erzeugen würde. Dabei würde ein Auftriebsbeiwert c_A nötig sein nach folgender Gleichung:

$$F = c_a\, \varrho/2\; w^2 s \cdot l \qquad (l \text{ Abmessung senkrecht zur Abb.)}$$

Gemäß $F = I\sqrt{2}$ ergibt sich

$$t\sqrt{2} = \frac{c_a s}{2}$$

und daraus folgt

$$s/t = \frac{2\sqrt{2}}{c_a} \quad \text{bzw.} \quad c_a = 2\sqrt{2}\; t/s.$$

Bei einem Viertelkreis ist $s = r\sqrt{2}$. Damit ergibt sich $c_A = 2t/r$. In Abb. 5.3 wurde nun eine Breite $b = 6r$ gewählt, d.h. 5 Schaufeln. Somit ist die jeweilige Teilung

$$t = \frac{b}{z + 1} \qquad (z \text{ Schaufelzahl})$$

und

$$c_A = \frac{12}{z + 1}.$$

Es ergeben sich folgende Werte:

z	5	6	7	8
c_A	2	1,62	1,43	1,25.

Wie bereits erwähnt, sind die Umlenkungen eines Strahles durch eine Schaufel ungleich größer als in unbegrenzten Strahlen. So sind auch höhere c_A-Werte vorhanden. Ein c_A-Wert von 2 dürfte nicht zu hoch sein, da die Abb. 5.3a gute Ergebnisse zeigt. Entscheidend ist eine mögliche Ablösung, die relativ leicht festzustellen ist. Da genaue Messungen hier nicht vorliegen, soll mit dieser einfachen Berechnung ein Anhalt gegeben werden.

Die Frage der Profilierung kann nach den Versuchen in Bd. 1, S. 178 für die jeweilige Re-Zahl ziemlich genau beantwortet werden. Danach ist bis zu einem Re-Wert $\approx 70\,000$ die einfache Blechschaufel einer Profilschaufel weit überlegen. Erst ab $Re \approx 90\,000$ ergeben sich bei der Profilierung kleine, sehr kleine Verbesserungen. Dies bedeutet, daß für die Praxis einfache Blechschaufeln fast immer genügen dürften.

Sehr wichtig ist die Ausführung der inneren Krümmung. Abbildung 5.3d zeigt den Fall, daß eine scharfe Kante vorhanden ist. Hier ergeben sich ziemliche Verluste, während die äußere Ecke ohne Abrundung (in Abb. 5.3b gestrichelt) kaum eine meßbare Verschlechterung bringt. Stark gemildert wird der Verlust bei der scharfen inneren Kante durch eine aufgesetzte Abrundung nach Abb. 5.3e. Noch besser ist die Ausführung nach Abb. 5.3 f.

Eine weitere Verbesserung kann erreicht werden, wenn der Winkel φ nach Abb. 5.3g größer als 90° ist und die Schaufel etwas gedreht wird. So entsteht bei der Umführung ein leicht beschleunigter Kanal von a_1 auf a_2. Wenn man den Verlust der Umführung gemäß der Gleichung $\Delta p = \zeta \varrho/2 \, w^2$ durch einen Verlustkoeffizienten ζ erfaßt, so liegen die Verluste im Bereich $0,2 < \zeta < 0,5$. Abb. 5.3f ergibt bereits einen ζ-Wert, der dem unteren Wert nahekommt, während bei Abb. 5.3g die Bestwerte erreicht werden.

Besonders sog. unterteilte Leitschaufeln nach Flügel und Frey[2] haben sich in der Praxis gut bewährt (Abb. 5.4). Diese werden z.B. bei großen Windkanälen bevorzugt benutzt.

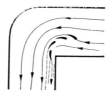

Abb. 5.4   Unterteilte Leitschaufeln.
(Nach Flügel und Frey)

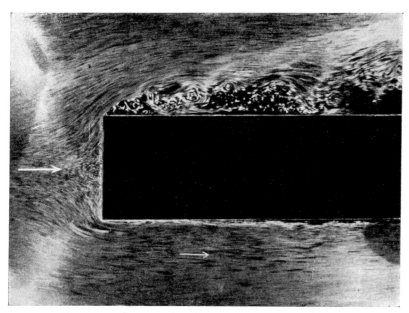

Abb. 5.5   Verringerung des Stirnwiderstandes durch Hilfsflügel.
(Nach Flügel und Frey)

---

[2] Flügel: Ergebnisse aus dem Strömungsinstitut der TH Danzig. Jahrb. Schiffbautech. Ges. 1930, S. 87.
Frey: Forschung (1934) 105.
Frey; Söhle: Schiffbau (1934) 49.

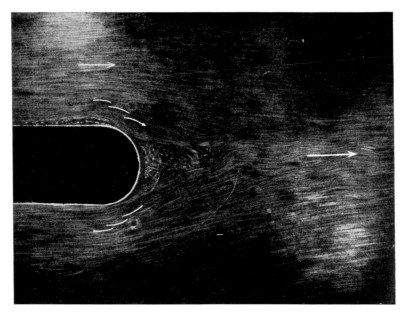

Abb. 5.6   Verbesserung des Totwasserraumes bei stumpfen Widerstandskörpern.
(Nach Flügel und Frey)

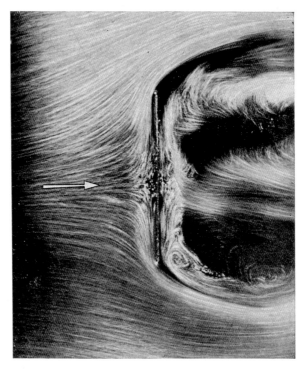

Abb. 5.7   Strömung um eine senkrecht angestellte Platte. (Nach Townend)

Abbildung 5.5 zeigt die Verringerung des Stirnwiderstandes bei einem rechteckigen Körper nach Flügel und Frey, während Abb. 5.6 die Verbesserung des
Totwasserraumes bei stumpfen Widerstandskörpern nach Flügel zeigt.

Auch durch einzelne Leitschaufeln kann oft eine erhebliche Verbesserung erzielt werden. So kann z. B. die starke Ablösung bei einer Platte nach Abb. 5.7
durch je eine Leitschaufel wesentlich verbessert werden (Abb. 5.8).

Abb. 5.8   Hilfsflügel verhindern das weite Ausweichen der Strömung
und verringern den Widerstand um etwa 50%. (Nach Townend)

Indem nach Beobachtungen des Verfassers mit einem Staudruckkamm die
Leitschaufel so eingestellt wird, daß nur eine begrenzte Ablösung eintritt, läßt
sich leicht die beste Lage der Leitschaufel sehr gut durchführen (Abb. 5.9).

Die Widerstandskoeffizienten einer Kreisscheibe ohne und mit Leitschaufeln
in verschiedener Lage zeigt Abb. 5.10.

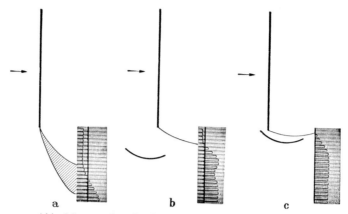

Abb. 5.9a—c Staudruckprofile hinter einer ebenen Platte.
a) Platte ohne Leitschaufel; b) Platte mit falsch eingestellter Leitschaufel; c) Platte mit richtig
eingestellter Leitschaufel

Abb. 5.10 Widerstandsverminderung einer Kreisscheibe
durch Ringleitschaufeln. (Nach Townend)

5.2 Mitbewegte Wände

Bei dieser Gelegenheit mag es angebracht sein, die Frage zu beantworten, wie Um-
und Durchströmungen aussehen, wenn überhaupt keine Reibung vorhanden wäre.
Dies läßt sich in einigen Fällen dadurch verwirklichen, daß die Wand mitbewegt

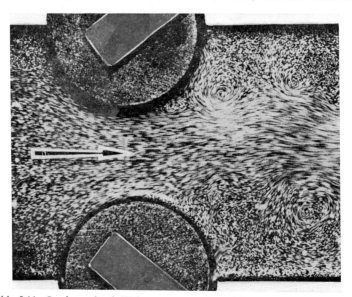

Abb. 5.11 In einem durch Walzen verengten Kanal löst sich die Strömung ab

wird, so daß sich keine Grenzschicht ausbilden kann. Wird z. B. ein Kanal durch zwei Halbzylinder an der Wand sehr verengt, so zeigt sich eine sehr große Ablösung (Abb. 5.11). Werden nun die Walzen in Strömungsrichtungen gedreht, so ergibt sich eine ablösungsfreie Wiederanlegung der Strömung bis in die Ecken (Abb. 5.12). In diesem Zusammenhang ist auch der Magnus-Effekt zu nennen, d. h. ein rotierender Zylinder. Ein diesbezügliches Strömungsbild befindet sich in Bd. 1, S. 159, Abb. 6.9.

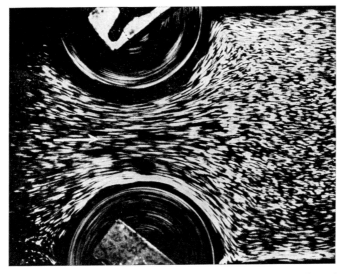

Abb. 5.12 Walzen drehen sich in Richtung der Strömung. Strömung liegt überall an

6   Bestgestaltungen von Schlaufenreaktoren

Für chemische Reaktionen irgendwelcher Art werden Gemische meist längere Zeit strömungstechnisch umgewälzt und dabei stetig teilweise ausgewechselt. Als ältester Reaktortyp mag der einfache Rührkessel genannt werden. Daneben werden Idealkessel, Idealkaskade, Idealrohre, Idealschlaufen und ähnliche Vorrichtungen benutzt. Erwähnt seien auch Kristallisatoren mit innerem Umlauf, Rührbehälter mit Leitrohr, Rohre für Dampferzeuger, Kühler usw.

Eine besondere Rolle spielen dabei die sog. Schlaufenreaktoren. Abb. 6.1 zeigt das Prinzip der nachfolgend besonders untersuchten Konstruktion, bestehend aus Reaktormantel, Einsteckrohr, Düse und Treibstrahlantriebdüse. Die isolierte Strömung im Inneren dieses Gerätes ist dabei von besonderer Bedeutung. Wichtig ist, daß dieser innere Strömungsvorgang besonders verlustarm ausgebildet wird.

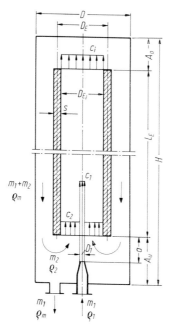

Abb. 6.1   Prinzip des Schlaufenreaktors, bestehend aus Reaktormantel, Einsteckrohr und Düse

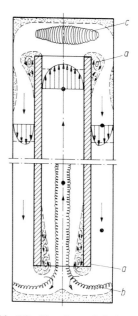

Abb. 6.2   Vorgänge bei innerer Durchströmung im Schlaufenreaktor. (Nach Blenke). *a* Einschlagwirbel, *b* Schlauchwirbel, *c* Walzenwirbel, *punktierter Bereich* Totwasser

Es ist das Verdienst von Blenke, Bohner und Hirner[1], diesem Gegenstand eine aufschlußreiche Untersuchung gewidmet zu haben. Der freundlichen Genehmigung von Prof. Blenke verdanke ich die Möglichkeit, dieser Arbeit einige Abbildungen entnehmen zu dürfen. Dieses Beispiel ist eine typische Anwendung dafür, welche Art von strömungstechnischen Aufgaben auf den Ingenieur der Praxis zukommen. Dabei sei erwähnt, daß es besonders die hervorragende Ausstellung Achema (Frankfurt/M.) ist, die jedesmal in einer Fülle derartiger hochinteressanter Aufgaben der praktischen Strömungslehre anregt.

In klarer und verständlicher Form wurde durch systematische Versuche das Optimum der Gestaltung von Schlaufenreaktoren entwickelt.

Die wesentlichen Vorgänge der inneren Durchströmung dieser Reaktoren zeigt Abb. 6.2. Deutlich werden hier die strömungstechnisch wichtigen Erscheinungen veranschaulicht, die die Ursache des Gesamtwiderstandes sind, so der Einschlagwirbel, der Schlauchwirbel sowie das Totwasser. Es kommt darauf an, daß die Gesamtwiderstände für diesen Umlauf möglichst gering sind. Diese müssen gemäß Abb. 6.1 von dem Treibstrahlenantrieb oder aber auch rein mechanisch durch einen im Inneren laufenden Axialläufer gemäß Abb. 6.3 aufgebracht werden.

Untersucht wurden besondere Umlenkformen gemäß Abb. 6.4. Dabei wurden sowohl die Durchmesserverhältnisse als auch besondere Einbauten, z.B. Wulste innen und außen am Innenrohr, Umlenkschaufeln und Abrundungen am Boden, untersucht.

Abbildung 6.5 zeigt, daß ein Umlaufprofilring bei ebenem Boden vor allem bei der Strömung vom Ringrohr ins Einsteckrohr sehr gut ist. Um etwa 60% kann

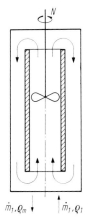

Abb. 6.3 Schema des Schlaufenreaktors mit Propellerantrieb

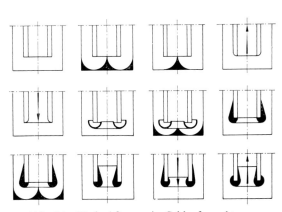

Abb. 6.4 Umlenkformen im Schlaufenreaktor. (Nach Blenke)

[1] Blenke H.; Bohner, K.; Schuster, S.: Beitrag zur optimalen Gestaltung chemischer Reaktoren. Chem. Ing. Tech. (1965) 289.
Blenke, H.; Bohner, K.; Hirner, W.: Druckverlust bei der 180°-Strömungsumlenkung im Schlaufenreaktor. Verfahrenstechn. Nr. 10, (1969).
Blenke, H.; Bohner, K.; Pfeiffer, W.: Hydrodynamische Berechnung von Schlaufenreaktoren für Einphasensysteme. Chem. Ing. Tech. (1971) 10–17.

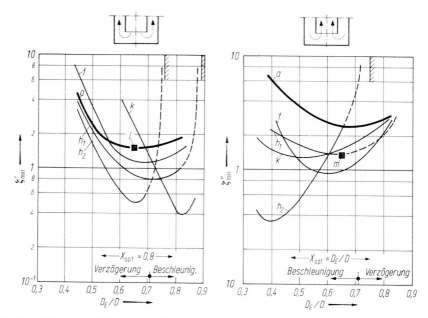

Abb. 6.5 Minimale Widerstandszahlen als Funktion des Durchmesserverhältnisses D_E/D und der Formgebung. Gültig für $D/s = 50$. a Scharfkantiges Einsteckrohr; f Umlenkprofilring $X_1 = 0{,}2$; h_1 Außenwulst mit $D/R_{wq} = 30$, $\beta_a = 6°$; h_2 Außenwulst mit $D/R_{aw} = 15$, $\beta_a = 6°$; k Innenwulst mit $D/R_{wi} = 15$; $\beta_i = 6°$; l, m kombinierter Wulst. (Nach Blenke)

dabei die Widerstandszahl im Bereich $D_E/D = 0{,}65$ bis $0{,}80$ gesenkt werden, während ein gewölbter Boden nach Abb. 6.4 keine Besserung bringt.

Geringer ist der Effekt bei umgekehrter Strömungsrichtung. Hier ergibt sich nur eine Verbesserung von 20 %, bei gewölbtem Boden um 30 %.

Besonders wirksam sind Umlenkwülste gemäß Abb. 6.4 und Abb. 6.5. Ordnet man den Wulst nach der Umlenkung zum Ausfüllen des Totwassergebietes an (Außenwulst bei Strömung Einsteckrohr—Ringrohr bzw. Innenwulst bei Strömung Ringrohr—Einsteckrohr), dann kann die Widerstandszahl um 70 % gesenkt werden, wobei der Verlauf von ζ vom Durchmesserverhältnis und Wulstradius stark abhängig ist. Vor der Umlenkung (Innenwulst bei Strömung Einsteckrohr—Ringrohr, Außenwulst bei Strömung Ringrohr-Einsteckrohr) ist der Wulst am besten. Gegenüber dem Einsteckrohr ohne Wulst lassen sich dabei um 75 bis 90 % kleinere ζ-Werte erreichen. Es wurden 20 Außenwülste im Bereich $D/R_{aw} = 10$ bis 30; $D_E/D = 0{,}44$ bis $0{,}82$; $\beta_a = 6$ bis $45°$ (Auslaufwinkel des Wulstes) untersucht.

Die weiteren Ergebnisse, die keine Maximalwerte erreichten, sind ebenfalls aus den Darstellungen der Abb. 6.4 und 6.5 zu erkennen.

Auslegung von Reaktoren. Während an dem wichtigen Beispiel des Schlaufenreaktors die optimale aerodynamische Auslegung gezeigt wurde, darf nicht verschwiegen werden, daß die praktische Auslegung bei Mehrphasenbenutzung noch nicht erledigt ist. Die Praxis muß die Frage beantworten, wie die Abmessungen eines aerodynamisch guten Reaktors sein müssen, wenn bestimmte Festteilchen, auch Gasblasen, bestimmte Reaktionen auslösen sollen. Dabei handelt es sich für die Verfahrensindustrie um Fragen von großer Wichtigkeit. Mußte sich doch jüngst ein besonderer Kongreß der Verfahrensingenieure 1979 in Nürnberg fast nur mit dieser Frage beschäftigen[2]. Dabei zeigt sich, daß es bisher nur gelungen ist, kleine Teilbereiche rechnerisch zu erfassen. So gelang es Dr. Zehner (BASF) z. B. in ersten Ansätzen, mit Hilfe des Impulssatzes einen kleinen Teileinblick zu gewinnen. Prof. Deckwer (TH Hannover) veranschaulichte in überaus klarer Weise die Hauptprobleme, die fast alle rein strömungstechnischer Natur sind. Mit freundlicher Genehmigung von Prof. Deckwer kann diese gute Zusammenstellung in Abb. 6.6 gezeigt werden. Es sind grundsätzlich 4 Reaktorprinzipe, die verwendet werden: der Rieselfilmreaktor, der Fließbettreaktor, die Blasensäule und der einfache Rührkessel. Eine große Fülle von strömungstechnischen Aufgaben, teilweise auch die Dreiphasenreaktoren betreffend, wartet hier noch auf Lösungen. Gerade dieses Beispiel zeigt die große Vielfalt von Problemen in der praktischen Strömungslehre, die mit den Mitteln der klassischen Flugzeug-Aerodynamik nicht gelöst werden können.

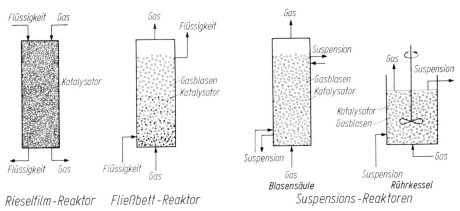

Abb. 6.6   Übersicht von Zwei- und Dreiphasenreaktoren. (Nach Deckwer)

---

[2] Probleme bei der Auslegung von Suspensionsreaktoren, VDI-Nachrichten Nr. 48 (1979) 16

III   Technische Anwendungen

7   Strahlenaerodynamik – Modellversuche

Neben den individuellen Eigenschaften von Strahlen, die an verschiedenen Stellen behandelt werden, ist es von großer praktischer Bedeutung, die Beeinflussung von Strahlen durch besondere Kräfte kennenzulernen.

7.1   Ablenkung von Strahlen durch innere Kräfte

Gemäß Abb. 7.1 wird im Inneren eines Strahles ein Tragflügel eingesetzt und unter verschiedenen Anstellwinkeln betrachtet. Dabei beobachtet man, daß der Tragflügel den Strahl so ablenken kann, daß in weiten Bereichen keine Ablösung stattfindet. Ein Ablenkungsbereich von 35° ist ablösungsfrei. Die Grenzschichtprofile nach Abb. 7.2 zeigen bei einem Strahl von 150 mm $\varnothing$ ein Anliegen der Strömung zwischen Anstellwinkeln von $-12°$ bis $+20°$. Statt eines Tragflügels wird praktisch die gleiche Wirkung durch einen gekrümmten Blechflügel erreicht.

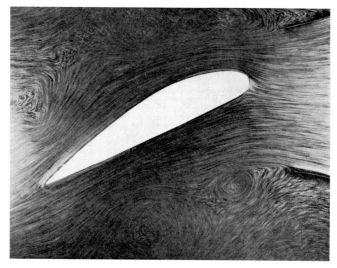

Abb. 7.1   Ablenkung eines Strahles durch einen Tragflügel.
Trotz großen Abstellwinkels reißt die Strömung nicht ab

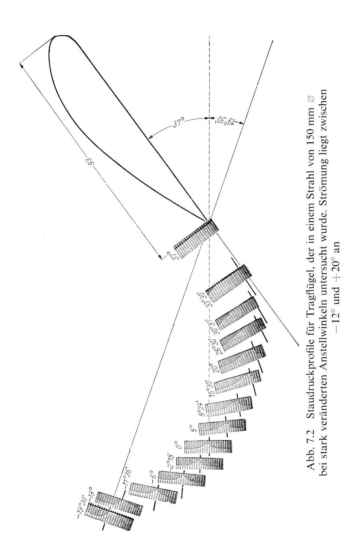

Abb. 7.2 Staudruckprofile für Tragflügel, der in einem Strahl von 150 mm ∅ bei stark veränderten Anstellwinkeln untersucht wurde. Strömung liegt zwischen −12° und +20° an

Beeinflußt man einen aufwärts gerichteten Strahl eines kleinen Windkanals wieder durch einen inneren Tragflügel, so wird ein schwebender großer Ball beim Verdrehen des Tragflügels sich ungefähr nach einer Polaren bewegen (Abb. 7.3).

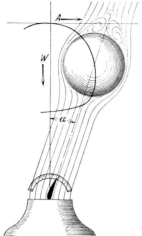

Abb. 7.3 Bewegung eines Balles
beim Verdrehen des Tragflügels

7.2 Ablenkung von Strahlen durch äußere Kräfte

Durch äußere Kräfte kann ein Strahl in vielfacher Weise beeinflußt werden. Abb. 7.4 zeigt die Ablenkung eines Strahles durch eine gewölbte Platte. Durch scharfe Kanten wird ein Strahl in die entgegengesetzte Seite gemäß Abb. 7.5 abgelenkt. Sehr eindrucksvoll ist die Ablenkung eines großen Balles im schrägen Luftstrom nach Abb. 7.6[1]. Diese Ablenkung kann gemäß Bd. 1, S. 62, leicht be-

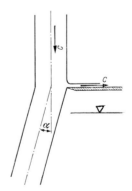

Abb. 7.4 Ablenkung eines Strahles
durch gewölbte Fläche

Abb. 7.5 Ablenkung eines Strahles
durch scharfe Kante

---

[1] Bei diesem Versuch wird der Luftstrom durch eine frei rotierende Schaufelwalze erzeugt, die im Inneren einen verstellbaren Leitapparat enthält. Diese Anordnung erzeugt einen ziemlich scharfen Luftstrahl.

rechnet werden. Bei praktischen Anwendungen, etwa zu Regulierzwecken — z. B. Ablenkung durch scharfe Kanten — werden diese Erscheinungen benutzt.

Eindrucksvoll ist die Ablenkung eines Strahles durch den Magnus-Effekt. Dazu wird eine mit Endscheiben versehene rotierende Walze in den horizontalen Luftstrom eines kleinen Windkanals gehängt. Der Luftstrom wird dabei um 90° umgelenkt und ist in der Lage, einen frei schwebenden Gummiball in Schwebe zu halten (Abb. 7.7).

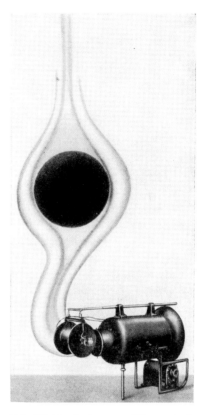

Abb. 7.6 Ablenkung eines Balles im schrägen Luftstrom

Abb. 7.7 Durch einen um 90° umgelenkten Luftstrahl in der Schwebe gehaltener Ball

7.3 Modellversuche

Etwa um 1930 machte sich das Fehlen von Demonstrationsgeräten zur Strömungslehre bemerkbar. Eine fast stürmische Entwicklung der Strömungslehre ergab sich bei der Entwicklung der Luftfahrt. So zeigte sich, daß in der Physik geeignete Geräte für die Strömungslehre praktisch fehlten. Zudem entstand durch die Tätigkeit weniger aerodynamischer Versuchsanstalten eine ganz neue Modellversuchstechnik, die den Versuchsmethoden des Maschinenbaues meist erheblich überlegen war. Es zeigte sich insbesondere, daß durch kleine Versuchsmethoden oft eine nützliche Vorarbeit geleistet werden konnte. Für diese Versuchstechnik entwickelte Verfasser geeignete kleinere Geräte, die es ermöglichten, durch Tischversuche viele Erscheinungen zu demonstrieren und einfache richtunggebende Versuche auszuführen. Es entstanden kleine Windkanäle verschiedener Größe, geeignete Waagen, Geräte zur Sichtbarmachung von Strömungen usw. So gelang es, fast alle Effekte der Strömungslehre mit Ausnahme der Gasdynamik, in sehr einfacher Weise zu demonstrieren. Mehrere Jahre lieferte eine Kölner Firma solche Geräte in alle Welt, bis bei Kriegsbeginn diese als kriegsunwichtig bezeichnet wurden und die Fabrikation eingestellt werden mußte. Als Beispiel zeigt Abb. 7.8 einen kleinen Windkanal (sie wurden in verschiedener Größe hergestellt) mit einer einfachen Zweikomponentenwaage, die bei kardanischer Aufhängung in jeder Richtung die Luftkräfte angibt und mit einer einfachen Federwaage betätigt wurde[2].

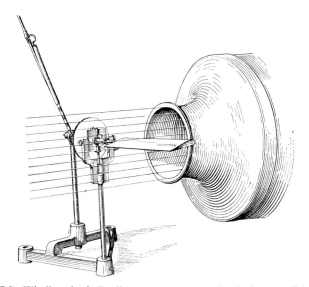

Abb. 7.8   Windkanal mit Zweikomponentenwaage, kardanische Aufhängung

Insbesondere wurde der Versuch unternommen, typische Strömungsvorgänge sichtbar zu machen. Dazu wurden geeignete Strömungskanäle und geeignete Projektionsgeräte entwickelt. So entstand eine Veröffentlichung „Strömungslehre an Hand von Strömungsbildern"[3], die in kurzer Zeit vergriffen war. Viele dieser Aufnahmen wurden von der TWL (Technisch wissenschaftliche Lehrmittelzentrale) übernommen. Eine Reihe dieser Aufnahmen wurde in die anschließenden Auflagen der „Technische Strömungslehre" übernommen. Vielleicht ist es nicht überflüssig, den Leser auch auf diese einfachen Hilfsmittel aufmerksam zu machen, die bei den vielen praktischen Anwendungen der Praxis von Nutzen sein können.

---

[2] Rouse, H.: Laboratory Instruction in the Mechanics of Fluids (1961). University Iowa City, Bulletin 41. Hier wurde noch Jahre nach dem letzten Kriege auf die angedeuteten Geräte hingewiesen.

[3] Eck, B.: Strömungslehre an Hand von Strömungsbildern. Selbstverlag Köln 1931.

Es bildeten sich Modellversuchsmethoden, bei denen mit kleinen Mitteln erste richtunggebende Erkenntnisse gewonnen werden konnten. So wurde in den dreißiger Jahren beispielsweise vom Verfasser eine Luftfahrtausstellung in Berlin beschickt, auf der die Besucher 10 kleine Windkanäle mit den verschiedensten Versuchen in Betrieb setzen konnten und so mit den Hauptgesetzen der Strömungslehre vertraut gemacht wurden. Abbildung 7.9 zeigt eine Aufnahme dieses Versuchsstandes[4].

Abb. 7.9   Versuchsstand auf der Luftfahrtausstellung 1937 in Berlin

7.4 Modellversuche bei Gebläsen und Ventilatoren

Insbesondere wirksam waren gezielte Modellversuche bei Ventilatoren. Diese bildeten die Grundlage für eine Erneuerung fast aller Radialventilatoren. Die Umlenkung der in das Laufrad eintretenden Luft um $90°$ bei gleichzeitig großer Verzögerung war z.B. hier eine der Hauptaufgaben. Eine düsenförmige Gestaltung dieser Stelle durch Überdeckung des horizontal auslaufenden Laufradeintrittes durch den Einlauf gemäß Abb. 7.10 bewirkte einen scharfen Strahl aus dem Druckraum, durch den eine $90°$-Umlenkung selbst bei starker Verzögerung entstand. Dabei ergaben sich Druckverteilungen gemäß Abb. 7.11. So konnte die Einlaufbreite fast um das Doppelte vergrößert werden. Zusammen mit geeigneten Beschaufelungen wurden dabei erstmalig Wirkungsgrade von 90% erreicht[5]. Ein Strömungsbild dieses Vorganges zeigt Abb. 7.12.[6]

Es gibt kaum ein Beispiel, welches den Vorteil von gezielten Modellversuchen so eindrucksvoll zeigt, wie die neuere Entwicklung der Ventilatoren. Nach jahre-

---

[4] Der Leser möge so erkennen, wie einfache Mittel oft genügen, um Strömungsvorgänge zu veranschaulichen.

[5] Eck, B.: Ventilatoren, 5. Aufl. Berlin, Heidelberg, New York: Springer 1972.

[6] Die schnelle Durchführung der damaligen Versuche ist dem Umstand zu verdanken, daß ich Herrn Dr. Selbach, Besitzer und Geschäftsführer der Firma P. Pollrich, M.-Gladbach kennenlernte. Nach genauer Unterrichtung über Erfolgsaussichten der notwendigen Versuche erkannte Dr. Selbach sofort deren Wichtigkeit und unterstützte und ermöglichte die Versuche mit großer Hilfe, obwohl das Werk noch mit der Beseitigung der Kriegsschäden beschäftigt war. In [5] S. 115 berichtet Dr. Selbach über die damalige Situation.

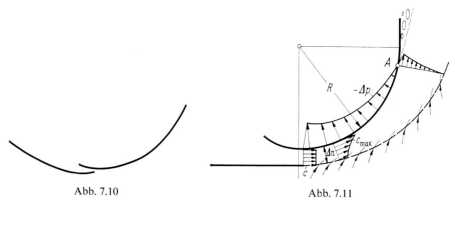

Abb. 7.10   Abb. 7.11

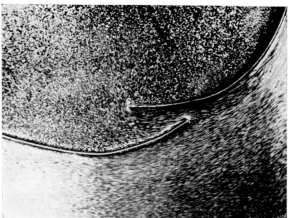

Abb. 7.12   Spaltströmung beim Eintritt in ein Gebläselaufrad

langen gezielten Modellversuchen mit kleineren Versuchsständen wurde vor dem letzten Krieg ein größerer Versuchsstand gebaut, der den Krieg unbeschädigt überstand. Damit gelang schon im Jahre 1952 der Durchbruch mit einem Modell von nur 400 mm $\varnothing$. Ein Wirkungsgrad von 89 % wurde mit dem Modell nach Abb. 7.13 erreicht (durchgeführt bei der Fa. Pollrich, M.-Gladbach). Der unwahrscheinliche Erfolg wurde einfach nicht geglaubt. Ein neutraler Versuch nach dem anderen fand statt, immer mit dem gleichen Ergebnis. Jahrzehntelange potentialtheoretische Untersuchungen waren bisher ohne Erfolg. Man wollte es einfach nicht wahrhaben, daß die bis dahin schlechtesten Strömungsmaschinen, die Ventilatoren, nun ganz vorne lagen. Kurze Zeit danach wurde bei den Büttner Werken, Krefeld-Uerdingen der erste Großversuch durchgeführt.[7] Abbildung 7.14 zeigt dieses erste Hochleistungsgebläse in Großausführung. Es war der Grubenventilator auf der Zeche „Unser Fritz". Ein Wirkungsgrad von 90,4 % wurde von der damaligen Hauptprüfstelle der Grubenwetterstelle der Wetterwirtschaftsstelle Bochum gemessen. Danach wurden fast alle Radialventilatoren zunächst in diesem Lande und dann in anderen Ländern ausgewechselt. Es ergab sich eine

Abb. 7.13 Hochleistungsgebläse,
1. Modell

Abb. 7.14 Erstes Hochleistungsgebläse als
Grubenlüfter für Zeche „Unser Fritz"

Energieersparnis von großem Ausmaß. Besonders bei den Riesenabmessungen der Grubenventilatoren, die damals als Wahrzeichen des Ruhrgebietes galten, kam als positives Element hinzu, daß die neuen Ventilatoren nur halb so groß waren wie die früheren Ausführungen.

Durchweg lagen damals die Wirkungsgrade bester Ventilatoren um 70%. Da aber die Auslegung häufig nicht beachtet wurde, betrug der Betriebswirkungsgrad oft nur ca. 50%. Bei manchen Werken mit hoher technischer Perfektion mußten nicht selten sehr viele Ventilatoren ausgewechselt werden. Ich erinnere mich noch, wie man Firmenleitern ausrechnen konnte, welch ein Riesenvermögen sie in mehreren Jahrzehnten verloren hatten. Es handelte sich damals um eine große Revolution, die im Strömungsmaschinenbau bekannt wurde. Der Ventilator wurde von der schlechtesten mit zur besten Strömungsmaschine.

Typisch ist, daß ein großer Fehler, der damals gemacht wurde, im Aerodynamischen Institut der TH Aachen zu verzeichnen war. Dort wurde der damals vorhandene große Windkanal (1912 von Junkers gebaut, bis 1927 in Betrieb, Eiffel-Bauart) mit einem großen Trommelläufer von ca. 2,5 m ⌀ mit nach vorwärts gekrümmten Schaufeln *offen, ohne jeden Diffusor* betrieben.[8]

Da diese Läufer nur einen Reaktionsgrad von ca. 20% haben, gingen so 80% verloren, so daß der Wirkungsgrad um 20% lag. Das Institut (selbst von 1922 bis 1926 dort Assistent) war voll und ganz mit der Erforschung der Grundlagen

---

[7] Nach Übernahme der Büttner Werke durch Babcock wurde der Gebläsebau eingestellt. Die Konstruktionen des Verfassers wurden danach der Firma F. W. Carduck KG, Aachen, übertragen.
[8] Maßstäbliche Abbildung in: v. Kármán, Aerodynamik, 1956; deutsche Übersetzung: Genf: Interavia.

der Aerodynamik beschäftigt; keiner hatte Zeit, sich zu fragen, „woher der Wind kam". Die Entwicklung von Ventilatoren interessierte niemanden. Neue Erkenntnisse und Erfindungen sind typisch für die technische Entwicklung. Damals waren es die Kreiselpumpen, von Pfleiderer besonders gefördert. Ventilatoren folgten erst später. Bei Kesselgebläsen und Grubenventilatoren konnte Verfasser einige Erfolge erzielen (für Büttner Werke und Westfalia Dinnendahl). Gezielte Modellversuche mit neuen Meßeinrichtungen ermöglichten dies. Daß diese Einrichtungen im Kriege gerettet werden konnten, ermöglichte dann die durchschlagenden Versuche bei Pollrich.

An und für sich sind nur geringe Kräfte nötig, um stark verzögerte Strömungen umzulenken. So wurde in Abb. 7.15[9] an der inneren Krümmung eines Rechteckkrümmers eine mitrotierende Walze in Form eines rotierenden Zylinders eingesetzt. Sofort legte sich die Strömung bei der Umlenkung um 90° ohne Ablösung an. Leider sind diese Mittel einer sich mitbewegenden Wand nicht realisierbar. Eine weitere Verbesserung wurde durch eine Doppeldüse[10] gemäß Abb. 7.16 erreicht, wo gleichzeitig die auftretende Druckverteilung zu sehen ist. Während horizontal eine erste Düse wirkt, wird bei einem Winkel von ca. 45° ein zweiter Strahl eingeführt. Eine Gesamtverzögerung von ca. 3:1 konnte so erreicht werden. Bei einem offenen Versuch ohne Laufrad ergab sich das Phänomen, daß die nach außen gerichtete Luftströmung von außen zentral eine Strömung nach dem Strahl hin erzeugt (Abb. 7.17).

Ein bemerkenswerter Strahleneffekt ergab sich bei meridianbeschleunigten Axialgebläsen. Durch Nabenvergrößerung innerhalb der Beschaufelung wird hier eine große Beschleunigung der Meridiangeschwindigkeit erreicht. Bei einfacher

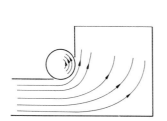

Abb. 7.15 Anliegen der Strömung in einem Rechteckkrümmer durch rotierende Walze

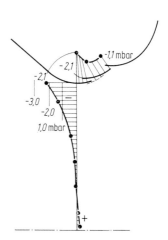

Abb. 7.16
Einfluß einer Doppeldüse

[9] Eck, B.: Die Neuentwicklung von Radialventilatoren. Industriekurier Nr. 119 (1962).
[10] Eck, B.: Neue Erkenntnisse für die Gestaltung von Ventilatoren. Gesund. Ing. (1976) 125.

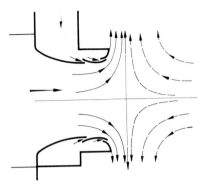

Abb. 7.17 Schematische Darstellung der Strahlströmung mit Zweistrahlumlenkung
und Ansaugung von außen (*gestrichelt*)

Blechbeschaufelung ergibt sich dabei eine große Druckziffer bei hohen Wirkungsgraden. Leider sind diese Gebläse bei kleinen Fördermengen stark instabil und
in diesem Bereich nicht benutzbar (Abb. 7.18).

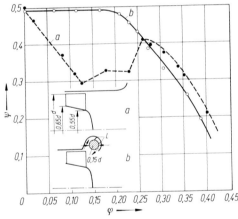

Abb. 7.18 Versuche mit Einbauten zur Beeinflussung der Kennlinie eines Axialgebläses.
a stark instabile Kennlinie, *b* stabile Kennlinie

Wenn nun am äußeren Eintritt eine Rückströmung eines äußeren Teilstrahles
in den Saugstrom und zurück in das Laufrad erzeugt wird, so wird die ganze
Kennlinie stabil und das Gebläse kann bei allen Fördermengen benutzt werden
(Abb. 7.18)[11]. Daß selbst bei sehr kleinen Axialgebläsen von nur 140 mm ⌀ in
einfacher Weise neue Erkenntnisse gewonnen werden können, zeigen eine Untersuchung nach[12].

---

[11] Eck, B.: Siehe Fußnote 5, S. 101
[12] Eck, B.: Auslegen kleiner Axialgebläse, Möglichkeiten und derzeitiger Erkenntnisstand.
Maschinenmarkt. 84 (1978) 22.

Wenn die neuere Entwicklung der Ventilatoren in so kurzer Zeit durchgeführt werden konnte, so ist dies nur durch systematische Modelluntersuchungen möglich gewesen. Es entwickelte sich dabei eine Technik eigener Art sowie Demonstrationsmodelle für Turbinen- und Gebläsetypen.

7.5 Strahlwirkung durch Hilfsklappen bei Tragflügeln

Um bei Flugzeugen eine möglichst niedrige Landegeschwindigkeit zu erreichen, ist es sehr wichtig, beim Landen eine starke Vergrößerung des Auftriebskoeffizienten zu erhalten. Unter anderem hat v. Glahn[13] sehr erfolgreiche Formgebungen entwickelt (Abb. 7.19). Dabei erfolgt durch geeignete Spalte und Klappen am Ende des Tragflügels eine Umlenkung der Strömung um fast 90°. Es sei auch auf Versuche von Harris[14] und Fernholz[15] sowie Bradshaw und Gee[16] hingewiesen.

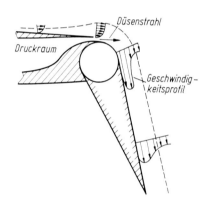

Abb. 7.19 Hilfsklappe.
(Nach v. Glahn)

7.6 Strahlwirkung bei Luftkissenfahrzeugen

Seit einiger Zeit sind unsere Fahrzeuge um einen neuen Typ bereichert worden. Ohne jede Berührung mit dem Boden oder Wasser wird das ganze Fahrzeug durch den Überdruck, den ein Gebläse unten auf dem Boden erzeugt, in Schwebe gehalten. Am Rande des Fahrzeuges wird der Luftstrahl nach innen umgelenkt, um dann scharf nach außen auszubiegen. Durch diese scharfe Umlenkung entsteht ein Überdruck Δp, der auf die ganze Unterfläche des Fahrzeuges wirkt. So schwebt das Fahrzeug ohne Berührung mit der Unterfläche. Abb. 7.20 zeigt schematisch die Hauptelemente. Ein Schraubenventilator saugt von oben Luft an, die nach

[13] v. Glahn, U. H.: NACA, Tech. Mem. 4272/1958.
[14] Harris, G. L.: The Turbulent Wall Jet on Plane and Curved Surfaces beneath an External Stream. v. Kármán-Institute 1965.
[15] Fernholz, H. H.: Dtsch. Luft- u. Raumfahrt (1966).
[16] Bradshaw, P.; Gee, M. T.: A.R.C.R. & M (1960).

Durchtritt durch einen Leitapparat außen umgelenkt wird. Seitlich befinden sich verschieden abschließbare Seitenöffnungen, durch welche ein Impulsantrieb bewirkt wird. Indem verschiedene verschließbare Seitenöffnungen angebracht werden, läßt sich ein derartiges Fahrzeug bewegen und steuern.

Nach dem Impulssatz ist es leicht, den so entstehenden Überdruck Δp zu berechnen. Man erhält nach Abb. 7.21

$$\Delta p = \varrho/2\,w^2\,2s/h\,(1 + \sin\varphi) \approx \varrho/2\,w^2.$$

Das bedeutet, daß der Überblick Δp um den Faktor $2s/h(1 + \sin\varphi)$ größer als der Staudruck $\varrho/2\,w^2$ ist.

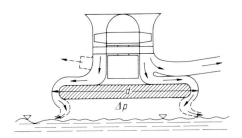

Abb. 7.20 Grundsätzlicher Aufbau eines Luftkissen-
fahrzeuges

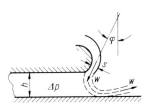

Abb. 7.21 Schematische Darstellung der Strahlumlenkung

Bewährt haben sich derartige Fahrzeuge besonders auf See, z. B. für den Verkehr im Kanal. Anwendungen auf Land sind ebenfalls möglich, jedoch verglichen mit anderen Fahrzeugen, die direkte Bodenberührung haben, nur wenig im Gebrauch.

Genaue Untersuchungen haben ergeben, daß das Verhältnis h/d im Bereich 0,025 bis 0,1 liegen soll, um den Energiebedarf in vernünftigen Grenzen zu halten. Durch seitliche Schürzen, die möglicherweise den Boden bzw. das Wasser berühren, ist der Energiebedarf zu vermindern. Derartige Kanalfähren erreichen heute eine Geschwindigkeit von 80 bis 100 km/h.

Eine eingehende Darstellung verdanken wir Herrn Mack[17-19], der mir freundlicherweise die nachfolgenden Abbildungen zur Verfügung stellte. So zeigt Abb. 7.22 ein Verbundantriebsgerät, bei welchem durch zwei Luftschrauben einmal der Bodeneffekt und dann der Antrieb erzeugt wird. Fährdienstschiffe jeder Art, Luftkissen-Landtransportfahrzeuge, Bodeneffekt-Transportschlitten usw. werden dadurch ermöglicht.

---

[17] Mack, K. W.: Der Bodeneffekt als Entwicklungsgrundlage von Schwebegeräten. Luftfahrttech. (1960) 5—21.

[18] Mack, K. W.: Bodennahe Schwebefahrzeuge. ATZ (1962) 245—252.

[19] Mack, K. W.: Stand und Tendenzen der Bodeneffektgeräteentwicklung. Luftfahrttech. (1963) 319—336.

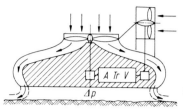

Abb. 7.22   Verbundantriebsgerät.
(Nach Mack)

7.7   Düsentrockner für großflächige Güter

Eine wichtige industrielle Anwendung von Strahlen ist die Trocknung vieler Er-
zeugnisse. Besonders die Textilindustrie macht hiervon weitgehend Gebrauch.
Großflächige Güter wie Pappen, Fourniere, Textilgewebe usw. werden meist in
sog. Düsentrocknern behandelt. Hier tritt erwärmte Luft in zahlreichen Düsen und
Schlitzen auf das Gut und bewirkt eine notwendige Trocknung. Abbildung 7.23
zeigt schematisch die Situation, die bei beidseitiger Beaufschlagung von warmer
Luft aus einzelnen Düsen auf das Gut eintritt. Die dabei auftretende turbulente
Vermischung sorgt für einen guten Wärmeübergang. So verlassen flächige Güter
stetig den Düsentrockner.

   Es ist auch möglich, das zu trocknende Gut schwebend zu behandeln. Dazu
tritt nach Abb. 7.24 aus einer Sammelkammer gleichmäßig unter dem Gut Warmluft in vielen Düsen auf das Gut und halten dieses in Schwebe bzw. gleitend. Bei
diesem Beispiel wurden zur Vergleichmäßigung der Strömung in der Sammelkammer mehrstufige Diffusoren angewendet. Eine große Studie von Kröll[20] behandelt dieses Thema ausführlich. Neuerdings ist es besonders Vits[21] gelungen,
längere Gutbahnen vollkommen schwebend zu trocknen. Eine beachtenswerte
Fülle von Lösungen konnte Vits angeben. Von Interesse sind auch neuere Angaben von Hauben[22] sowie Kramer, Stein, Gerhardt[23].

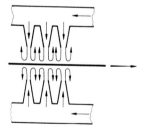
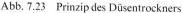

Abb. 7.23   Prinzip des Düsentrockners

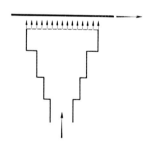

Abb. 7.24   Prinzip des Schwebetrockners

---

   [20] Kröll, K.: Trockner und Trocknungsverfahren, 2. Aufl. (Trocknungstechnik Bd. 2).
Berlin, Heidelberg, New York: Springer 1978.
   [21] Vits, H.: Schwebetrockner. Kolloquium über Industrieaerodynamik, Aachen 1974.
   [22] Hauben, H.: Spanmaschinen mit Schwebe- bzw. Tragdüsensystemen. Kolloquium über
Industrieaerodynamik Aachen, 1974.
   [23] Kramer, C.; Stein, H.; Gerhardt, H. J.: Anlagen zur Wärmebehandlung schwebend ge-
führter Blechbänder. Kolloquium über Industrieaerodynamik Aachen, 1974.

7.8   Freistrahl von offen laufenden Querstromläufern

Bei der Entwicklung der neuen Querstromgebläse[24] wurde ein besonderes Phänomen entdeckt. Wenn ein solcher Läufer ganz frei läuft ohne jeden inneren Leitapparat, so bildet sich ein stark ausgeprägter Freistrahl, der sich langsam von selbst dreht, wobei die Frequenz dieser automatischen Umdrehung des Strömungsbildes von den Schaufelwinkeln abhängt. So kann dieses höchst einfache Gebilde zur Belüftung wie zu Rührzwecken benutzt werden[25] (Abb. 7.25).

Abb. 7.25   Freistrahl von offen laufendem Querstromläufer

---

[24] Eck, B.: Siehe Fußnote 5, S. 101.
[25] Eck, B.: Neues Gerät zum Umrühren von Flüssigkeiten. Chem. Ing. Tech. (1959) 260.

8 Gebäudeaerodynamik

8.1 Luftkräfte auf normale Gebäude

Da es sich bei Gebäuden meist um scharfkantige Gebilde handelt, ist zu vermuten, daß die Widerstandsziffern unabhängig von der *Re*-Zahl sind. So ist z. B. auf der Vorderseite von Gebäuden nur eine hauchdünne Grenzschicht vorhanden, die eine praktisch reibungsfreie Strömung bedingt. An den scharfen Kanten, Dächern usw. findet auch bei sehr kleinen *Re*-Zahlen eine Ablösung statt, deren Ausbildung praktisch unabhängig von *Re* ist. Dies bedeutet nun praktisch, daß Modellversuche mit sehr kleinen Modellen ein richtiges Bild der Wirklichkeit geben. So sind selbst Modellverkleinerungen im Maßstab 1:100 oft noch brauchbar. Dies zeigen selbst alte Modellversuche von Eiffel (Abb. 8.1), wo die Druckverteilungen bei eckiger Formgebung bei dimensionsloser Auftragung noch gleich sind.

Auf der Vorderseite der Abb. 8.1 ist Überdruck vorhanden, bis kurz vor dem First eine kleine Unterdruckzone entsteht, die dann auf der Saugseite fast konstant bleibt.

Nun ist bei kleiner Windbewegung die Geschwindigkeit des Windes in allen Höhen gleich. Am Boden ist diese Geschwindigkeit gleich Null und steigt dann langsam mit der Höhe an. Diese Änderung reicht bis zu Höhen über 200 m. Es bildet sich eine Art hohe Grenzschicht. Diese „Grenzschicht" wurde in der Vergangenheit von vielen Stellen sehr genau gemessen. Dabei ergab sich im Mittel das Ergebnis der Abb. 8.2. Diese Grenzschichtkurve ergibt ein Gesetz $w \approx h^{1/5}$. Hinzu

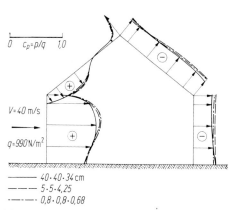

Abb. 8.1 Druckverteilung um ein Haus bei verschiedenen Windgeschwindigkeiten. (Nach Eiffel)

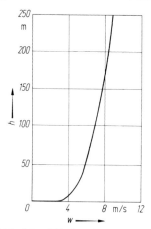

Abb. 8.2 Windgeschwindigkeitsverteilung bei gleichmäßigem Wind von unten bis 250 m. (Nach Eiffel)

kommt, daß selten eine gleiche Geschwindigkeitsverteilung vorhanden ist. Böen, Sturmstöße und dgl. ändern das ganze Bild. Dazu kommt noch, daß im Zeitraum von 20 bis 40 Jahren plötzlich Orkane mit übergroßen Windgeschwindigkeiten entstehen können. Die genaue Untersuchung dieser Windbelastung ist besonders bei Hochhäusern und Großbauten wichtig, da die Belüftung und Klimatisierung die dadurch entstehenden Druckänderungen berücksichtigen muß.

Da für dieses Gebiet ausführliche Berichte z.B. von Flachsbart[1] und anderen Forschern[2] zur Verfügung stehen, mögen diese Hinweise hier genügen.

8.2 Einsturz der Tacoma-Brücke

Es gibt wohl kaum ein Ereignis in der Aerodynamik, welches ein so großes Aufsehen erregt hat, wie der Einsturz der Tacoma-Hängebrücke im Jahre 1940. Eine der längsten Hängebrücken der Welt mit einer Länge von 1,662 km stürzt bei einem großen plötzlichen Sturm zusammen. Die Abmessungen des Bauwerkes zeigt Abb. 8.3. Die Brückenbreite betrug nur 11,9 m d.h. 1/140 der Länge. Zwei unerwartete Zufälle begleiteten die Katastrophe. Einmal wurde der ganze Vorgang gefilmt, so daß wir über alle Einzelheiten unterrichtet sind. Der zweite Zufall bestand darin, daß am gleichen Tage noch die Ursache der Katastrophe durch Kármán-Wirbel erkannt wurde, und zwar zufällig durch v. Kármán (Pasadena) selbst, nach dessen Namen diese Wirbel benannt worden sind. So ist es sehr reizvoll, anhand seines Berichtes[3] den Vorgang zu schildern:

„Mein bemerkenswertestes Abenteuer mit der Aerodynamik hatte ich 1940. Es begann, als eine Schlagzeile in der Zeitung meine Aufmerksamkeit erregte: Brücke über Tacoma-Sund eingestürzt. Eine fast 2 km lange Brücke, die drittlängste der Welt, wurde damals als ,großartigste Leistung' und als der ,letzte Schrei in der Brückenbaukonstruktion' gefeiert. Als am 1. Juli 1940 diese Brücke mit großen Feiern eingeweiht wurde, ahnte keiner, daß einige Monate später, am 7. November 1940, bei einem großen Sturm die Brücke einstürzen sollte.

Bald nach der Einweihung wurde beobachtet, daß schon bei Windgeschwindigkeiten von 8 km/h die Brücke mehr als 1 m auf- und abschaukelte. Alle Dämpfungsmaßnahmen blieben erfolglos. Diese Bewegungen waren manchmal so auffällig, daß die Brücke den Spitznamen ,galoppierende Gerty' (Gertrud) erhielt, bis schließlich am 7. November 1940 um 10^{00} ein Sturm von 67 km/h die Brücke so heftig in Bewegung brachte, daß sie für den Verkehr gesperrt wurde, d.h. 1 h und 10 min vor der Katastrophe. Der Rand der Fahrbahn lag in einem Augenblick 9 m höher als der andere und anschließend lag er 9 m tiefer. Rein zufällig war Prof. F. B. Farquharsen anwesend, der den ganzen Vorgang filmen konnte. So heftig war der Stoß auf die Seitenteile, als der Mittelteil einstürzte, daß Prof. Farquharsen

[1] Flachsbart, O.: Die Belastung von Bauwerken durch Windkräfte. In: Kaufmann, W.: Angewandte Hydromechanik , 2. Band. Berlin: Springer 1934, S. 269.
[2] Bauaerodynamik. In: Kolloquium über Industrieaerodynamik. Fachhochschule Aachen 1974.
[3] v. Kármán, Th.: Die Wirbelstraße. (Deutsche Übersetzung von A. Scholz). Hamburg: Hoffmann u. Campe 1968.

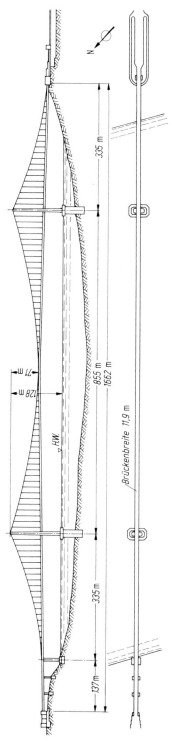

Abb. 8.3   Ansicht und Grundriß der Tacoma-Brücke

von der Washington-Universität, der von einem Seitenteil aus das schreckliche Geschehen gefilmt hatte, auf die Betonfahrbahn geschleudert wurde. Er konnte sich wieder aufraffen und in Sicherheit bringen."

v. Kármán erkannt sofort die Ursache: „An jenem Abend nahm ich ein kleines Gummimodell der Brücke, das einer von meinen Mechanikern beim Cal Tech für mich gebaut hatte, mit nach Hause. Ich stellte es auf den Wohnzimmertisch und schaltete den elektrischen Strom ein. Das Modell zitterte in der Brise. Ich veränderte die Einstellung des Ventilators. Bei einer gestimmten Windgeschwindigkeit begann das Modell zu schwingen und zeigte Unstabilität, die sich verstärkte, wenn die Schwingungen mit dem Rhythmus des Luftstroms vom Ventilator zusammenfielen. Wie ich vermutet hatte: Schuld hatten ‚Kármánsche Wirbel‘".

Anschließend wurde dann von v. Kármán in seinem großen Windkanal in Pasadena ein genaues Modell der Brücke untersucht, wobei diese Vermutung voll bestätigt wurde.

„Wir stellten fest, daß das Modell ruhig blieb — keine Schwingungen — bis eine gewisse Windgeschwindigkeit erreicht wurde. Dann begann das Modell heftig zu schwingen, nämlich sobald die Schwingungen mit der Frequenz der abgelösten Wirbel synchron waren."

Anschließend wurde gefunden, daß offene Schlitze in der Fahrbahn die Schwingungen verhinderten. "Diese Gedanken wurden bei der neuen Brücke über den Tacoma-Sund verwirklicht, die zwei Jahre später gebaut wurde."

Abb. 8.4 Neigung der Brücke kurz vor dem   Abb. 8.5 Brücke während des Einsturzes
                    Einsturz

Der glückliche Umstand, daß Prof. Farquharsen den ganzen Vorgang filmen konnte, vermittelte uns intime Kenntnisse über den ganzen Ablauf der Katastrophe. Abbildung 8.4 zeigt die große Neigung der Brücke bei einer Schwingung, während Abb. 8.5 den Vorgang beim Einsturz erkennen läßt. Dieser Film ist heute als Demonstrationsfilm erhältlich.[4] Es wurde mir freundlicherweise die Genehmigung zur Veröffentlichung der beiden Bilder gegeben. Charakteristisch ist der Umstand, daß der kluge Blick eines v. Kármán noch am gleichen Tage durch einen

---

[4] Bei der Fa. Ges. f. Regelungstechnik, Darmstadt, ist dieser Film „Super-8-Kopie" käuflich zu erwerben, ein überzeugender Demonstrationsfilm.

einfachen Modellversuch auf einem Tisch mit einem kleinen Modell und Ventilator die Ursache der Katastrophe nachweisen konnte. Jahre vorher hatte der
Verfasser bei einer Luftfahrtausstellung in Berlin eine große Schau von Modellversuchen der Strömungslehre vorgeführt, die in Abb. 7.9 zu erkennen ist. Dabei
befand sich auch eine Strömungswanne mit einem groß projizierten Versuch betr.
Kármán-Wirbel. Gemäß Abb. 8.6 war ein kleiner Zylinder mit einem Faden an
einem Galgen schwingfähig aufgehängt.[5] Bei kleinen Wassergeschwindigkeiten
(sichtbar gemacht durch Alu-Staub) bewegt sich der Zylinder nur wenig hin und
her bei Ablösung der Kármán-Wirbel. Wurde dann die Wassergeschwindigkeit
vergrößert (Antrieb durch Unterwasser-Impulsstrahlen), so entstanden sofort
große Schwingungen bis zum Rande der Versuchsstrecke, wenn die Pendelfrequenz
des Zylinders mit der Frequenz der Kármán-Wirbel übereinstimmte, d. h. im
Falle der Resonanz.

Damals in der Kriegszeit blieb das Tacoma-Ereignis hier ziemlich unbekannt. So ist dieser Hinweis angebracht.

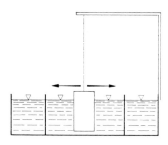

Abb. 8.6   Schematische Darstellung eines schwingenden
Zylinders in einer Strömungswanne

Durchflußmessung durch Kármàn-Wirbel. Bisher waren nur Nachteile der
Kármánschen Wirbelstraße bekannt, z. B. Widerstandsvermehrung, Schwingungs-
gefahr und dgl. Erstmalig kann nun eine nützliche Anwendung genannt werden.
Wenn in einem Rohr durch ein kleines Widerstandelement Kármán-Wirbel erzeugt
werden, so ist die Zahl der stromabwärts wandernden Wirbel pro Zeiteinheit ein
Maß für die Durchflußmenge. Indem man nun einen Ultraschallstrahl durch den
Wirbelbereich schickt, verursacht man dort eine amplitudenmodulation, die dem
Ultraschallsignal eingeprägt wird. Dieses modulierte Signal wird dann durch die
Elektronik in eine Impulsfolge umgesetzt, die dem Volumendurchfluß proportional
ist. So ergibt sich eine ganz neue, einfache Durchflußmethode mit der erstaun-
lichen Genauigkeit von 1%. Freundlicherweise stellte mir die Herstellerfirma
Brooks Instrument-Veenendaal (Holland) ihre Unterlagen (sowie Abb. 8.7) zur
Verfügung. Strömungstechnisch ist diese Anwendung dadurch möglich, daß die
Strouhal-Zahl in weiten Bereichen der technischen Durchflußmessungen weit-
gehend konstant ist.

---

[5] Diese Vorrichtung mit Optik zeigt Abb. 27, S. 23 in Eck, B.: Einführung in die Technische
Strömungslehre, Bd. II., Berlin: Springer 1936.

Abb. 8.7   Ultraschall-Vortex Durchflußmesser. Darunter: Typische Wirbelstraße

8.3   Hohe Bauwerke

Aus den bisherigen kurzen Ausführungen geht hervor, daß die Schwingungsanfälligkeit von bestimmten Bauwerken u. U. ganz gefährlich ist und eine sichere
Klärung noch nicht gelingt. In diesem Sinne entsteht die Frage, was der Baupraxis
empfohlen werden kann. In Erkenntnis dieser unsicheren Lage hat man zunächst
sehr vorsichtig in DIN 1055 (Mai 1977) einige Richtlinien anzugeben versucht.
So führte man den Begriff der Schwingungsanfälligkeit ein, indem man diese be-
jahte, wenn die Verformungen unter Berücksichtigung der dynamischen Wirkung
der Windkräfte die Verformungen aus statischer Windlast um nicht mehr als
10 % überschreiten. Nicht schwingungsanfällig im Sinne dieser Norm können danach mit Sicherheit betrachtet werden: Übliche Wohn-, Büro- und Industrie-
gebäude und ihnen in Form oder Konstruktion ähnliche Bauwerke mit einer
Schlankheit $h/b_1 \leqq 5$, wobei für b_1 die kleinste Breite der gegen Horizontalkräfte
aussteifenden Konstruktion einzusetzen ist. Dabei entsteht natürlich die Frage,
wie rein praktisch gesehen der Begriff der Schwingungsanfälligkeit zu definieren
ist. Nach den Ausführungen von Schleicher[6] wird danach als schwingungsanfällig ein Bau bezeichnet, wenn dieser unter der Kurve gemäß der Formel
$h' = 44/(f' - 0{,}05) = b(f')$ liegt. Diese Größen sind wie folgt definiert.:

$$h' = h/\sqrt{(h/b + 1)/20}; \quad f' = f\sqrt{\delta/0{,}10}.$$

[6] Schleicher, F. (Hrsg.): Taschenbuch für Bauingenieure (2 Bände), 2. Aufl. Berlin, Göttingen, Heidelberg: Springer 1955, S. 1065.

Abbildung 8.8[7] zeigt den Verlauf dieser Kurve:

Für Stahlkonstruktionen:	$0,02 < \delta < 0,05$
Beton- und Stahlbetonkonstruktionen:	$0,02 < \delta < 0,1$
Mauerwerk:	$\delta = 0,12$
Holzkonstruktionen:	$\delta = 0,15$

Die Unsicherheit wird noch größer, wenn man bemerkt, daß böenartige Größt-
geschwindigkeiten bei Stürmen als 2-Sekunden-Mittelwerte einmal in 20 Jahren
oder etwa als 5-Sekunden-Mittelwert vorkommen, die voraussichtlich im Binnen-
land einmal in 50 Jahren erreicht oder überschritten werden. Dieser Hinweis mag
genügen, um die Schwierigkeit des ganzen Problems zu skizzieren. Daß bei Stürmen Pfannen oder auch ganze Dächer abgedeckt werden können, weiß jeder. Er-
schreckend ist aber das Geschehen, das vielleicht einmal in 50 Jahren vorkommt!

Die normalerweise in verschiedenen Höhen in Rechnung zu stellende Windgeschwindigkeit ist wie folgt normiert worden:

Höhe in m	Windgeschwindigkeit m/s	Staudruck kN/m² ($\approx$ kp/m²)
0... 8	28,3	0,5 (50)
8... 20	35,8	0,8 (80)
20... 100	42,0	1,3 (130)
über 100	45,6	1,3 (130)

Im Rahmen dieser Darstellung mögen diese Ausführungen genügen.

Gefährdung hoher Bauten mit zylindrischem Querschnitt. Bei der Umströmung zylindrischer Bauwerke, z. B. Kamine, Fernsehtürme und dgl., ergeben sich
Schwingungsstörungen, die erst durch neuere Versuche von Naumann und Quadflieg[8] geklärt wurden. Periodische Wirbelablösungen hinter einem Zylinder waren
bisher als Kármán-Wirbel bekannt. Hier galt es als Regel, daß solche periodischen
Wirbel sich nur bei mäßigen Re-Zahlen einstellen können. Es zeigte sich nun, daß
selbst bei Re-Zahlen von 25 000 bis 2 Millionen noch regelmäßige Wirbelablösungen stattfinden können. Bei elastischen hohen Bauwerken (Toronto z. B. 540 m)
können sich somit große Gefahren ergeben. Es wurde nun gefunden, daß in
der Nähe des Äquators bei 90° lokale Verdichtungsstöße der Grenzschicht auftreten und damit sehr hohe lokale Druckgradienten bewirken, die auch bei überkritischen Re-Werten periodische Wirbelablösungen erzeugen können. Dies kann
nun vermieden werden, wenn durch irgendwelche Mittel nach Abb. 8.9b eine in-
homogene Ablösung erzwungen wird. Bei linearer Ablösungslinie ergeben sich
nach Abb. 8.9a ohnedies periodische Wirbel. Es wurde weiter gefunden, daß
eine konische Ausführung von 5 bis 10° schon genügt, um periodische Wirbel zu
verhindern. Auch unregelmäßige Durchmesserverhältnisse von $d_2/d_1 = 1,15$ ergeben eine unregelmäßige Wirbelablösung, während bei $d_2/d_1 = 1,41...2,04$ überhaupt keine Wirbelstraße mehr vorhanden ist. Die Strouhal-Zahl liegt im Mittel
bei 0,2 fast ohne Abhängigkeit von der Machschen Zahl.

---

[7] Der Beuth-Verlag Berlin gestattete freundlicherweise den Abdruck dieser Kurve.

[8] Naumann, A.; Quadflieg, H. G.: Über die Wirkung des Windes auf zylindrische Bauwerke.
Symp. über „Wind Effect on Buildings and Structures". Loughborough Univ. of Technology,
1968.

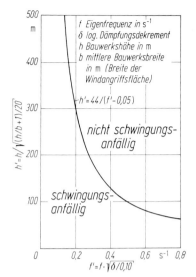

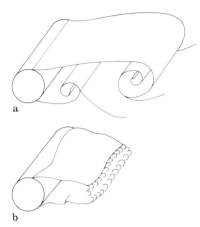

Abb. 8.8 Grenze der Schwingungsanfäl-
          ligkeit. (Nach Schleicher)

Abb. 8.9a u. b Ablösungslinien und Strö-
mungsformen. a) Linear, parallel zur Zylin-
derachse; b) inhomogen

Schrifttum zu Kapitel 8

Davenport, A. G.; Isyumdv: The Application of the Boundary Layer Wind Tunnel to the Pre-
    diction of Wind Loading. Proc. Int. Res. Seminar on Wind Effects on Buildings and Struc-
    tures. Ottawa Univ. 1967, Toronto Press.
Hart, G. C.: Diskuss. von Gust Loading Factors, v. Davenport, A. G.: J. Struct, Div., Proc.
    ASCE Vol. 94, Jan. 1958.
König, G.; Zilsch, K.: Zur Windwirkung auf Gebäude. Beton u. Stahlbetonbau 2 (1972).
Newberry, C. W.: The Measurements of Wind Pressures ou Buildings. v. Kármán-Inst. Lect. Ser.
    45, Febr. 1972.
Nieser, H.: Schwingungsberechnung turmartiger Bauwerke bei Belastung durch böigen Wind.
    Diss. TU Karlsruhe 1974.
Ruscheweyh, H.: Wind Loading of the Television Tower Hamburg. Proc. Symp. on Full Scale
    Measurements of Wind Effects on Tall Buildings and other Structures. London, Ontario 1974.
Schleich, I.: Beitrag zur Frage der Wirkung von Windstößen und Bauwerke. Bauingenieur 41
    (1966) 102.
Wittmann, F. H.; Schneider, F. X.: Wind and Vibration, Measurements at theMunich Television
    Tower, Proc. Symp. on Full Scale Measurements of Wind Effects on Tall Buildings and other
    Structures. London, Ontario 1974.

9 Belüftung und Klimatisierung

9.1 Belüftung

9.1.1 Freie Strahlen

Bei der Belüftung und Klimatisierung jeglicher Art sind besondere Eigenschaften von freien Strahlen von so großer Bedeutung, daß diese Erscheinungen von Freistrahlen ausführlicher besprochen werden müssen.

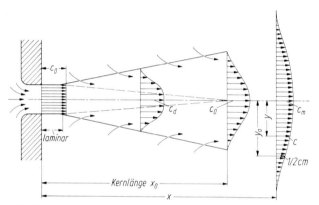

Abb. 9.1 Vermischung eines aus der Düse austretenden Strahles

So muß zunächst in Abb. 9.1 an die bekannte Vermischung eines aus einer Düse austretenden Strahles erinnert werden. Der innere Kern mit gleichbleibender Höchstgeschwindigkeit bleibt bis zu einer gewissen Kernlänge x_0 erhalten. Anschließend verbreitert sich der Strahl nach einer Gesetzmäßigkeit, die als Gaußsche Fehlerfunktion bekannt ist. Reichardt[1] hat hierauf zuerst hingewiesen. Vorher im Jahre 1925 hatte Prandtl[2] das Gesamtgeschehen mit der entstehenden Vermischung in einem Vortrag dargestellt.

In vielen Fällen muß davon ausgegangen werden, daß nach dem Austritt aus einer Düse zunächst ein laminarer Strahl vorhanden ist. Die Länge dieser Laminarstrecke hängt sehr mit der Vorgeschichte vor dem Austritt zusammen. Wille[3] hat hierauf erstmalig hingewiesen. Je nachdem, ob eine Normaldüse, eine Düse mit Wendepunkt (z.B. Windkanaldüse) oder einfaches längeres Rohrstück vorhanden

[1] Reichardt, H.: VDI-Forschungsh. 414 (1942).
[2] Prandtl, L.: Bericht über neuere Turbulenzforschung, Hydraulische Probleme. VDI-Verlag 1926.
[3] Wille, R.: Beiträge zur Phänomenologie der Freistrahlen, Flugwissen H. 6 (1963).

ist, ist die Anfangsentwicklung des Strahles grundverschieden (Abb. 9.2). So ist z. B. bei $x = 5\,D$ die Geschwindigkeitsverteilung bei den erwähnten Fällen grundverschieden, während bei $x = 9\,D$ ein Unterschied bei verschiedener Vorgeschichte nicht mehr zu erkennen ist (Abb. 9.3).

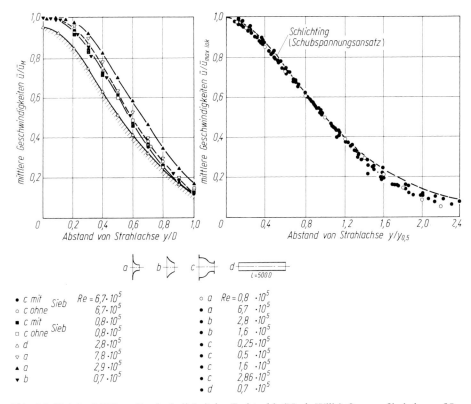

Abb. 9.2 (*links*) Mittlere Geschwindigkeit im Freistrahl. (Nach Wille) Querprofile bei $x = 5D$

Abb. 9.3 (*rechts*) Mittlere Geschwindigkeit im Freistrahl. (Nach Wille) Querprofile bei $x = 9D$

Je nach der *Re*-Zahl ist beim Laminarstrahl das äußere Bild anders. Abbildung 9.4 zeigt diesbezügliche Aufnahmen von Wille[3]. Dabei ist typisch, daß bei $Re = 200$ ein ziemlich glatter Strahl entsteht, während bei höheren *Re*-Zahlen bald die Laminarstrecke von Ringwirbeln umgeben ist, bis schließlich bei $Re = 8\,500$ nach einer kurzen Laminarstrecke typische Turbulenz zu beobachten ist. Bei verschiedenen Anwendungen sind diese Erscheinungen von Bedeutung.

Einen weiteren Einblick beim Übergang von kleinen zu größeren *Re*-Zahlen zeigen Aufnahmen von Becker und Massaro[4] (Abb. 9.5, S. 122). Unterhalb $Re = 1\,450$ ergibt sich nach einer kurzen Laminarströmung eine Folge von birnenartigen Ausbuchtungen, während bei $3\,800 < Re < 4\,750$ nach einer kurzen Laminarstrecke zwei

[4] Becker, H. A.; Massaro, T. A.: Vortex Evolution in a Round Jet. J. Fluid Mech. 31, Part 3 (1968) 435–627.

Ringwirbel auftreten mit nachheriger Auflösung des Strahles. Erst bei $Re > 10\,000$ ergibt sich nach einer kurzen Laminarströmung die bekannte turbulente Vermischung. In den angedeuteten Re-Bereichen ist somit der Strahlanfang sehr großen Änderungen unterworfen.

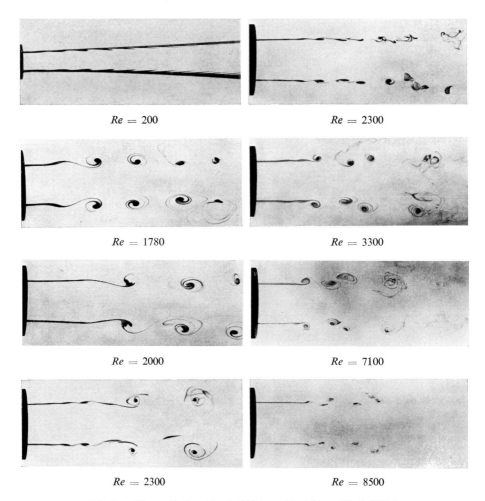

Abb. 9.4   Wasser-Freistrahlen bei kleinen Re-Zahlen. (Nach Wille)

9.1.2   Übersicht über runde, ebene und anliegende Strahlen

Wenn man zunächst einmal die laminare Anlaufstrecke nicht berücksichtigt, läßt sich für die meist vorkommenden Fälle das Wesentliche, wie es in der Praxis benötigt wird, zusammenstellen. Dies zeigt die nachfolgende Tabelle nach Regenscheit.

	runder Strahl	ebener Strahl	ebener, einseitig anliegender Strahl
Mittelgeschwindigkeit	$c_M = c_0\, \dfrac{x_0}{x}$	$c_M = C_0\, \sqrt{\dfrac{x_0}{x}}$	$c_M = c_0\, \sqrt{\left(\dfrac{x_0}{x}\right)^{0,75}}$
Energieabnahme	$E = E_0\, \dfrac{2}{3}\dfrac{x_0}{x}$	$E = E_0\, \sqrt{\dfrac{2}{3}\dfrac{x_0}{x}}$	$E = E_0\, \sqrt{\dfrac{2}{3}\left(\dfrac{x_0}{x}\right)^{0,75}}$
Kernlänge Turbulenzfaktor m $0,1 < m < 0,3$	$x_0 = d/m$ (d Strahldurchmesser)	$x_0 = b/m$ (b Strahlbreite)	$x_0 = 2b/m$
Strahlausbreitung für $c_x/c_M = 0,5$	$r_a = m\sqrt{\dfrac{\ln 2}{2}}\,x$ $r_a = d\sqrt{\dfrac{\ln 2}{2}\dfrac{x}{x_0}}$	$y_a = m\sqrt{\dfrac{2\ln 2}{\pi}}\,x$ $y_a = b\sqrt{\dfrac{2\ln 2}{\pi}\left(\dfrac{x}{x_0}\right)}$	$y_a = y_0 m\sqrt{\dfrac{2\ln 2}{\pi}\left(\dfrac{x}{x_0}\right)^{0,75}}$ $y_a = 2b\sqrt{\dfrac{2\ln 2}{\pi}\left(\dfrac{x}{x_0}\right)^{0,75}}$
Strahlvolumen Q_0 aus Düse ausströmendes Volumen	$Q = Q_0\, 2\dfrac{x}{x_0} = Q_0\, 2m\dfrac{x}{d}$	$Q = Q_0\sqrt{2\dfrac{x}{x_0}} = Q\sqrt{2m}\sqrt{\dfrac{x}{h}}$	$Q = Q_0\sqrt{2}\sqrt{\left(\dfrac{x}{x_0}\right)^{0,75}}$
Ausbreitungswinkel δ_a	$\tan\delta_a = m\sqrt{\dfrac{1}{2}}\,\sqrt{\ln\dfrac{c_x}{c_M}}$	$\tan\delta_a = m\sqrt{\dfrac{2}{\pi}}\,\sqrt{\ln\dfrac{c_x}{c_M}}$	$\tan\delta_a = m\sqrt{\dfrac{2}{\pi}}\,\sqrt{\ln\dfrac{c_x}{c_M}}$

δ_a für verschiedene Werte von (bei $m = 0,3$)

$\dfrac{c_x}{c_M}$	δ_a (runder Strahl)	δ_a (ebener Strahl)
0,5	10°	11,4°
0,2	15,1°	17,1°
0,1	17,8°	20,1°
0,05	20,1°	22,7°

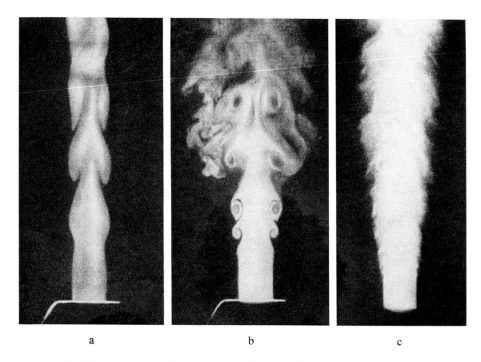

Abb. 9.5a–c   Aus der Düse austretende Strahlen. (Nach Becker und Massaro)
a) $Re < 1450$; b) $3800 < Re < 4750$; c) $Re > 10000$

9.1.3 Reichweite von Strahlen bei verschiedenen Dichten und Temperaturen

Bisher war immer vorausgesetzt worden, daß Strahl und Umgebung die gleiche Temperatur haben und auch stofflich gleich sind, d. h. das gleiche spezifische Gewicht besitzen. Trifft diese Voraussetzung nicht zu, so ergeben sich andere Verhältnisse.

Zunächst erhält man durch einfache Überlagerungen einen Gesamtüberblick. Wir betrachten dazu nur die Grenzfälle. Ist die Dichte des Strahles gegen die Dichte der Umgebung sehr groß (z. B. Wassertsrahl in Luft), so tritt praktisch nur eine unwesentliche Vermischung ein und der Strahl bleibt, abgesehen von Beeinflussungen durch Oberflächenspannungen, ziemlich unverändert erhalten. Der andere Grenzfall tritt ein, wenn ein Strahl von sehr dünnem Medium in eine Umgebung wesentlich höherer Dichte eintritt (Luftstrahl in Wasser). Die Vermischung vollzieht sich in diesem Falle praktisch sofort. Zwischen diesen Grenzfällen wird sich die Vermischungslänge stetig ändern. Das Gesetz der Gleichheit der Bewegungsgröße gilt für den Strahl auch hier. Hinzu kommt, daß der Wärmeinhalt im Strahl konstant bleibt. Der früher behandelte Fall, daß beiden Medien gleiche Dichten haben, ist hier nur ein Sonderfall, der ungefähr in der Mitte zwischen den Grenzen liegen dürfte. Heiße Strahlen haben in jedem Fall kürzere Reichweite.

Szablewski[6] hat dieses Problem theoretisch untersucht und mit Versuchen über die Vermischung von Heißluftstrahlen bei Focke-Wulf verglichen. Szablewski stellte die folgenden Abbildungen freundlicherweise zur Verfügung. Für drei verschiedene Dichteunterschiede bzw. die gleichen prozentualen Unterschiede der absoluten Temperaturen sind in Abb. 9.6 die Begrenzungen der Kerne und die Außenberandungen der Vermischungszonen enthalten. Dabei bezieht sich die mittlere Kurve zum Vergleich jeweils auf Vermischung von Medien gleicher Dichte bzw. Temperatur. Ändert sich demnach das Dichteverhältnis ϱ_1/ϱ_0 von 2,5 auf 0,5, d. h. den fünffachen Wert, so verlängert sich der Kern um 28 %. In Abb. 9.7 ist die Abhängigkeit der relativen Kernlänge vom Dichteverhältnis aufgetragen. In-

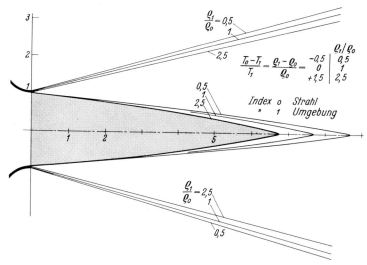

Abb. 9.6 Ausbildung des Strahlkernes und der turbulenten Vermischungszone bei verschiedenen Dichteverhältnissen. (Nach Szablewski)

Abb. 9.7 Abhängigkeit der relativen Kernlänge vom Dichteverhältnis. (Nach Szablewski).
r Düsenradius

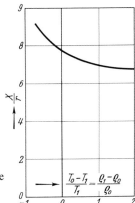

[5] Szablewski, W.: Die Ausbreitung eines Heißluftstrahles in bewegter Luft. Diss. Univ. Göttingen 1942 — s. a. Szablewski, W.: Ing.-Arch. (1952) 567—572 (1952) 73—80.

wieweit eine Extrapolation auf extrem große Dichte- und Temperaturunterschiede möglich ist, kann z. Z. noch nicht mit Sicherheit gesagt werden. Nach den Untersuchungen von Szablewski ergibt sich in jedem Fall die Regel, daß der Winkelraum sich bei steigender Temperaturdifferenz zum heißeren Strahl dreht.

9.1.4 Auf eine Wand auftreffende Freistrahlen

Der Fall, daß Freistrahlen auf eine Wand auftreffen und dort um 90° umgelenkt werden, ist für verschiedene praktische Anwendungen von Bedeutung (Hubschrauber in Bodennähe; Wandkühlung durch Düsenstrahlen usw.). Dieser Fall wurde u. a. von Liem[6] genauer untersucht. Dabei zeigte sich, daß insbesondere die seitlich zuströmende Luft sich ganz anders verhält als beim freien Strahl. Gemäß Abb. 9.8 strömt diese Luft beinahe in Richtung des freien Strahles mehr oder weniger unter gleichen Winkeln zu. So ergibt sich für den runden Strahl in Bodennähe fast genau ein Zuströmwinkel von 73°. Für viele praktische Anwendungen ist dieser Umstand sehr wichtig, weil möglicherweise dabei andere Konstruktionsteile unerwünscht umströmt werden.

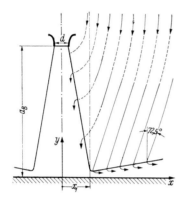

Abb. 9.8 Bewegung von Freistrahlen, die senkrecht auf eine Wand auftreffen. (Nach Liem)

Auf die Wand auftreffende Freistrahlen bilden weiter die Grundlage für eine ganze Gruppe von Trockengeräten, indem beispielsweise Warmluftstrahlen auf eine stetig wandernde Stoffbahn gelenkt werden; eine Studie über diesen Vorgang stammt von Schrader[7].

Strahlvermischung bei Überschallgeschwindigkeit. Der Unterschied gegenüber der inkompressiblen Strömung besteht darin, daß die Turbulenz geringer und die Vermischungszone schmaler ist.

9.1.5 Impulsbelüftung

Eine besondere Belüftungsschwierigkeit ist bei sog. Begehkanälen neben langen Walzenstraßen vorhanden. Unter Flur befindet sich z. B. neben einer langen

---

    [6] Liem, K.: Strömungsvorgänge beim freien Hubstrahler, Luftfahrttech. (1962) 198.
    [7] Schrader, H.: Trocknung feuchter Oberflächen mittels Warmluftstrahlen. VDI-Forschungsh. Nr. 484 (1961).

Walzenstraße ein Begehkanal, der Leitungen, insbesondere Dampfleitungen, Kabel usw. enthält. In diesen Kanälen entwickelt sich so große Hitze, daß ohne Belüftung nur ein kurzer Aufenthalt möglich ist, der mehrmals am Tage aus verschiedenen Gründen notwendig ist. Diese Unterflur-Begehtunnel haben z.B. bei Längen über 50 m einen Querschnitt von ca. 5 m². Die verschiedensten Versuche zur Belüftung, die angestellt wurden, scheiterten. Da die Tunnels voller großer Rohrleitungen mit starker Wärmeentwicklung sind, ergibt sich keine Möglichkeit zur Unterbringung großer Lüftungskanäle. Nach Durchführung von Modellversuchen löste Verfasser diese Aufgabe durch oberhalb des Kanals von oben frei eintretenden Impulsstrahlen gemäß Abb. 9.9. Durch meridianbeschleunigte Axialgebläse wurde kältere Luft aus einer Nebenhalle angesaugt und in 2,5 m Kopfhöhe nach unten geblasen, indem ein Gitterrost gerade von der Größe des unten eintretenden Luftstrahles verwendet wurde. Alle 18 m wurden solche Gebläse angeordnet, die 5 m³/s Frischluft nach unten frei ausdrückten und dabei noch durch turbulente Vermischung Luft zusätzlich mitrissen. So konnte eine einwandfreie Belüftung mit sehr erträglichen Temperaturen erreicht werden, ohne daß irgend eine zusätzliche Rohrleitung im Kanal notwendig war.

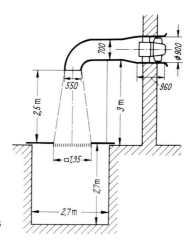

Abb. 9.9 Belüftung eines Begehkanals
durch Impulsbelüftung

9.2 Tunnelbelüftung*

9.2.1 Natürliche Belüftung

Seitdem im Eisenbahnverkehr praktisch nur mehr Elektroloks eingesetzt werden, ist die Belüftung von Eisenbahntunnels kein Problem mehr. Meist wird auf jede künstliche Belüftung verzichtet. Anders bei Autotunnels. In vielen Fällen ist hier eine künstliche Belüftung notwendig.

---

* Allgemeines Schrifttum s. S. 132.

Bei kurzen Tunnels genügt es meist, die Belüftung der Selbstbelüftung zu über-
lassen. Diese besteht darin, daß die fast immer bestehenden Druckunterschiede
zwischen den Enden des Tunnels von selbst für eine Durchströmung sorgen. Hinzu
kommt, daß die durchfahrenden Autos durch ihre „Kolbenwirkung" für einen
zusätzlichen Druckunterschied sorgen. Dieser wird um so größer sein, je größer der
Luftwiderstand des jeweiligen Wagens ist. Aufgehoben wird diese Hilfe, wenn
gleichzeitig etwa gleich viele Autos in beiden Richtungen fahren. Trotzdem genügt
diese natürliche bzw. quasinatürliche Belüftung bei Tunnellängen von einigen
hundert Metern.

9.2.2 Künstliche Belüftung

Wenn die Tunnellänge etwas größer ist, reicht die natürliche Belüftung oder die
Kolbenwirkung der Wagen nicht mehr aus. Muß doch immer damit gerechnet
werden, daß z.B. bei einer Panne Menschen sich länger im Tunnel aufhalten und
durch Abgase gefährdet werden. Eine künstliche Belüftung ist somit von einer
gewissen Tunnellänge an nicht zu vermeiden.

So zeigt z.B. Abb. 9.10 das Schema einer Lüftung mit Treibstrahl nach Barth[8].
Am Anfang des Tunnels wird aus einer Druckkammer, die von einem Gebläse
gespeist wird, ein Treibstrahl in den Tunnel gelenkt. Dadurch entsteht beim Düsenaustritt dieses Strahles ein Unterdruck, der Frischluft von außen ansaugt und durch
seine Impulswirkung einen Überdruck im Tunnel bewirkt, der dann bis zum Kanal-
ende auf Null absinkt. Besonders ist dies aus Abb. 9.11 zu erkennen, wo eine Ge-
bläselüftung an beiden Enden nach Haerter[9] vorgesehen ist. In der Abbildung sind
unten die Druckverteilungen mit Gebläsewirkung und einer evtl. zusätzlichen
Unterstützung durch die Kolbenwirkung mehrerer Autos zu sehen. Dabei
erkennt man deutlich, daß im Falle dieser Kolbenwirkung am Tunnelende sogar
ein statischer Überdruck vorhanden ist. Dies ist allerdings nur dann der Fall, wenn

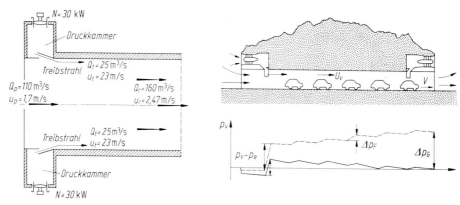

Abb. 9.10 Schema des Lüftungssy-   Abb. 9.11 Längslüftung mit Strahlgebläse.
stems mit Treibstrahl. (Nach Barth)   (Nach Haerter)

---

[8] Barth, W.; Klein, R.; Raab, F.: Eine neuartige Lüftungsanlage in Lämmerbuckeltunnel.
Bauingenieur H. 12 (1958).
[9] Haerter, A.: Mitt. Inst. f. Aerodynamik d. ETH Zürich. Nr. 29.

nur in der angegebenen Richtung Wagen hintereinander fahren und entgegengesetzt keine Wagen fahren.

In der Abb. 9.11 sind an beiden Enden des Tunnels Gebläse vorgesehen, so daß je nach der Windrichtung in jeder Richtung die Belüftung künstlich verstärkt werden kann, was auch für die Anordnung von Abb. 9.10 gilt, die an beiden Tunnelenden angeordnet ist. Eine andere Anordnung zeigt Abb. 9.12 nach Haerter. Hier findet eine Halbquerbelüftung statt, bei der Frischluft durch ein einseitig angeordnetes Gebläse in einen Belüftungskanal unter dem Tunnel zugeführt wird, wo die Luft gleichmäßig in das Tunnelinnere eintritt und dann nach beiden Seiten durch den Tunnelquerschnitt abgeführt wird. Bei Windbeeinflussung und einseitiger Kolbenwirkung durch Autoreihen ergeben sich dabei einseitige Störungen, die bei kurzen Kanalstrecken relativ klein sind. Eine weitere Entwicklung besteht darin, daß die unten in den Tunnel einströmende Frischluft oben gleichmäßig durch eine besondere Leitung angesaugt wird. Dies hat den Vorteil, daß im Brandfall den Tunnelbenützern über die ganze Tunnellänge Frischluftquellen zur Verfügung stehen und die Rauchbelästigung dabei mehr oder weniger lokalisiert wird (Abb. 9.13).

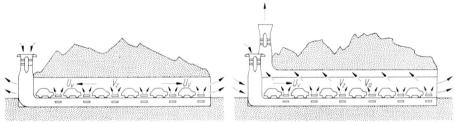

Abb. 9.12   Halbquerlüftung mit separatem   Abb. 9.13   Querlüftung. (Nach Haerter)
Frischluftkanal. (Nach Haerter)

9.2.3   St.-Gotthard-Straßentunnelbelüftung

Als eine Ingenieurleistung ersten Ranges muß der neue St.-Gotthard-Straßentunnel bezeichnet werden, der 1980 dem Verkehr freigegeben wurde. Die dabei durchgeführte künstliche Belüftung ist gleichzeitig eine beachtliche Leistung, die das Verdienst von Dr. Haerter, Zürich, ist. Die nachfolgende Beschreibung dieser hochinteressanten Belüftung war möglich, nachdem mir Dr. Haerter freundlicherweise umfangreiche Unterlagen zur Verfügung stellte. Es handelt sich um eine Tunnellänge von 16,322 km bei einer Höhenlage von 1081 bis 1145 m ü. M. bei einer Fahrbreite von 7,8 m mit zwei Gehwegen von je 0,7 m. Parallel zu dem Tunnel befindet sich ein Sicherheitsstollen von 16,291 km von einem Querschnitt von 6,5 m².

Die Belüftung ist so ausgelegt, daß eine Verkehrsmenge von 1 800 PWE/h, (PWE: Personen-Wagen-Einheiten), wovon 10 % Lastwagen oder Cars mit Dieselmotorenantrieb bzw. 1 600 PWE/h mit 15 % Anteil von Diesellastwagen sind, möglich ist. Zugeführt werden 2 150 m³/s Frischluft, die eine Umwälzung der Tunnelluft in ca. 6 min ergeben. Die Belüftung erfolgt nach dem System der Querlüftung. Dabei ergeben sich die bei langen Tunnels wichtigen Vorteile, daß unabhängig von der Länge der Lüftungsabschnitte von der Ventilation her keine

Längsgeschwindigkeit auftritt, wenn man von der geringen evtl. auftretenden Kolbenwirkung der Fahrzeuge absieht. Weiter ergibt sich dabei der Vorteil, daß bei einem örtlich stärkeren Abgasanteil dank der Querlüftung eine Ausbreitung von Abgasschwaden verhindert wird, was im Falle eines Fahrzeugbrandes mit dem damit verbundenen Rauchanfall sonst eintreten könnte.

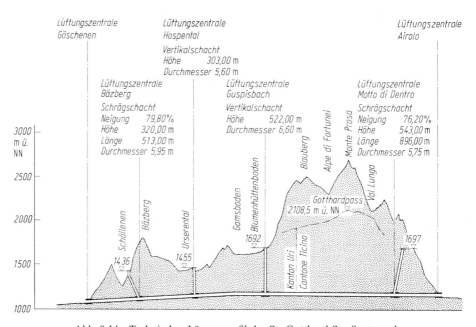

Abb. 9.14   Technisches Längenprofil des St.-Gotthard-Straßentunnels

Die Zuführung und Abführung der Luft erfolgt durch 4 Schächte, die gemäß Abb. 9.14 durch das Gebirge bis nach oben geführt werden, sowie durch Lüftungs- zentralen an den Enden des Tunnels. Die Lüftungszentralen im Tunnel befinden sich mit den Zu- und Abführungen über dem Tunnel, dessen obere kalottenför- mige Hälften dazu benutzt werden. Abbildungen 9.15 und 9.16 zeigen diese An- ordnung. Die Frischluft wird von den Portalen und Schächten her durch besonde- ren Kanal in der Kalotte in den Tunnel geleitet und seitlich alle 8 m in den Ver- kehrsraum geblasen. Die Abluft wird durch Öffnungen in der Zwischendecke in Abständen von 16 m aus dem Verkehrsraum nach der Kalotte abgesaugt. In den nach Abb. 9.17 geteilten Schächten wird die Frischluft zu- und die Abluft abge- führt.

Die Grenzkonzentrationen von Kohlenmonoxid (CO) betragen:

Bei normalem Betrieb   100 ppm $(0{,}10^0/_{00})$,
bei Verkehrsspitzen   150 ppm $(0{,}15^0/_{00})$,
bei stockendem Verkehr   230 ppm $(0{,}23^0/_{00})$,
(1 ppm = 1 Millionstel des Volumens)

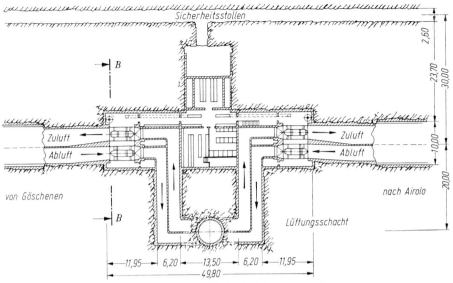

Abb. 9.15   Grundriß der Belüftungszentrale

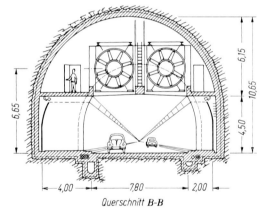

Querschnitt B-B

Abb. 9.16   Prinzip der Belüftung

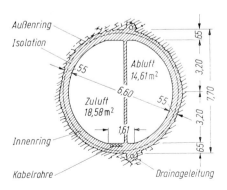

Abb. 9.17   Frisch- und
           Abluftschacht

Anzahl der Ventilatoren 18,
maximaler Durchmesser eines Ventilators 3,7 m,
maximale Nennleistung eines Ventilators 2 600 kW,
totale installierte Leistung 23 000 kW.

Abb. 9.18   Ansicht eines Axialventilators der Fa. Nordisk, Dänemark
(Schindler Haerter AG, Zürich)

Abbildung 9.18 zeigt eine Ansicht eines im St.-Gotthardt-Straßentunnel eingebauten Axialventilators. Die Luftmenge wird kontinuierlich (den ganzen Arbeits-
bereich der Ventilatoren) mit automatischer Luftschaufelverstellung und Drehzahl-
umschaltung der Motoren geregelt. Zur optimalen Ausnützung der Ventilatoren
werden sog. Lüftungsrechner eingesetzt (eine Sonderanwendung von kleinen
Prozeßrechnern). Dieser Rechner hat die Aufgabe, aufgrund des Verkehrsflusses,
der äußeren Umstände und der Bereitschaft der Ventilatoren die wirtschaftlichste
Ventilation für den ganzen Tunnel zu ermitteln und die dazu notwendigen Stell-
werte zur automatischen Regulierung abzugeben. Zusätzlich zur CO-Messung
wird in jedem Lüftungsabschnitt ein Sichttrübungsgerät installiert. Auch dieser
Meßwert dient zur automatischen Regulierung der Ventilation, wobei diese vom
ungünstigeren der beiden Werte, CO bzw. Sichttrübung, beeinflußt wird. Die Trü-
bung, insbesondere durch Abgase von Dieselfahrzeugen, wird mit Hilfe foto-
elektrischer Verfahren gemessen. Abbildung 9.19 zeigt das Normalprofil Los Nord.
    In Abständen von ca. 750 m sind durch Ausweitung des Tunnelprofils wechsel-
seitige Ausstellbuchten von 3 m Breite und 41 m Länge angeordnet für Notsitu-
ationen und Pannen (Abb. 9.20), Schutzräume sind in regelmäßigen Abständen von
ca. 250 m vorhanden (Abb. 9.21). Sie sind als Querstollen zwischen dem Straßentunnel und dem Sicherheitsstollen ausgebildet und verfügen über die notwendigen
Einrichtungen zum Schutze der Tunnelbenützer bei unvorhergesehenen Ereig-
nissen.

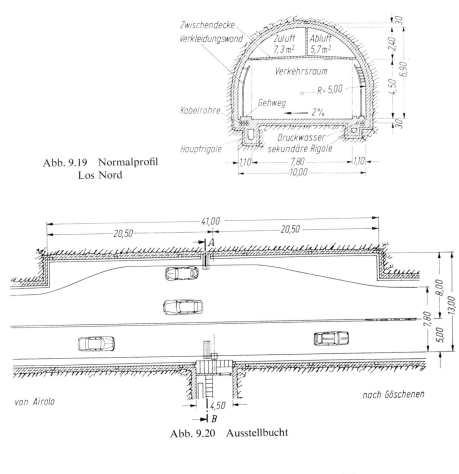

Abb. 9.19   Normalprofil
Los Nord

Abb. 9.20   Ausstellbucht

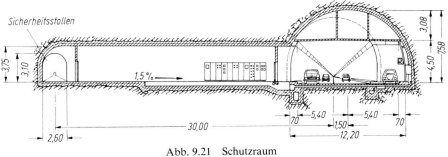

Abb. 9.21   Schutzraum

An vier Stellen im Tunnel bei den unterirdischen Lüftungszentralen wird durch den Bau von Wendenischen die Möglichkeit geschaffen, Fahrzeuge, auch Lastzüge und Cars, kehren zu können. Es handelt sich um rechtwinklig zur Tunnelröhre angeordnete Querstollen von 9 m Breite und 25 m Tiefe. Ein in Abb. 9.21 erkennbarer Sicherheitsstollen und zusammen damit die Schutzräume werden in einer vom Straßentunnel unabhängigen Lüftungsanlage ausgerüstet, welche für genügende Umwälzung der Luft sorgt und einen Überdruck gegenüber dem Verkehrsraum des Straßentunnels erzeugt. Dieser verhindert, daß in einem Brandfall Rauchgase in die Schutzräume und in den Sicherheitsstollen eindringen können.

Die Ansaugung der Luft im Hochgebirge birgt die Gefahr in sich, daß im Winter Schnee angesaugt wird. Um dies zu verhindern, sind Schneeansauggalerien vorgesehen (Abb. 9.22). Durch Vorbauten und Lenkflächen wird dafür gesorgt, daß die Luft nur mit einer Geschwindigkeit von ca. 1 m/s eintritt, wobei der Schnee zu Boden fällt.

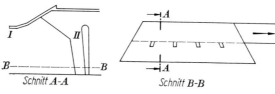

Schnitt A-A   Schnitt B-B

Abb. 9.22   Schneeansauggalerie

9.2.4 Strömungstechnische Untersuchungen

Der aufmerksame Leser wird noch die Frage stellen, wie bei dieser Großausführung die jeweiligen Kanalstücke, Übergänge usw. gemessen und richtig geformt werden konnten. Da im Tunnel Messungen erst nachher evtl. hätten durchgeführt werden können und Korrekturen bei diesen Großausführungen unmöglich gewesen wären, mußten die jeweiligen Teile in kleinen Modellen geformt und gemessen werden. Da es sich um große Re-Zahlen handelt, war hier sogar eine sehr große Verkleinerung des Maßstabes möglich. So wurden die jeweiligen Bestformen außerhalb des Tunnels sehr genau gefunden. Da ebenso die Gebläse im Kanal nicht untersucht werden konnten, wurden diese mit einem Modell von 1 m ⌀ durchgemessen. So waren insgesamt sehr zahlreiche Modellversuche nötig, die Dr. Haerter durchführte.

Schrifttum zu Abschnitt 9.2

Andreae, C.: Zum Problem der Autostraßentunnel. Schweiz. Bauztg. 114 (1939).
Andreae, CH.: Problemes du projet et de l'établissement de grands souterrains troutiers alpins. Zürich: Leemann 1949.
Barth, W.; Klein, R.; Raab, F.: Eine neuartige Lüftungsanlage im Lämmerbuckeltunnel. Bauingenieur H. 12 (1958).
Bartholomäi, A.: Zur Frage der Lüftung langer Autotunnel. Schweiz. Bauztg. 112 (1938).
Blok, A.: Lüftung von Verkehrstunneln. Gesundheitsingenieur 64 (1941).
Eggink, A.: Ventilatiesysteem en tunnelconstructie, De Ingenieur, s'Gravenhage, 71. Jg., No. 6 (1959).
Eidgenössische Expertenkommission für Tunnellüftung: Lüftung von Straßentunneln. Mitt. Inst. f. Straßenbau, ETH Zürich Nr. 10 (1960).
Getto: Einfluß des Verkehrs auf die Längsströmung der Luft. Z. VDI 93 (1951) .
Haerter, A.: Über die Belüftung von Autostraßen-Tunneln. Z. Angew. Math. Phys. (ZAMP) IX, Falks. 3 (1958) 286.

Haerter, A.: Tunnellüftung. Heiz. Lüft. Haustech. 11 (1960) 141—151.
v. Hauswaert, P.: Les Tunnels sous l'Escaut à Anvers. Tech. Trav. 8/10 (1932/1934).
v. Rabcewicz, L.: Die Belüftung der Tunnelstrecken der Reichsautobahn. Die Straße. Nr. 29 (1943).
Richter, I.: Strömungs- und Wärmeaufgaben an langen Straßentunneln. Z. VDI 87 (1943) 357.
Sutter, K.: Luftwiderstand auf Eisenbahnzüge in Tunnels. Diss. ETH Zürich 1930.
Tollmien, W.: Luftwiderstand und Druckverlauf bei der Fahrt von Zügen in einem Tunnel. Z. VDI 71 (1927) 199—203.
Wieghardt,: Messungen über Fahrzeugwiderstände in Tunneln, mitgeteilt an das Comité des Tunnels Routiers, Exposé et Observations sur la Documentation recueillie dans les Pays suivants: Belgique, France, Grand-Bretagne, Italie, Pays-Bas, Suisse. Lyon, August 1959.
Wirz, W.: Die Lüftung der Alpenstraßen-Tunnel. Mitt. Inst. für Straßenbau d. ETH Zürich, Nr.1, 1942.

9.3 Klimatisierung

9.3.1 Freistrahlen in begrenzten Räumen

Mit steigenden Ansprüchen an die Lufterneuerung in größeren Räumen, Hörsälen, Theater, großen Hallen und dgl. entwickelt sich seit einiger Zeit ein Sondergebiet der Belüftung, welches meist als Klimatisierung bezeichnet wird. Ganze Industriezweige beschäftigen sich mit dieser Frage. So ist eine nähere Betrachtung dieses Gebietes angebracht. Die Hauptgrundlagen dieses Gebietes wurden bereits frühzeitig von Baturin[10] gelegt.

Eine der hier auftretenden Hauptfragen ist das Verhalten von Strahlen, die an irgend einer Stelle in einen Raum eindringen und an einer anderen Stelle austreten. Eine freie Strahlenbewegung, wie sie genau bekannt ist (S. 118), kann nicht entstehen. Durch die seitlichen Wände kann nicht unbegrenzt vom Strahl Luft angesaugt werden. Es ergeben sich mehr oder weniger große Wirbelgebilde, die seitlich von dem eingeblasenen Strahl entstehen. Je nach der Gestaltung des Raumes und der Stelle des eintretenden und austretenden Strahles ergeben sich große Verschiedenheiten. Durch diese sich bildenden Wirbelgebilde verliert der Strahl schnell seine individuelle Größe und Richtung. Nachfolgend wird über einige Versuche berichtet, die in einer Strömungswanne gewonnen wurden. Bei diesen Versuchen gewinnt man schnell grundsätzliche Einblicke. Bei den folgenden Abbildungen wurde die Strömung maßstäblich eingetragen, was ohne Schwierigkeiten möglich ist.

Bei Abb. 9.23 wird ein Strahl links oben in einen rechteckigen Raum eingeführt und rechts unten abgeführt. Dabei entsteht ein großer Wirbel sowie kleinere Nebenwirbel in den Ecken. Der Strahl umströmt das Wirbelgebilde in der Mitte und sammelt sich wieder kurz vor dem Austritt.

Abbildung 9.24 zeigt den Fall, wo der Eintritt des Strahles in der Mitte links ist. Oberhalb des eintretenden Strahles bilden sich oben zwei Wirbelgebilde, wobei der Strahl reichlich turbulent vermischt unten austritt.

[10] Baturin, W. W.: Lüftungsanlagen für Industriebauten. Berlin: VEB Verlag Technik 1959.

Unterer Ein- und Austritt zeigt Abb. 9.25. Zwei Wirbelzonen sind hier zu erkennen. Direkt nach dem Strahleneintritt ergibt sich zunächst ein starkes und aus-
gebildetes Wirbelgebiet und eine kleinere Wirbelzone rechts oben.

Wenn schließlich der Strahl symmetrisch links und rechts in der Mitte eintritt,
so ergeben sich symmetrische Wirbelzonen. Der Strahl selbst wird beidseitig durch
turbulente Vermischung erheblich erweitert bei gleichzeitiger Geschwindigkeits-
verminderung und tritt vor dem Austritt mit Verengung, d.h. bei gleichzeitigem
Druckverlust ins Freie (Abb. 9.26).

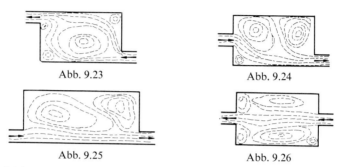

Abb. 9.23   Abb. 9.24

Abb. 9.25   Abb. 9.26

Abb. 9.23 – 9.26   Verschiedene Anordnungen bei Freistrahlen in begrenzten Räumen. Nach-
zeichnungen nach Versuchen in Strömungswanne

Von Interesse ist noch der Fall, wo ein Strahl links oben eintritt und auf der
gleichen Seite links unten austritt (Abb. 9.27). Regenscheit hat diesen Fall theoretisch untersucht. Hier entsteht die wichtige Frage, wie weit ein Strahl überhaupt
in einem solchen Fall reicht. Es ergibt sich dabei je nach der Länge des Raumes
eine maximale Eindringtiefe x_{max}. Von einem gewissen Verhältnis l/h ab wird der
hintere Raum nicht mehr erreicht, d.h. er kann nicht mehr belüftet werden.

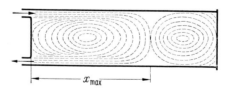

x_{max}

Abb. 9.27   Raumbewegung durch oben eintretenden und unten austretenden Strahl.
(Nach Regenscheit)

Die einfachen Strahlgesetze haben nur eine gewisse Wegstrecke Gültigkeit.
Dabei nützt es auch nichts, die Strahlgeschwindigkeit zu erhöhen, weil die er-
höhte Energie durch die Sekundärbewegung wieder zurückgeführt wird. Regenscheit[11] konnte diese Vorgänge in erster Näherung rechnerisch verfolgen. Das
Ergebnis dieser Berechnung ist in Abb. 9.28 dargestellt. Die Eindringtiefe ist dabei

---

[11] Regenscheit: Die Luftbewegung in klimatisierten Räumen. Kältetechnik 11 (1959) 3 – 11.

sehr von dem Turbulenzgrad des Strahles abhängig. Aus dieser Darstellung läßt sich in etwa berechnen, wie man Eindringtiefen erreichen kann, die mit der Raumtiefe übereinstimmen. Es handelt sich um wertvolle Erkenntnisse der Belüftungstechnik: Es ist das Verdienst von Regenscheit, die meisten theoretischen Grundlagen hier gefunden zu haben.

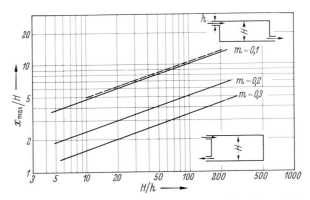

Abb. 9.28 Eindringtiefe eines horizontal einblasenden Strahles für zwei Anordnungen bei verschiedenen Turbulenzgraden. (Nach Regenscheit) H ist die Raumhöhe. *Gestrichelte Linie* bezieht sich auf obere Anordnung

9.3.2 Archimedes-Zahl, Freistrahlen unter Mitwirkung des thermischen Auftriebs

Insbesondere bei der Klimatisierung und Belüftung von Räumen entsteht die Frage, inwieweit Luftstrahlen durch unterschiedliche Temperaturauswirkungen beeinflußt werden. Obschon es sich um verhältnismäßig geringe Temperaturschwankungen handelt, spielt dieser Einfluß eine Rolle.

Betrachten wir zunächst den Fall, daß ein Strahl von oben nach unten strömt (Abb. 9.29) und dabei eine nach oben ansteigende Temperatur auftritt. Ein abwärts strömendes Luftteilchen von der Höhe Δh erfährt einmal einen Auftrieb, weil evtl. seine Temperatur höher ist als die der Umgebung, während andererseits nach abwärts sich Impulskräfte auswirken. Das Spiel beider Kräfte wird die Bewegung des Strahles beeinflussen.

Der Auftrieb des Teilchens ist

$$F = A\,\Delta h\,\Delta\varrho g = -A\,\Delta h\,\varrho\,\frac{\Delta T}{T}\,g,$$

während die Impulskraft

$$\Delta I = q\,\Delta c = A \cdot c \cdot \varrho \cdot \Delta c$$

ist. Gleichartige Verhältnisse werden zu erwarten sein, wenn das Verhältnis beider Kräfte konstant ist. Dafür finden wir

$$\left|\frac{F}{\Delta I}\right| = \frac{A\,\Delta h\,\varrho\,\Delta T\,g}{A c\varrho\,\Delta c\,T} = \frac{\Delta h\Delta T\,g}{c\,\Delta c\,T}.$$

Da $\Delta h \approx h$ und $\Delta c \approx c$ ist, können wir auch schreiben

$$Ar = \frac{hg\,\Delta T}{c^2 T}\,.$$

Man nennt diese Kennzahl die Archimedes-Zahl Ar.

Eine einfache Frage läßt sich in diesem Zusammenhang leicht beantworten. Wie tief kann überhaupt ein Heißstrahl nach unten dringen. Diese Tiefe wird dadurch bestimmt sein, daß Auftrieb und Impulskraft gleich sind. Die Rechnung ergibt folgendes Resultat

$$\frac{h_{\max}}{d} = 1{,}63\sqrt{\frac{x_0}{d}\,\frac{1}{Ar}}\,; \qquad \frac{x_{\max}}{b} = 1{,}1\sqrt[3]{\frac{x_0}{b}}\sqrt[3]{\frac{1}{Ar^2}}$$

runder Strahl   ebener Strahl

(b Strahlenbreite; x_0 Kernlänge)

Auch der andere Extremfall, das Fallen oder Steigen eines horizontalen Luftstrahles unter dem Einfluß der Thermik, läßt sich berechnen, wenn gewisse einfache Annahmen gemacht werden. Dazu genügt die plausible Annahme, daß die Wärme im Strahl erhalten bleibt, d.h. daß die zugeführte Luft sofort auf eine mittlere Temperatur aufgeheizt wird. Dabei ergibt sich für diese mittlere Temperatur

$$\Delta T_{\mathrm m} = \Delta T_0\,\frac{3}{4}\,\frac{x_0}{x}\,; \qquad \Delta T_{\mathrm m} = \Delta T_0\sqrt{\frac{3}{4}\,\frac{x_0}{x}}$$

runder Strahl   ebener Strahl

$\Delta T_{\mathrm m}$ bedeutet die Temperaturdifferenz zwischen Strahlmitte und Umgebung der Stelle x, ΔT_0 gleiche Differenz an der Ausblasestelle.

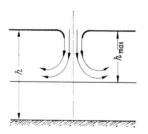

Abb. 9.29 Senkrechte Strömung eines
Luftstrahles in einem Raum

Abb. 9.30 Abfallen eines horizontalen
Luftstrahles

Für das Steigen oder Fallen eines horizontalen Strahles (Abb. 9.30) ergibt eine einfache Berechnung nach Regenscheit

$$y = \mathrm{d} \cdot 0{,}33\,m\,Ar_0\,(x/d)^3\,; \qquad y = b \cdot 0{,}4\sqrt{m}\,Ar_0\,(x/b)^{2{,}5}\,.$$

Ar_0 bezogen auf Düsenaustritt; m Turbulenzfaktor.

Nun ist die Archimedes-Zahl nicht allein für die Luftführung von oben nach unten und unten nach oben verwendbar, sondern besitzt allgemeinere Bedeutung.

So zeigt z. B. Abb. 9.31 die Verhältnisse bei Querbelüftung nach Versuchen von Linke[12]. Es konnte z. B. ein Raum von der Länge $L = 3H$ noch vollständig durchspült werden. Erst bei $Ar = 2800$ wurden nur noch 2/3 des Raumes ganz durchspült. Der kalte Teil der Belüftung fiel in den Raum. Bei einer noch höheren Ar-Zahl $= 3400$ wurde nur noch 1/3 des Raumes erfaßt.

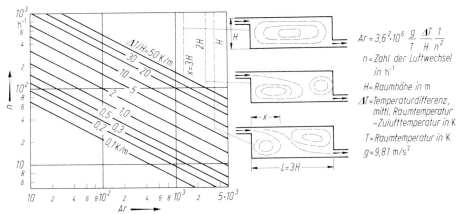

$$Ar = 3{,}6^2 \cdot 10^6 \, \frac{g}{T} \, \frac{\Delta T}{H} \, \frac{1}{n^2}$$

$n = $ Zahl der Luftwechsel in h^{-1}

$H = $ Raumhöhe in m

$\Delta T = $ Temperaturdifferenz, mittl. Raumtemperatur – Zulufttemperatur in K

$T = $ Raumtemperatur in K

$g = 9{,}81 \, m/s^2$

Abb. 9.31 Eindringtiefe in Abhängigkeit von der Archimedes-Zahl. (Nach Linke)

Die Ausführungen zeigen deutlich, daß bei der Belüftung von Räumen die Re-Zahl allein nicht ausschlaggebend ist. Der Ar-Zahl kommt eine entscheidende Bedeutung zu. Dies gilt für die Industrieklimatisierung ebenso wie für gesellschaftlich benutzte Räume. Man rechnet dabei heute schon mit Wärmebelastung von 500 W/m².

9.3.3 Grashof-Zahl

Das bisher betrachtete Zusammenspiel der thermischen Auftriebskraft mit den Trägheitskräften bedarf einer Ergänzung. Wird die Raumbewegung immer langsamer, so wird schließlich die Grenze erreicht, bei der Trägheitskräfte keine Rolle mehr spielen. Aerodynamisch wird das Geschehen durch reine Zähigkeitskräfte bestimmt, wie wir es bei einer Bewegung von zähen Flüssigkeiten, Öl u. dgl. kennen. In diesen Fällen ist für die Strömung das Verhältnis $\dfrac{\text{thermische Auftriebskraft}}{\text{Zähigkeitskraft}}$ maßgebend. Für dieses Verhältnis hat man die sog. Grashof-Zahl gewählt[13]

$$Gr = \frac{g\beta\Delta\vartheta l^3}{\nu^2}.$$

β thermischer Ausdehnungskoeffizient,
l typische Länge,
ν kinetische Zähigkeit,
$\Delta\vartheta$ charakteristische Temperaturdifferenz.

[12] Linke, W.: Lüftung von oben nach unten und umgekehrt. Gesund. Ing. 83 (1962) 121.

[13] Finkelstein, W.; Fitzner, K.; Moog, W.: Messungen von Raumluftgeschwindigkeiten in der Klimatechnik, Heiz. Lüft.-Haustech. Nr. 3 (1973).

Finkelstein, Fitzner u. Moog[13] haben darauf aufmerksam gemacht, daß bei Klimatisierung von großen Räumen tatsächlich so kleine Geschwindigkeiten auftreten, daß nur Zähigkeitskräfte wirken. Um Zugwirkungen zu vermeiden, müssen diese kleinen Geschwindigkeiten oft verwirklicht werden. Als Beispiel mag die Luftbewegung um einen menschlichen Körper betrachtet werden. Bei etwa 22 °C mittlerer Raumtemperatur ist die Differenz zur Temperatur des Menschen 14,5 bis 14,8 K. Dadurch wird eine natürliche Konvektionsströmung von unten nach oben erzeugt. Etwa 300 mm über dem Kopf ergibt sich dabei innerhalb der Meßzeit eine Geschwindigkeitsentwicklung gemäß Abb. 9.32 bzw. Abb. 9.33 in einem nicht klimatisierten Raum. Die Messung so kleiner Geschwindigkeiten unter 10 cm/s wurde erst durch die neuen Hitzedrahtmeßgeräte ermöglicht, deren Verwendung an einem Beispiel bereits in Bd. 1, Abb. 9.32, S. 236, gezeigt wurde. Finkelstein, Fitzner und Moog berichteten hierüber.

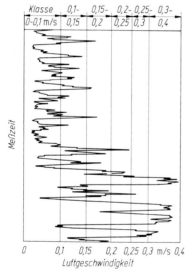

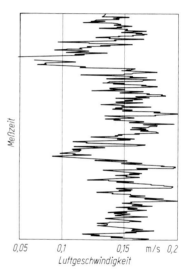

Abb. 9.32 Wiedergabe eines Zeitverlaufes der Raumluftgeschwindigkeit. (Nach Finkelstein, Fitzner und Moog)

Abb. 9.33 Natürliche Konvektion in einem nichtklimatisierten Raum in 300 mm Höhe über einer sitzenden Person – Raumtemperatur 22 °C. (Nach Finkelstein, Fitzner und Moog)

So ergibt sich die Situation, daß bei einer Klimatisierung Zonen auftreten, wo ein Übergang zwischen dem Einfluß der Zähigkeit und der Trägheitskraft stattfindet. Die Folge ist, daß in den Übergangszonen dauernd Änderungen von Richtung und Größe der Geschwindigkeit auftreten, wie dies deutlich aus den Abb. 9.32 und 9.33 hervorgeht. Die bisherige Aufteilung in laminare und turbulente Strömung erfährt hier eine beachtliche, bisher unbekannte Ergänzung. Wichtig ist

---

[14] Regenscheit, B.: Die Archimedes-Zahl. Kennzahl zur Beurteilung von Raumströmungen. Gesund. Ing. 91 (1970) 170 – 177.

dies für das Versuchswesen. Praktisch bedeutet dies, daß Versuche nur dann Sinn haben, wenn genau die Bedingungen der Wirklichkeit hergestellt werden; Modellversuche an verkleinerten Modellen sind daher vielfach ganz sinnlos. Erfahrungen können nur durch Beobachtungen und Messungen der Wirklichkeit gewonnen werden. Damit soll aber nicht gesagt sein, daß Modellversuche grundsätzlich sinnlos sind. Ist die Luftwechselzahl größer als $6/h$, so versagen selbst Untersuchungen im Maßstab 1:1. Trotzdem zeigt sich ein Ausweg: Wählt man nämlich ein Luftführungssystem von unten nach oben, so sind die Schwierigkeiten und Täuschungen bedeutend geringer, weil diese Luftführung immer stabil ist. Bei den Untersuchungen zeigt sich u.a. die Schwierigkeit, daß sich u.U. große Querwalzen bilden, die schwer zu ermitteln und zu messen sind.

Es bleibt somit die Empfehlung, die Modelle so groß wie möglich zu machen und eine Luftführung von unten nach oben anzustreben.

9.3.4 Schlußfolgerungen

Theoretisch erfaßbar ist z. B. nach Regenscheit[14] die Geschwindigkeitsabnahme in runden, vertikal strömenden Strahlen:

$$\frac{u}{u_0} = \frac{x_0}{x} \pm \sqrt{\frac{Ar}{m}\left[1 + \ln 2\,\frac{x}{x_0}\right]}$$

u	Strahlgeschwindigkeit in Strahlmitte,	x_0	Kernlänge $= d/m$,
u_0	Ausblasegeschwindigkeit,	d	Strahlendurchmesser,
x	Lauflänge des Strahles,	m	Mischzahl $(0,1 \ldots 0,3)$.

Zulässige Ar-Zahl bei richtiger Strömungsrichtung:

$$Ar = 3,6^2 \cdot 10^6 \frac{g}{T}\frac{\Delta T}{H}\frac{(1-\varepsilon)^2}{n^2}.$$

ΔT	Temperaturdifferenz Abluft−Zuluft,	n	stündlicher Luftwechsel,
T	mittlere Raumtemperatur,	ε	Versperrung der Bodenfläche.

Modellversuche von Linke. Während für einen Idealfall von Regenscheit gesicherte theoretische Grundlagen geschaffen wurden für die Abhängigkeit von Ar von dem Temperaturgefälle und der Lauflänge des Strahles, fehlte eine experimentelle Bestätigung. Einmal sind natürlich Versuche an naturgroßen Räumen sehr erwünscht, sie haben indes den Nachteil, daß grundlegende Zusammenhänge nur sehr schwer zu erkennen sind. Überdies kann man nötige Variationen kaum durchführen. Linke[15] hat nun grundlegende Modellversuche durchgeführt, die einigen Aufschluß gaben. Bei solchen Modellversuchen muß natürlich darauf geachtet werden, daß gleiche Archimedische Kennzahlen vorhanden sind. Dazu benutzte Linke einen würfelförmigen Modellraum von einer Größe von 0,41 m³. Insbesondere wurde dabei untersucht, bei welchen Bedingungen eine gleichmäßige Strömung von oben nach unten und von unten nach oben erreicht wurde. Dies führte zu folgendem Ergebnis. Eine gleichmäßige Strömung von unten nach oben —

---

[15] Linke, W.: Siehe Fußnote 12, S. 137.

die günstigste Methode — ist nur möglich bis zu $Ar_{max} = 360$, während bei einer Strömung von oben nach unten nur ein $Ar_{max} = 46$ erreicht werden kann.

Nun kann man die theoretischen Ergebnisse von Regenscheit mit Versuchswerten von Linke für die Grenzzahlen von Ar_{max} in einer einfachen Darstellung in Abhängigkeit von $\Delta T/H$ und n/h der stündlichen Luftwechselzahl darstellen. Dies zeigt Abb. 9.34. Es ergeben sich bei logarithmischer Darstellung zwei Geraden, die den Bereich oberhalb der Werte von Grenzzahlen von Ar_{max} anschaulich zeigen. Somit erhält man sehr klare Richtlinien für gleichmäßige Belüftung n von unten nach oben und umgekehrt.

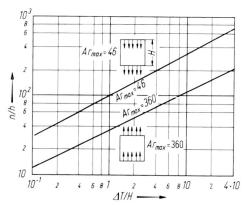

Abb. 9.34 Lüftungswechsel in der Stunde n/h in Abhängigkeit von $\Delta T/H$ für die Grenzwerte von Ar bei Lüftung von oben nach unten und von unten nach oben gemäß Versuchen von Linke und Regenscheit

Auch für die horizontale Belüftung wurden von Linke Modellversuche durchgeführt. Diese Ergebnisse sind in Abb. 9.35 für drei Fälle von Ar-Zahlen dargestellt. Es handelt sich um Modelle, deren Länge dreimal größer ist als die Höhe. Bei $Ar = 3400$ wird nur 1/3 des Raumes belüftet. Der übrige Teil ist verwirbelt, während bei $Ar = 2800$ 2/3 des Raumes belüftet werden. Erst bei $Ar = 1300$ kann eine ganze Belüftung des Raumes bei dieser Querbelüftung erreicht werden. Die sich dabei ergebenden Strömungen sind schematisch eingezeichnet.

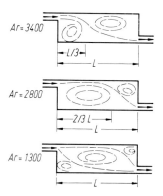

Abb. 9.35 Querbelüftung für verschiedene Ar-Werte mit schematischer Darstellung der Durchströmung. (Nach Linke)

Eine gute Übersicht über die Dimensionierung von Luftführungssystemen stammt von Moog[16].

Aus dieser dem gegenwärtigen Entwicklungsstand der Klimatisierung entsprechenden Studie seien die folgenden Schlußfolgerungen erwähnt:

1. Luftwechselzahlen werden immer auf die Ausblasebene der Luftauslässe bezogen.

2. Bei der Bestimmung von Luftwechselzahlen muß man grundsätzlich — falls mehrere Auslässe in einem Raumbereich installiert werden sollen — die Raumzone zwischen zwei Luftauslässen heranziehen.

3. Der Luftvolumenstrom je Auslaß soll bei normalen Raumhöhen zwischen 2,7 und 3,5 m den Betrag von 250 m³/h nicht übersteigen, da sonst die Induktionsbewegungen unter den Auslässen zu Zugerscheinungen führen.

4. Bei diffusen Luftführungssystemen ergibt sich zwischen dem minimalen Abstand der Luftauslässe (Teilung) und der Raumhöhe der in Abb. 9.36 gezeigte Zusammenhang.

5. Ebenfalls gilt nur für diffuse Luftführungssysteme der in Abb. 9.37 dargelegte Zusammenhang zwischen Raumhöhe und optimalem Einzelstrahlimpuls sowie dem optimalen Volumenstrom je laufenden Meter Luftauslaß (gültig nur für lineare Auslaßformen).

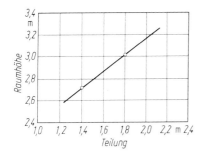

Abb. 9.36 Zusammenhang zwischen Raumhöhe und minimaler Teilung der Luftauslässe. (Nach Moog)

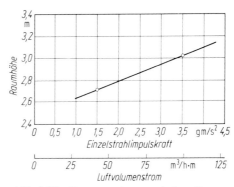

Abb. 9.37 Zusammenhang zwischen Raumhöhe, Einzelstrahlimpuls und Luftvolumenstrom je Meter Luftauslaß

6. Versetzte Auslaßanordnungen sollten unbedingt vermieden werden.

7. Variable Volumenstromsysteme ohne Impulsanpassung (Impulsregelung) mindern häufig den Komfort, da bei Teillastbetrieb und bei großer Temperaturdifferenz zwischen Raumluft und Zuluft der Strahlimpuls zu gering wird.

8. Nur wenn das Regelverhalten der Zuluft dem dynamischen Verhalten des Raumes sachgemäß angepaßt ist, kann ein Luftführungssystem zufriedenstellend arbeiten.

[16] Moog, W.: Dimensionierung von Luftführungssystemen. Fortschritt-Ber. VDIZ. Reihe 6, Nr. 48 (1977).

9.3.5 Praktische Ausführungen

An einigen praktischen Ausführungsformen sollen die wesentlichen Gesichtspunkte gezeigt werden[17].

Abbildung 9.38 zeigt zunächst schematisch eine Hörsaalklimatisierung sowie den apparativen Aufwand, der grundsätzlich bei einer modernen Klimatisierung notwendig ist. Es handelt sich bei der Darstellung um die beste Methode der Belüftung von unten nach oben. Bei hohen Ansprüchen, z.B. Hörsälen, Theater usw. ist anzustreben, daß die Frischluft möglichst nahe in Kopfhöhe eintritt. Dies wird z.B. bei Abb. 9.39 durch Einführung der Luft längs der Pultkante erreicht, wobei gemäß der Ausführung der Fa. Sulzer[18] noch Sekundärluft S eingeführt wird. Freundlicherweise stellte mir die Fa. Sulzer diese Abb. 9.39 für die Widergabe zur Verfügung.

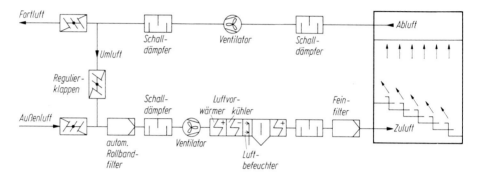

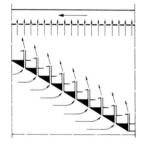

Abb. 9.38   Hörsaalklimatisierung. (Nach Fa. Krantz, Aachen)

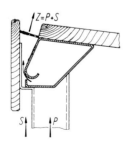

Abb. 9.39   Schema der Luftzufuhr längs Pultkante. (Nach Gebr. Sulzer, Winterthur) P Primärluft, S Sekundärluft, Z Zuluft (Mischung von P und S)

---

[17] Freundlicherweise stellte mir die Fa. Krantz, Aachen, umfangreiches Material mit vielen betriebseigenen Veröffentlichungen zur Verfügung.
[18] Gesund. Ing. H. 8 (1971) 226 (Bild 3).

Eine wichtige Aufgabe besteht bei allen Klimatisierungen in der gleichmäßigen Zufuhr der Frischluft. Es muß verhindert werden, daß hier Zugbelästigungen entstehen. Je nach dem Benutzungszweck der Räume ergeben sich dabei verschieden hohe Ansprüche, die z.B. bei Räumen mit sitzenden Personen, wie z.B. bei Abb. 9.38, besonders hoch sind. Anders ist die Situation bei Fabrikationsräumen und dgl., wo die anwesenden Personen entweder arbeiten oder sich irgendwie in Bewegung finden.

Die folgenden Beispiele zeigen Lösungsvorschläge nach Krantz. So zeigt z.B. Abb. 9.40 die Luftverteilung bei einer Textilfabrik. Oben wird die Luft in kleinen Abständen voneinander zugeführt, während am Boden die Abführung erfolgt. Die Pfeile zeigen die Gesamtströmung an. Bei Sheddachkonstruktionen bietet sich eine gute Ausnutzung der Bauart gemäß Abb. 9.41 an bei einer Luftführung von oben nach unten.

Besonders einfach ergibt sich eine Anordnung nach Abb. 9.42, wo die Luft oben ausströmt und nach oben zurückgeführt wird durch einen sog. Wirbelauslaß. Interessant ist auch nach Abb. 9.43 eine Strömung von unten nach oben mit unteren Drallauslässen.

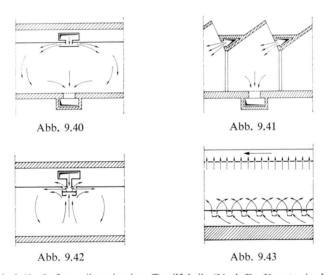

Abb. 9.40   Abb. 9.41

Abb. 9.42   Abb. 9.43

Abb. 9.40 Luftverteilung in einer Textilfabrik. (Nach Fa. Krantz, Aachen)
Abb. 9.41 Luftverteilung bei Sheddachkonstruktion. (Nach Fa. Krantz, Aachen)
Abb. 9.42 Wirbelauslaß-Prinzip der Fa. Krantz, Aachen
Abb. 9.43 Luftverteilung von unten nach oben mit Drallauslässen. (Nach Fa. Krantz, Aachen)

Besondere Drallauslässe sind besonders geeignet, um eine gute Luftverteilung zu erzwingen. Ein weiteres Beispiel zeigt noch eine Ausführung für Deckenauslaß nach Abb. 9.44.

Eine weitere Ausführung der Luftverteilung von oben nach oben zeigt Abb .9.45. Bei diesen Anordnungen ist der bauliche Aufwand relativ gering. Bei vielen Werkstätten und dgl. genügen solche Ausführungen.

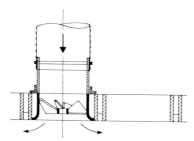

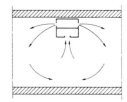

Abb. 9.44   Decken-Drallauslaß der Fa. Krantz,   Abb. 9.45   Luftverteilung von oben
            Aachen   nach oben. (Nach Fa. Krantz, Aachen)

Schrifttum zu Abschnitt 9.3

Becher, P.: Luftstrahlen aus Ventilationsöffnungen. Gesund. Ing. 71 (1950) 139.

Berger, K.; Loeschke, H. H.; Schläfke, M. E.: Der Einfluß neuer Klimatisierungssysteme in Hörsälen auf den Menschen. Inf. Z. Angew. Physiol. 29 (1971) 131–158.

Brandi-Report: Informationszeitschrift der Brandi-Ingenieure GmbH. (1976) 22.

Brockmeyer, H.: Neuzeitliche Anlagensysteme unter dem Gesichtspunkt eines reduzierten Energieeinsatzes. Firmenschrift der Fa. Kessler und Luch. Gießen 1976.

Conrad, O.: Untersuchung über das Verhalten zweier gegeneinander strömenden Wandstrahlen. Gesund. Ing. 93, H. 10.

Detzer, R.: Beitrag über das Verhalten runder Luftstrahlen. Klima + Kälte Ing. 1, H. 4 (1973).

Fanger, P. O.: Die praktische Anwendung der Behaglichkeitsgleichung. Klima + Kälte Ing. 11 (1973) 29–32.

Graf, W.: Hörsaalklimatisierung. Wirtschaftlichkeitsberechnung. Sonderdruck d. Fa. H. Krantz GmbH & Co., Luft- u. Wärmetechnik, Aachen.

Johannis, G.: Strömungs- und Temperaturverhältnisse in Räumen mit Lüftungsdecken. Gesund. Ing. 89, H. 7/8 (1968).

Kostrz-Szeberenyi, S.: Lufteinführung bei der Klimatisierung von EDV-Anlagen. Tech. Rundsch. Sulzer 4 (1976) 158–162.

Lenz, H.; Rankoczy, T.: Voraussetzungen für den wirtschaftlichen Betrieb von Klimaanlagen. Heiz. Lüft. Haustech. 11 (1975) 384-392.

Linke, W.: Strömungsvorgänge in zwangsbelüfteten Räumen. VDI-Ber. 21 (1957).

–: Lüftung von oben nach unten und umgekehrt. Gesund. Ing. 83 (1962) 121.

Lüftungsversuche mit besonderer Frischluftzuführung für jeden einzelnen Schüler in einem Schulsaal. Gesund. Ing. 35 (1912) 794/95.

Masuch, J.: Energieverbrauchsberechnungen für Klimaanlagen. Heiz. Lüft. Haustech. 28 (1977) 165–172.

Moog, W.: Dimensionierung von Luftführungssystemen. Fortschritt-Ber. VDI Z. Reihe 6, Nr. 48 (1977) .

Nemecek, J.; Wanner, H. U.; Grandjean, E.: Physiologische Untersuchungen im Versuchsauditorium der ETH Zürich. Gesund. Ing. 92 (1971) 232–237.

Regenscheit, B.: Strömungsvorgänge in Rheinräumesn und Räumen mit Rheinfeldern. Chem. Ing. Tech. 19 (1969) 1050.

–: Die Archimedes-Zahl, Kennzahl zur Beurteilung von Raumströmungen. Gesund. Ing. 91 (1970) 170–177.

–: Die Luftbewegung in klimatisierten Räumen. Kältetechnik 11 (1959) 3–11.

–: Beitrag zur isothermen Lochdecken- und Lochplatten-Strömung. Gesund. Ing. 93 (1972) 211.

–: Die Berechnung von radial strömenden Frei- und Wandstrahlen, sowie Rechteckstrahlen. Gesund. Ing. 92 (1971) 193.

–: Einfluß der Reynolds-Zahl auf die Geschwindigkeitsabnahme turbulenter Freistrahlen. Heiz. Lüft. Haustech. (1976) 122.

Reichardt, H.: Turbulente Strahlausbreitung in gleichgerichteter Grundströmung. Forsch. Geb. Ingenieurwes. 30, Nr. 5 (1964).

Roeder, H.: Das Verhalten ebener Luftstrahlen, die an einer Wand abgelenkt werden. Hausber. d. Fa. H. Krantz GmbH & Co., Luft- u. Wärmetechnik, Aachen. E, Nr. 2736 (1967).

Sodec, F.: Luftführung von unten nach oben mit Boden-Drallauslässen. Seminar über Lüftungs- und Klimatechnik in Liegenschaften der Bundeswehr. Der Bundesminister der Verteidigung. Referat U III 3, 1976.

Sprenger, H.: Experimentelle Strömungsuntersuchungen im Versuchsauditorium der ETH Zürich. Gesund. Ing. 92 (1971) 225−231.

Townsend, A. A.: The Structure of Turbulent Flow. Cambridge University Press 1956.

Urbach, D.: Modelluntersuchungen zur Strahllüftung. Diss. RWTH Aachen 1971.

Warmluft in Schreibtischhöhe. VDI-Nachrichten, Nr. 16 vom 23. April 1976.

10 Zyklone, Hydrozyklone, Sonderbauarten

10.1 Zyklone

Die Abscheidung von Staub aus strömenden Gasen oder Luft ist eine bedeutende Aufgabe in der Industrie. Die Bewegung von Festteilchen in einer Wirbelsenke ist die Grundlage für die Wirkung von Zyklonen und ähnlichen Bauarten. Wie bereits in Bd. 1 beschrieben, nimmt dabei die Umfangsgeschwindigkeit nach dem Drallsatz $c_u r = c_{ui} r_i$ nach innen zu. Mitrotierende Teilchen erfahren eine Zentrifugalkraft und drängen die Teilchen nach außen. Der Zentrifugalkraft wirken Widerstandskräfte entgegen. Es gibt so einen Radius, bei dem die Zentrifugalkraft gleich der Widerstandskraft ist. Ein Teilchen bestimmter Größe bzw. Schwebegeschwindigkeit wird dann dauernd kreisen, während größere Teilchen nach außen wandern und abgeschieden werden. Nach Bd. 1 ist dieser Radius

$$r_i = d \sqrt{\frac{c_u r_{\varrho_K}}{18 \, \eta \, \tan \alpha}} \; .$$

Der Gehäusedurchmesser ist durchweg zwei- bis dreimal größer als der Tauchrohrdurchmesser, während die Höhe des Abscheiders etwa das 10- bis 15fache des Tauchrohrradius beträgt. Der dabei entstehende Druckverlust ist 15 bis 25 mal größer als der Staudruck der Einttritsgeschwindigkeit.

Die bei dem Vorgang auftretende große Ausscheidung wird durch das Eintauchen der Staubteilchen in ein zentrifugales Kraftfeld erreicht.

Die Schwebegeschwindigkeit eines Teilchens mit dem Durchmesser d_s, der Wichte ϱ_s und der Luftwichte ϱ_L ist

$$w_s = \frac{(\varrho_s - \varrho_L) g \, d_s^2}{18 \, \eta} \; .$$

Zum Beispiel ist bei $d_s = 8 \, \mu\text{m}$ die Schwebegeschwindigkeit $w_s = 5,4$ mm/s. Bei einer Umfangsgeschwindigkeit der Luft von 18 m/s ist das Verhältnis des zentrifugalen Kraftfeldes zur Erdbeschleunigung $(u^2 r)/g = 66,3$ bei einem Zyklondurchmesser von 1 m. So entsteht eine dynamische Sinkgeschwindigkeit $w_s = 66,3 \cdot 0,0054 = 0,358$ m/s. Dies zeigt deutlich die Zyklonwirkung gegenüber dem freien Fall. Abbildung 10.1 veranschaulicht, daß die Strömung im Zyklon wesentlich verschieden ist von den obigen Annahmen. Bei Versuchen mit Kohlenstaubzyklonen hat Verfasser diese Bewegung in etwa nachgezeichnet. Auffällig ist, daß der Staub sich in Strähnen an der Wand zur Abscheidekammer hin bewegt, während daneben sowohl an den Wänden als auch innen Sekundärströmungen beobachtet werden. Teilchen, die bereits entlang den Wänden fast unten sind, werden von den mit großer Geschwindigkeit zur Wand strömenden Teilchen verdrängt und gelangen wieder in den Gasstrom. Grenzschichtströmungen an den Wänden und den Seiten machen das Gesamtbild noch komplizierter.

Zunächst wird man bei einer Wirbelsenke ein Grenzkorn d_{pG} angeben können, welches gerade noch abgeschieden wird, während alle kleineren Körner in den Reingasstrom mitgerissen werden. Wird nun der Entstaubungsgrad φ, d.h. das Verhältnis der abgeschiedenen Staubmasse zur zugeführten Staubmasse in Abhängigkeit vom Korndurchmesser aufgetragen, so ergibt sich für jeden Entstaubungsgrad ein konstanter Korndurchmesser d_{pG}. (Kurve a in Abb. 10.2). In Wirklichkeit entsteht eine Übergangskurve b, die nicht exakt bestimmbar ist, eine Folge der turbulenten Bewegung nach Abb. 10.1.

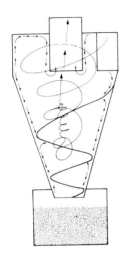

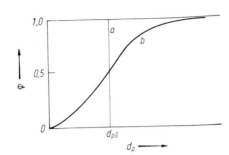

Abb. 10.2 Entstaubungsgrad in Abhängigkeit
vom Korndurchmesser

Abb. 10.1 Strömung in einem Zyklon

Um nun zunächst einen anschaulichen Überblick zu erhalten, folgen wir einer äußerst anschaulichen Gesamtdarstellung von Barth[1]: Durch systematische Versuche konnte Barth die Zusammenhänge zwischen Abscheideleistung, Anlagekosten, Kraftbedarf und Betriebskosten klären. Eine Abscheidegröße B wurde als Maß eingeführt, während für den Druckverlust ein Druckverlustkoeffizient ξ_d eingeführt wurde gemäß folgenden Formeln:

$$B = \frac{w_f v_d}{2 r_a g} = \frac{1}{4} \left(\frac{v_d}{u_i} \right)^2 \frac{r_a}{h} \ ; \qquad \xi_d = \frac{\Delta p}{\varrho / 2 \ v_d^2} \ .$$

v_d mittlere Geschwindigkeit, bezogen auf die Stirnfläche des Abscheiders,
u_i mittlere Umfangsgeschwindigkeit auf der Mantelfläche eines gedachten Zylinders vom Durchmesser $2 r_i$,
u_a mittlere Umfangsgeschwindigkeit am Zyklonabscheidermantel nach dem Eintrittsquerschnitt,
$2 r_a$ Außendurchmesser des Abscheiders,
$2 r_i$ Durchmesser am Tauchrohreintritt des Abscheiders,
g Fallbeschleunigung,
w_f Sinkgeschwindigkeit des Grenzkorns.

[1] Barth, W.: Rauchgasentstaubung. Brennst. Wärme Kraft 16, Nr. 4 (1964).

Abbildung 10.3 zeigt eine anschauliche Zusammenstellung dieser Werte für die Haupttypen der verwendeten Abscheider. Danach sind z. B. die Unterschiede der Abscheideleistung zwischen den besten und schlechtesten Typen (axialer Drallerzeugung) wie 100:1. Deutlich erkennt man hier die geringe Leistung von axialen Bauarten. Erkauft wird dies jedoch mit größerem Druckverlust, der bei axialer Bauart 100mal kleiner ist.

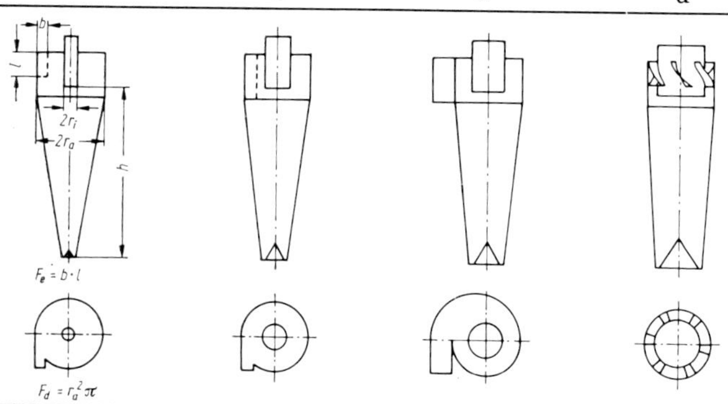

		Bauart		
	a	b	c	d
Durchfluß	sehr klein	normal	normal	sehr groß
Verwendungszweck	Abscheidung von Festteilchen aus Flüssigkeiten (Hydrozyklon)	Gichtgasreinigung, Reinigung der Abgase von Zementwerken, Sinteranlagen u. dgl.	Reinigung der Abgase von Zementwerken, Sinteranlagen, Rauchgasentstaubung u.dgl.	Rauchgasentstaubung u. dgl.
Geometrische Abmessungen $(h/r_a = 5)$ r_a/r_i	5,20	2,60	2,00	$\sqrt{2} \approx 1,42$
$F_e\,F/d$	0,060	0,170	—	—
Betriebsverhältnisse u_a/v_d	16,00	5,60	3,72	1,63
ξ_d	5175	625	197	45
B	$6,02 \cdot 10^{-5}$	$3,61 \cdot 10^{-4}$	$1,06 \cdot 10^{-3}$	$5,95 \cdot 10^{-3}$

Abb. 10.3 Charakteristische Abscheidebauarten. (Nach Barth)

Abbildung 10.4 zeigt nach Barth den Zusammenhang zwischen der Abscheidezahl B und dem Druckverlustbeiwert ξ_d bei Zyklonabscheidern. Um die oben erwähnte Wiederaufwirbelung des abgeschiedenen Staubes zu vermeiden, soll eine Froude-Zahl

$$Fr = \frac{v_d}{\sqrt{2\,r_a g}}$$

von rd. 1,4 nicht überschritten werden. Für die Gesamtbeurteilung ist nun folgende Beobachtung von besonderer Bedeutung. So konnte von Muschelknautz und Brunner[2] festgestellt werden, daß ca. 96 % des Staubes sofort beim Eintritt in den Zyklon abgeschieden wird, so daß für den übrigen Teil des Zyklons nur noch eine Abscheidung von nur 4 % in Frage kommt.

---

[2] Muschelknautz, E.; Brunner, K.: Untersuchungen an Zyklonen. Chem. Ing. Tech. 39 (1967) 531−538.

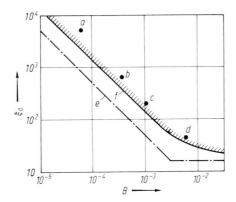

Abb. 10.4 Zusammenhang zwischen der Abscheidekennzahl B und dem Druckverlustbeiwert ξ_d von Zyklonabscheidern. (Nach Barth) a bis d Bauarten nach Abb. 10.3; e theoretisch mögliche Werte für $h/r_a < 5$; f praktisch erreichbare Werte für $h/r_a < 5$

Hinzu kommt noch folgende Beobachtung. Insbesondere die Strähnenbildung begünstigt die Zusammenballung von Teilchen zu größeren Klumpen, die dann besonders leicht abgeschieden werden können, während umgekehrt, wie schon erwähnt, auf die Wand treffende Teilchen die sich dort befindlichen Staubteilchen wieder in den Gasstrom befördern. Es ist verwunderlich, daß trotz dieser Situation ziemlich genaue Angaben gemacht werden konnten.

Wichtig für die Anwendung ist noch die mögliche größte Grenzbeladung des Zyklons μ_φ. Muschelknautz und Brunner ermittelten aus Experimenten die empirische Gleichung

$$\mu_\varphi = \frac{0,1}{(d_{p50}/d_{p\varphi})^{1,5}},$$

worin d_{p50} der Korndurchmesser jener Staubfraktion ist, die einen Rückstand von 50 % aufweist. Ist die Staubbeladung des eintretenden Rohgases μ größer als die Grenzbelastung μ_G, dann wird bei Eintritt in den Zyklon der Anteil

$$\frac{\mu - \mu_\varphi}{\mu} 100 = \left(1 - \frac{\mu_\varphi}{\mu}\right) 100$$

sofort abgeschieden. Nur der verbleibende Rest $100\, \mu_\varphi/\mu$ unterliegt den obigen Gesetzen.

Von Brauer[3] stammt eine anschauliche Gesamtübersicht über die in der Praxis gebrauchten Entstauber, welche in Abb. 10.5 dargestellt ist. Vom Drallabscheider, Zyklonen jeder Art bis zum Elektrofilter und Stofffilter sind die Gesamtentstaubungsgrade in Abhängigkeit vom Korndurchmesser d_p (μm) zu erkennen. Der Praktiker erhält so einen guten Überblick.

[3] Brauer, H.: Grundlagen der Einphasen- u. Mehrphasenströmungen. Sauerländer, Aarau, 1971, S. 640.

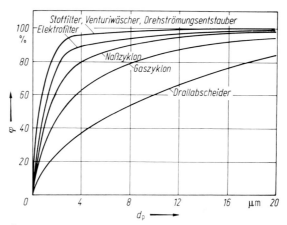

Abb. 10.5   Übersicht über die in der Praxis gebrauchten Entstauber. (Nach Brauer)

Auch sei darauf hingewiesen, daß Kassatkin[4] und Kriegel[5] versuchten, den Abscheidegrad und die Widerstandszahl in Abhängigkeit von maßgebenden Kennzahlen darzustellen. Dabei werden die beiden Kennzahlen der Froude-Zahl *Fr* sowie die Stokessche Kennzahl *St* benötigt.

10.2   Hydrozyklone

Besondere Bauarten sind nötig, wenn in Flüssigkeiten Partikel abgeschieden werden müssen. Dies kommt daher, weil bei Luft und Gasen das Verhältnis der Dichten von Luft/Gas/Staubdichte sich wie etwa 1:2000 verhalten, während bei Wasser zu Festpartikeln ein Verhältnis 1:2 vorhanden ist. So wird die Abscheidung grundsätzlich ungleich schwieriger. Hinzu kommt, daß sich im Inneren gemäß Abb. 10.6 ein Gasschlauch bildet. Als beste Bauform haben sich sehr lange und schlanke gemäß Abb. 10.6 bewährt. Nach Rietema[6] sind folgende Bestwerte zu wählen:

Bezogene Höhe	$H/D = 5$,
bezogener Einlaufdurchmesser	$d_e/D = 0,28$,
bezogener Oberlaufdurchmesser	$h/D = 0,34$,
bezogene Tauchrohrhöhe	$h_i/D = 0,4$.

---

[4] Kassatkin, A. F. in: Chemische Verfahrenstechnik, 2. Aufl., Bd. 1. Berlin: VEB Verlag Technik 1958.

[5] Kriegel, E.: Modelluntersuchungen an Zyklonabscheidern. Tech. Mitt. Krupp. Forsch. Ber. 25 (1967) 21—36.

[6] Rietema, K.: Performance and Design of Hydrocyclones. Chem. Eng. Sci. 15 (1961) Part I: 298—302; Part II: 303—309; Part III: 310—319, Part IV: 320—325.

10.3 Sonderbauarten von Hydrozyklonen und anderen Geräten

Besondere Aufgaben der Verfahrenstechnik führten zu interessanten Sonderbauten von Hydrozyklonen. Sowohl in der Mineralaufbereitung als auch zur Behandlung chemischer Vor- und Zwischenprodukte entstanden besondere Bauarten. Voreindickung, Rückgewinnung, sowie Fraktionierung nach Korngröße und Dichte (Sortierung) kennzeichnen besondere Einsatzbereiche. Die Sortierung unter Zuhilfenahme von Schwertrüben erwähnt werden.

Die bisherige Formgebung der Hydrozyklone mußte sich diesen Besonderheiten anpassen. So entstanden z. B. zylindrische Zyklone mit flachem Boden und aufgestautem rotierendem Schlammbett. Hierdurch wird z. B. eine Fraktionierung nach der Korngröße und Dichtesortierung (ohne Schwertrübe) selbst in größerem Körnungsbereich in hohen Trennschärfen möglich.

Wesentlich höhere Werkstoffanreicherungen werden z. B. im Zylinderzyklon mit stationär angestautem Schlammbett so erreicht. Die Funktion eines Schlammbettes beruht auf Konvektionsströmen in der vertikalen Schnittebene (Abb. 10.7). Prof. Trawinski stellte mir freundlicherweise diesbezügliche Arbeiten sowie die Abb. 10.7 zur Verfügung[7].

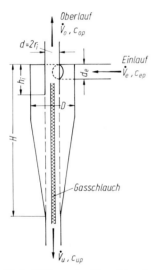

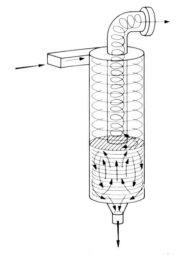

Abb. 10.6 Bildung des Gasschlauches. (Nach Brauer)

Abb. 10.7 Konvektionsströmungen im zylindrischen Hydrozyklon. (Nach Trawinski)

Die Konvektionsströmungen im zylindrischen Hydrozyklon nach Trawinski veranschaulicht diese Abbildung. Konvektionsströmungen werden dadurch ausgelöst, daß an der oberen Grenzfläche von der darüber zirkulierenden Suspension Drallenergie zugeführt wird, welche die obere Schlammzone in Rotation hält. Nach unten nimmt der Drall infolge der unteren Bodenreibung ab. So ergeben sich große Zentrifugalkräfte oben und verminderte im unteren Teil. Dies führt dann zu einer vertikal abwärts gerichteten Wandströmung sowie zu einer aufsteigenden Konvektion in der Kernzone, ein Vorgang, den Trawinski „Teetassen-Effekt" benennt. Die dadurch bedingte radial nach innen gerichtete Bodenströmung ermöglicht den Schlammaustrag, und die Strömungsumkehr zur Aufwärtsbewegung oberhalb der Austragdüse vermindert die Verstopfungsgefahr. Hinzu kommt, daß diese Konvektion im Schlammbett die Anreicherung des Grobkornes sowie der schweren Mineralkomponenten in Wand- und Bodennähe und deren bevorzugten Austrag durch die Unterlaufdüse begünstigt.

Da die Abscheidung von Zyklonen bei kleinen Abmessungen besser wird, liegt der Gedanke nahe, mehrere Zyklone kleinerer Größe parallel zu schalten. Die spezifische Staubbelastung der Abscheidefläche — und damit der Verschleiß — wird kleiner, da die Abscheidefläche auf eine mehrfach größere Fläche verteilt wird. Trotzdem beansprucht ein solcher Multizyklon nach Lurgi (Abb. 10.8) weniger Platz. Je nach Körnung können Entstaubungsgrade von 70 bis 98 % erreicht werden bei einem Druckverlust von 200 bis 600 Pa ($\approx$ 20 bis 60 mm WS). Die untere Grenze der wirkungsvoll abscheidbaren Körnung liegt je nach Staubart bei 5 bis 10 μm.

Venturi-Wäscher. Ein Venturi-Wäscher, z. B. nach Lurgi (Abb. 10.9), besteht aus einem Rohr, welches am Eintritt konisch verengt wird, um sich anschließend diffusorartig zu erweitern. Im Eintritt wird durch eine Düse die Wasch- oder Reaktionsflüssigkeit zugeführt. So entsteht eine innige Verwirbelung von Waschflüssigkeit, Staub und Gas. Am Ende des Diffusors wird das benetzte Gemisch durch Leitschaufeln in einen Tropfabscheider geführt, wobei in einem größeren Gehäuse der mit Wasser benetzte Staub abfließt, während in der Mitte das gereinigte Gas weitergeleitet wird. Die Wäscher arbeiten mit relativ geringen Gasgeschwindigkeiten in der Waschzone.

Glasgewebefilter. Der Vollständigkeit halber sei noch auf eine gute Möglichkeit der Filterung verwiesen. Es handelt sich um Glasgewebefilter. Dabei strömt das staubhaltige Gas durch Glasfaserschläuche. Abb. 10.10 zeigt eine Ausführung von Lurgi. Die Glasfasern sind zur Erhöhung der Festigkeit silikonisiert. Durch die glatte Oberfläche kann der Staub ohne Abklopfen entfernt werden. Der Filterkuchen wird durch Reingas, das im Gegenstrom geführt wird, ausgespült. Gegenüber der mechanischen Abreinigung der Filterschläuche wird die Lebensdauer des Glasgewebefilters erheblich verlängert.

Untere Grenzen der Abscheidungen bei den verschiedenen Bauarten. Nachfolgend mögen die unteren Grenzen des feinsten Kornes angegeben werden, die bei den jeweiligen Abscheidern erreicht werden können:

Zyklone $>$15 (μm),
Zyklon-Naßwäscher $>$1,5 (μm),
Venturi-Naßwäscher $>$0,015 (μm).

Danach kann man die unteren Unterschiede jeweils um das 10fache angeben.

Laminare keimfreie Belüftung. Ein ganz neues Kapitel der Klimatisierung und Entstaubung ergibt sich bei vielen Operationen. Normale Klimatisierung genügt hier nicht mehr. Die Mediziner haben festgestellt, daß ein Bakterium, welches grundsätzlich an einem Staubartikel gebunden ist, innerhalb von 2 min jeden be-

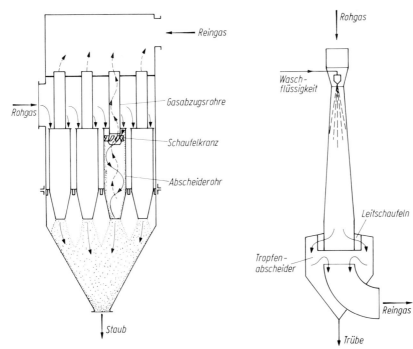

Abb. 10.8   Multizyklon der Fa. Lurgi

Abb. 10.9   Venturi-Wäscher.
(Nach Fa. Lurgi)

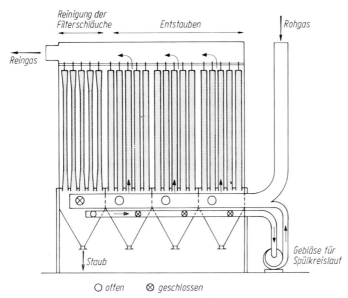

○ offen   ⊗ geschlossen

Abb. 10.10   Glasfasergewebefilter der Fa. Lurgi

liebigen Ort in einem OP-Saal erreichen kann. Bei eingehenden Untersuchungen wurde in einem herkömmlichen OP-Saal bei Wundschluß nach größeren Eingriffen eine Kontamination Eitererregern in 50% der Fälle nachgewiesen. Nur durch laminare keimfreie Luft ist diese Gefahr zu bannen. Das bedeutet, daß die keimfreie Luft durch besondere Filter eingeführt werden muß, weil sonst eine laminare Raumströmung nicht zu erreichen ist. Jede Turbulenz ist hier zu vermeiden.

Zum Beispiel wurde an der Universitätsklinik Göttingen eine Schwebestoff-Luftfilterwand eingebaut, die sich über die gesamte Raumbreite und -höhe erstreckt. Verschiedentlich werden auch Elektretfilter verwendet. Die Filter bestehen meist aus sehr feinen Glasfasern von 0,8 bis 1,5 μm. Diese werden zu einem papierartigen Faservlies verdichtet. Damit werden Abscheidegrade von 99,99% erreicht.

Die tatsächliche Wirkung von Staubsaugerdüsen. Obschon seit langer Zeit fast jeder Haushalt mit einem Staubsauger arbeitet, sind wir immer noch nicht darüber orientiert, wie weit die Wirkung einer Staubsaugerdüse auf einem Teppich reicht. Erstmalig hat die Fa. Vorwerk (Wuppertal) überzeugende Versuche durchgeführt. Dazu wurde gemäß der Versuchsanordnung nach Abb. 10.11 in einem senkrecht abgesonderten Schacht die senkrecht einströmende Luft durch ein modernes Hitzdrahtinstrument gemessen. Dabei wurde der Abstand zur Staubsaugerdüse systematisch geändert. Abbildung 10.12 zeigt das Ergebnis. Es ist bemerkenswert, daß eine wirksame Absaugung nur im Bereich von ca. 10 mm von der Düse entfernt stattfindet; diese Tatsache war bisher unbekannt.

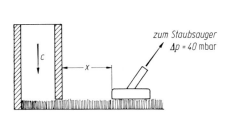

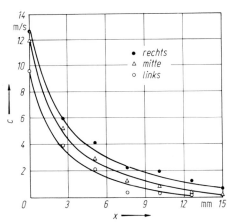

Abb. 10.11 Versuchsanordnung bei Wirkungs-
messung einer Staubsaugerdüse

Abb. 10.12 Saugwirkung einer Staubsaugerdüse

Schrifttum zu Kapitel 10

Barth, W.: Entwicklungslinien der Entstaubungstechnik. Staub 21 (1961) 382—390.
—: Grenzen und Möglichkeiten der mechanischen Entstaubung. Staub 23 (1963) 176—180.
—: Berechnung und Auslegung von Zyklonabscheidern auf Grund neuerer Untersuchungen. Brennst. Wärme Kraft 8 (1956) 1—9.
Bednarski, S.: Vergleich der Methoden zur Berechnung von Hydrozyklonen. Chem. Tech. 20 (1968) 12—18.
—: Anwendung der Hydrozyklone in verschiedenen Verfahren. Chem. Tech. 20 (1968) 673—677

Bradley, D.: The Hydrocyclone. Oxford: Pergamon Press. 1965.

Van Ebbenhorst Tenbergen, H. J.: Vergleichsuntersuchungen an Zyklonen. Staub 15 (1965) 486−490.

Kassatkin, A. F. in: Chemische Verfahrenstechnik. 2. Aufl., Bd. 1, Berlin: VEB-Verlag Technik 1958.

Kelsall, D. F.: A study of the Motion of Solid Particles in a Hydraulic Cyclone. Trans. Inst.Chem. Eng. 87 (1952) 30, 108.

−: A Further Study of the Hydraulic Cyclone. Chem. Eng. Sci. 2 (1953) 254−272.

Kriegel, E.: Modelluntersuchungen an Zyklonabscheidern. Tech. Mitt. Krupp Forsch. Ber. 25 (1967) 21−36.

−: Einfluß der Staubbeladung auf den Durchsatz und Druckverlust von Zyklonabscheidern. Aufbereit. Tech. 9 (1958) 1−8.

Krijgsman, C.: Versuchs- und Betriebsergebnisse mit Hydrozyklonen. Chem. Ing. Tech. 23 (1951) 540−542.

ter Linden, A. J.: Untersuchungen an Zyklonabscheidern. TIZ−ZBI (Tonindustrie-Ztg.) 77 (1953) 49−55.

Muschelknautz, E.: Untersuchungen an Fliehkraftabscheidern; Chem. Ing. Tech. 39 (1967) 306−310.

−; Brunner, K.: Untersuchungen an Zyklonen. Chem. Ing. Tech. 39 (1967) 531−538.

Nagel, R.: Klassifizierung der Windsichter, Staub Reinhalt. Luft 28 (1968) 225−228.

Petroll, J.; Quitter, V.; Schade, G., Zimmermann, L.: Untersuchungen an Zyklonabscheidern. Staub 27 (1967) 115−123.

Rietema, K.: Performance and Design of Hydrocyclones, Chem. Eng. Sci. 15 (1961) Part I: 298−302; Part II: 303−309; Part III: 310−319; Part IV: 320−325.

Rumpf, H.; Borho, K.; Reichert, H.: Optimale Dimensionierung von Zyklonen mit Hilfe vereinfachender Modelluntersuchungen, Vortrag auf der Institution of Chemical Engineers und VTG/VDI-Tagung in Brighton (England), 24. bis. 26. April 1968.

Rumpf, H.; Leschonski, K.: Prinzipien und neuere Verfahren der Windsichtung. Chem. Ing. Tech. 39 (1967) 1231−1241.

Schubert, H.; Noak, D.: Zur Frage des Einsatzes von Hydrozyklonen in der Koalinindustrie. Freiberger Forschungsh. Reihe A (1965) A 335, S. 122−133.

Trawinski, H. F.: Der Hydrozyklon als Hilfsgerät zur Grundstoff-Veredlung. Chem. Ing. Tech. 25 (1953) 331−341.

−: Der Hydrozyklon. Chem. Ing. Tech. (1960) 279.

−: Zum Stand der Hydrozyklon Technologie. Verfahrenstechnik 11 (1978) 710.

11 Elektrofilter

11.1 Grundlagen

Obschon die heute erreichte Leistung von Zyklonen als sehr gut bezeichnet werden muß, reicht diese Entstaubung für viele Zwecke bei weitem nicht aus. Einmal ist der bei Zyklonen anfallende Reststaub oft nicht tragbar, zum anderen wären z. B. bei Großkraftwerken die großen Gasmengen mit Zyklonen einfach nicht zu erfassen. Entscheidend ist jedoch die mit Elektrofiltern erreichbare Reinigung der Abgase in einem solchen Ausmaß, daß ohne diese Reiniger ganze Industriebezirke einfach nicht bewohnbar wären.

Während bei Zyklonen die Staubteilchen in einem zentrifugalen Kraftfeld eine große Abscheidung erfahren, wird beim Elektrofilter die Ausscheidung dadurch erreicht, daß die Staubteilchen in einem elektrischen Feld abgeschieden werden. Teilchen von nur wenigen Mikrometern können noch abgeschieden werden. So wird eine Entstaubung erreicht, daß fast reine Luft in der Umgebung vorhanden ist. Eine vereinfachte Darstellung des Abscheidevorganges zeigt Abb. 11.1. Die im Gas suspendierten Staub- oder Nebelteilchen werden elektrisch geladen und an geerdeten Elektroden abgeschieden. Aufgeladen werden die Teilchen durch Ionen, die durch die Sprühentladung-Korona der unter 10 000 bis 80 000 V Gleichspannung stehenden Sprühdrähte erzeugt werden. In dem zwischen Sprüh- und Niederschlagselektroden gebildeten elektrischen Feld werden die so geladenen Staub- oder Nebelteilchen vornehmlich von den Niederschlagselektroden ange-

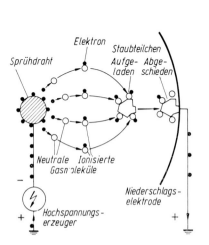

Abb. 11.1   Vereinfachte Darstellung des Abscheidevorganges. (Nach Lurgi)

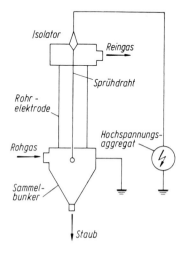

Abb. 11.2   Die Grundform des Elektrofilters. (Nach Lurgi)

zogen. Eine schematische Grundform eines Elektrofilters mit den wesentlichen Elementen nach Lurgi[1] zeigt Abb. 11.2.

Der an den Elektroden niedergeschlagene Staub wird durch betriebene und zeitlich einstellbare Hammerwerke periodisch abgeklopft, fällt dann in Sammelbunker und wird durch Staubschleusen ausgetragen. Bei nassen, Wassernebel führenden Gasen wird der Staub als Schlamm an den Elektroden abgeschieden, an denen er herunterfließt oder abgespült wird.

Die Hochspannungsaggregate bestehen im wesentlichen aus Regeltransformator, Hochspannungstransformator und Selengleichrichter, Schaltorganen und Armaturen.

Der Wirkungsgrad eines Filters folgt einer Exponentialfunktion

$$\eta = 100\,[1 - \exp{(wA/V)}]$$

w Wanderungsgeschwindigkeit; A Niederschlagsfläche; V durchgesetzte Gasmenge.

Ein Filter besteht in der Hauptsache aus dem Gehäuse mit seinen Verteilungsorganen, den geerdeten Niederschlagselektroden und dem Hochspannungssprühsystem, jeweils mit Abreinigungsvorrichtungen (Abb. 11.3).

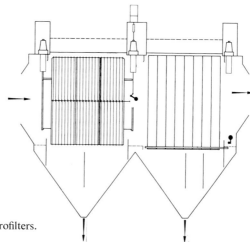

Abb. 11.3   Schema eines Elektrofilters.
(Nach Lurgi)

11.2   Konstruktive Einzelheiten

Abbildung 11.4 zeigt ein Gesamtbild. Das Gehäuse ist gasdicht. Die Lasten werden von den Dachträgern über senkrechte Stiele in die Unterstützungskonstruktion geleitet.

Strömungstechnisch ist von entscheidender Bedeutung, daß die zu entstaubenden Gase gleichmäßig in den Abscheideraum eingeführt werden. Dazu wird bei

---

[1] Die Lurgi-Werke, Frankfurt/M. stellten mir freundlicherweise umfangreiches Bild- und Auskunftsmaterial zur Verfügung. Mit tausend gebauten Elektrofiltern bei einer größten Niederschlagsfläche von 70000 m² beim größten Filter konnte dieses Werk erhebliche Erfahrungen sammeln.

Abb. 11.4   Gesamtbild eines Elektrofilters. (Lurgi)

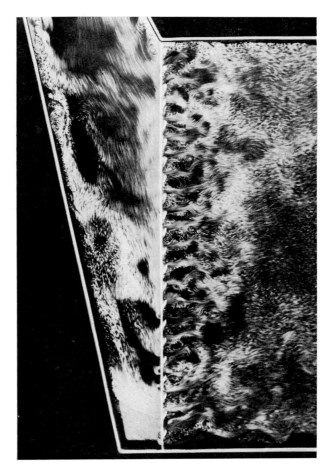

Abb. 11.5   Strömungsbild des Lurgi-Elektrofilters

Lurgi eine senkrechte Umlenkung benutzt, deren Strömungsbild in Abb. 11.5 zu erkennen ist. Eine gleichmäßige Abscheidung kann nur erfolgen, wenn in der Strömung fast keine Turbulenz vorhanden ist. Dazu ist im Abscheideraum eine Geschwindigkeit von ca. 0,5 m/s notwendig. Um dies strömungstechnisch zu erreichen, muß durch ein Sieb oder ähnliche Elemente nach Abb. 11.4 die Strömung erheblich gedrosselt werden. Damit ist notwendigerweise ein großer Druckabfall verbunden, wie es z. B. die Siebströmung in Abb. 3.36 zeigt. Bei Abb. 11.4 wird dazu eine Klappenblechwand benutzt. Siebe können wegen evtl. Verstopfung nicht benutzt werden. Diese kleinen Geschwindigkeiten in der Abscheidungszone führen zu den Riesenabmessungen der Filter. Eine fast laminare Strömung muß hier unter Verlusten erzwungen werden.

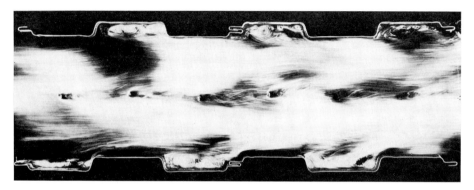

Abb. 11.6 Niederschlagselektroden (Lurgi)

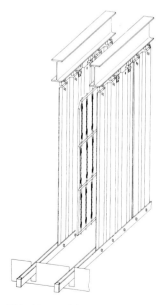

Abb. 11.7 Elektrodensystem (Lurgi)

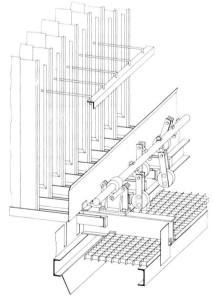

Abb. 11.8 Einrichtung zum Klopfen der Niederschlagselektroden. (Nach Lurgi)

Die Niederschlagselektroden bestehen aus gewalzten Blechstreifen (Abb. 11.6) Ihre Form muß eine gleichmäßige Verteilung des elektrischen Feldes, genügend mechanische Steifigkeit, gutes Schwingungsverhalten, sowie gute Schluckfähigkeit und Fangwirkung gewährleisten. Eine ineinandergehende Verhakung der einzelnen Plattenstreifen gibt der gesamten Platte die erforderliche Stabilität über die Feldlänge.

Um die in die Klopfstangen eingeleitete Energie verlustlos übertragen zu können, sind die Gestänge kraftschlüssig fest mit den Platten verbunden (Abb. 11.7).

Das Klopfen der Niederschlagselektroden findet für jedes Feld getrennt statt, mit je einem Hammer pro Plattenreihe. Die in dem staubhaltigen Gas drehenden Teile sind verschleißarm und leicht auswechselbar ausgeführt (Abb. 11.8).

12 Pneumatische Förderung

12.1 Förderung eines Einzelkörpers im schrägen bzw. senkrechten Rohr

Die Förderung eines Einzelkörpers in einem Rohr möge den Betrachtungen vorangestellt werden, da dieser Fall einen leichten Einblick und eine fast exakte Berechnung ermöglicht.

Wir denken uns in einem schrägen Rohr mit der Neigung α einen länglichen Gleitkörper, der durch Luftkräfte bewegt werden soll (Abb. 12.1). Um ein Rollen

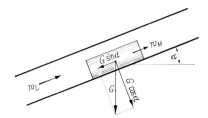

Abb. 12.1

zu vermeiden, sei eine solche längliche Form gewählt. Die mittlere Luftgeschwindigkeit sei w_L, der Körper gleite mit der kleineren Geschwindigkeit w_M, so daß dieser mit der Relativgeschwindigkeit $w_r = w_L - w_M$ angeblasen wird. Der Widerstand W des Körpers muß im Gleichgewicht mit der Gewichtskomponente $G \sin \alpha$ und dem Reibungswiderstand $R = \mu G \cos \alpha$ sein:

$$W = G \sin \alpha + \mu G \cos \alpha \quad (\mu \text{ Reibungszahl}).$$

Durch den Widerstand entsteht ein Druckverlust

$$\Delta p = W/A = G/A \, (\sin \alpha + \mu \cos \alpha)$$

$$(A \text{ Rohrquerschnitt})$$

mit einer Luftleistung

$$L = Q \, \Delta p = A w_L G / A \cdot (\sin \alpha + \mu \cos \alpha) = G w_L \, (\sin \alpha + \mu \cos \alpha).$$

Dem steht die Hubarbeit des Körpers als Nutzleistung gegenüber

$$L_M = w_M G \sin \alpha.$$

So ergibt sich als Wirkungsgrad der Förderung

$$\eta = \frac{L_M}{L} = \frac{w_M}{w_L} \frac{\sin \alpha}{\sin \alpha + \mu \cos \alpha}.$$

Für die senkrechte Förderung, d.h. $\alpha = 90°$, ergibt sich

$$\eta_{senkr} = w_M / w_L.$$

Es kommt dabei also nur auf das Verhältnis der Materialgeschwindigkeit zur Luftgeschwindigkeit an.

Für die waagerechte Förderung muß bei dieser Betrachtung der Wirkungsgrad Null sein.

Der Mechanismus des senkrecht im Rohr geförderten Einzelkörpers soll wegen der praktischen Bedeutung dieses Falles (Heu- und Strohförderung, Bergeversatz, Rohrpost usw., Abb. 12.2 zeigt den Fall von Einzelkörpern und eines Strohballens) etwas genauer studiert werden, wobei wir uns auf die senkrechte Förderung beschränken wollen.

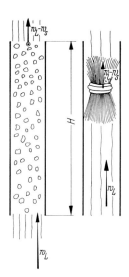

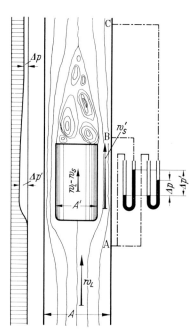

Abb. 12.2   Materialförderung im senkrechten Steigrohr

Abb. 12.3   Druckverhältnisse bei der senkrechten Förderung eines Zylinders in einem Steigrohr

Dazu betrachten wir in Abb. 12.3 die bei der Umströmung eines Zylinders eintretenden Druckverhältnisse. Die Luftgeschwindigkeit sei wieder w_L, die Schwebegeschwindigkeit w_s, so daß der Zylinder sich mit der Absolutgeschwindigkeit $w_L - w_s$ bewegt. Die Umströmung des Zylinders bedingt je nach der Verengung des Rohrquerschnittes A durch den Zylinderquerschnitt A' eine starke Luftbeschleunigung und eine entsprechende Drucksenkung. Hinter dem Körper wird im allgemeinen die Strömung abgerissen bleiben, so daß sich der seitlich entstandene Unterdruck auch auf die Hinterseite des Körpers fortpflanzen wird. Zwischen den Stellen A und B stellt sich ein Druckunterschied $\Delta p'$ ein, der mit dem Gewicht des Körpers im Gleichgewicht sein muß

$$\Delta p' = G/A'.$$

Nach dem Impulssatz wird sich ein Teil der hinter dem Körper vorhandenen Strömungsenergie wieder in Druck umsetzen, so daß bei C der Druck wieder etwas angestiegen und dort der Einfluß des Körpers abgeklungen ist. Zwischen A und C ist somit ein kleinerer Druckunterschied Δp vorhanden. Dieser kleinere Druckunterschied, der weit vor und hinter dem Körper in der ausgeglichenen Strömung beobachtet wird, ist für die gleichmäßige Verteilung des Körpergewichtes auf den ganzen Querschnitt maßgebend, so daß folgende Beziehungen bestehen:

$$\Delta p = \frac{G}{A}; \quad \frac{\Delta p'}{\Delta p} = \frac{A}{A'} = \left(\frac{d}{d'}\right)^2.$$

Die Druckverteilung entlang der Rohrwand ist seitlich von Abb. 12.3 aufgezeichnet. Es handelt sich hierbei, ebenso wie bei den eingezeichneten Stromlinien um das Bild, das der mit dem Körper fahrende Beobachter feststellt. Nur dieses Relativbild ist stationär. Die Absolutströmung, ebenso wie die Druckverteilung entlang der Rohrwand, ist nicht stationär. Da der Strömung Hubarbeit entnommen wird, sei vermerkt, daß dies nur bei nichtstationärer Strömung möglich ist.

Von großem Interesse ist die Schwebegeschwindigkeit und ihre evtl. Abhängigkeit von den Querschnittsverhältnissen. Dazu stellen wir für die Relativströmung um den Zylinder die Bernoullische Gleichung auf. Relativ zum Zylinder ist vor demselben die Luftgeschwindigkeit w_s, im Spalt eine wesentlich höhere Geschwindigkeit w_s', während der Druck um $\Delta p'$ gesunken ist.

$$\varrho/2\,(w_s'^2 - w_s'^2) = \Delta p' = G/A'.$$

Wir berücksichtigen die Kontinuitätsgleichung

$$w_s'\,(A - A') = w_s'\,\Delta A = w_s\,A; \quad w_s' = w_s\,\frac{A}{\Delta A}$$

und erhalten

$$w_s = \frac{\sqrt{2\,G/\varrho A'}}{\sqrt{(A/\Delta A)^2 - 1}}$$

Die Schwebegeschwindigkeit w_s hängt also nur von der Belastung G/A' der Grundfläche des Körpers ab und von den Querschnittsverhältnissen. Bei verhältnismäßig engen Spalten läßt sich die Formel noch vereinfachen zu

$$w_s = \sqrt{2\,\frac{G}{\varrho A'}\left[\frac{\Delta A}{A} + \frac{1}{2}\left(\frac{\Delta A}{A}\right)^3\right]}.$$

Für verschiedene Grundflächenbelastungen ($G/A' = 4000$, 1000, 250 N/m²), die einen Querschnitt durch übliche Anwendungen der Praxis darstellen, ist in Abb. 12.4 w_s in Abhängigkeit von $\Delta A/A$ aufgetragen.

Man erkennt aus der Darstellung deutlich den Vorteil einer möglichst engen Ausnützung des Rohrquerschnittes, der bei der Ausbildung eines Körpers gemäß Abb. 12.5 besonders gegeben ist.

Von Interesse ist noch ein Vergleich mit dem frei schwebenden Körper ohne Behinderung durch Kanalwände. Hier ergibt sich

$$G_w = c_w\,\frac{\varrho}{2}\,w_s^2\,A'.$$

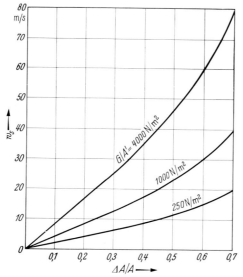

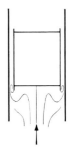

Abb. 12.4   Schwebegeschwindigkeit in Abhängigkeit   Abb. 12.5
von $\Delta A/A$ für verschiedene Querschnittsbelastungen

Definieren wir in der gleichen Form auch für den Körper nach Abb. 12.3 einen
Widerstandskoeffizienten c_{w}, so ergibt sich

$$G = [(A/\Delta A)^2 - 1]\frac{\varrho}{2}\,w_{\mathrm{s}}^2 A',$$

d. h.

$$c_{\mathrm{w}} = (A/\Delta A)^2 - 1\,.$$

Der Widerstandskoeffizient ist somit nur von den Querschnittsverhältnissen abhängig. Dies gilt natürlich nur unter der anfangs gemachten Voraussetzung, daß
unmittelbar hinter dem größten Meridianquerschnitt des Körpers die Strömung
abreißt, was durchweg bei den praktischen Anwendungsgebieten zutreffen dürfte.

12.2 Ähnlichkeitsbeziehungen

Um die zahlreichen Versuche und Beobachtungen auf beliebige praktische Fälle
übertragen zu können, müssen die Ähnlichkeitsbeziehungen bekannt sein, die bei
Übertragungen zu beachten sind.

a) Spezifische Materialbeladung. Es wird von Bedeutung sein, wie groß der
sekundlich geförderte Luftdurchfluß und der sekundlich geförderte Materialdurch-
fluß ist. Bezeichnen wir die durch einen Rohrquerschnitt in der Sekunde geförderte
Luftmenge G_{L} und die Materialmenge G_{M}, so werden ähnliche Verhältnisse zu
erwarten sein, wenn das Verhältnis dieser Werte gleich ist. Wir erhalten so als erste
markante Zahl

$$\mu = G_{\mathrm{M}}/G_{\mathrm{L}}\,.$$

b) Froude-Zahlen bzw. Geschwindigkeitsverhältnisse. Man wird weiter erwarten, daß die sog. Froude-Zahl eine Rolle spielt. Um diese Vorgänge möglichst einfach abzuleiten, wollen wir folgende Betrachtungen anstellen. Bei der Materialförderung ergeben sich verschiedene markante Geschwindigkeiten, die offensichtlich die jeweilige Situation charakterisieren. Von Bedeutung wird zunächst die mittlere Luftgeschwindigkeit im Rohr $w_L = Q/A$ sein. Das Verhalten des zu fördernden Materials wird durch die Schwebegeschwindigkeit w_s charakterisiert. Insbesondere wird durch diese Größe der örtliche Strömungswiderstand in etwa erfaßt. Handelt es sich z. B. um eine mehr oder weniger zusammenhängende Materialwolke, so dürfte die Schwebegeschwindigkeit dieser Wolke einzusetzen sein.

Von weiterer Bedeutung wird der Rohrdurchmesser sein, da nach den Beobachtungen die Teilchen zwischen den Wandungen sich hin und herbewegen. Es dürfte von Bedeutung sein, ob ein Teilchen, wenn es z. B. bei waagerechter Förderung von oben nach unten fällt, unten bereits seine Schwebegeschwindigkeit erreicht hat. Ohne Luftwiderstand würde ein Teilchen im freien Fall der Höhe des Rohrdurchmessers eine Geschwindigkeit $w' = \sqrt{2gd_0}$ erreichen. So ergeben sich insgesamt drei charakteristische Geschwindigkeiten. Ähnliche Verhältnisse dürften nur zu erwarten sein, wenn die Verhältnisse dieser Geschwindigkeiten gleich sind. Dies ist dann der Fall, wenn z. B. folgende Zahlen gleich sind:

$$\frac{w_L}{w'} = \frac{w_L}{\sqrt{2gd_0}}; \qquad \frac{w_s}{w'} = \frac{w_s}{\sqrt{2gd_0}}.$$

Indem wir nun die im Nenner unwesentliche 2 weglassen, erhalten wir:

$$Fr_0 = \frac{w_L}{\sqrt{gd_0}}; \qquad Fr^* = \frac{w_s}{\sqrt{gd_0}},$$

d. h. zwei Formen der Froude-Zahl sind bei dem Problem wesentlich, die bei den nachfolgenden Betrachtungen immer wieder auftreten. Diese einfache Ähnlichkeitsbetrachtung dürfte für viele Leser das Verständnis erleichtern.[1] Da die neueren Ergebnisse auf diesem Gebiet nur mit Hilfe der Ähnlichkeitsmechanik möglich waren, mußte darauf eingegangen werden.

12.3 Vertikale Förderung

Die Förderung von Feststoffen in senkrechten Leitungen ist bedeutend einfacher als die Förderung in horizontalen Rohren und sei deshalb vorangestellt.

Einleitend werde die Förderung einer Kugel betrachtet, die gestattet, wesentliche strömungstechnische Gesichtspunkte kennenzulernen. Beim freien Fall einer Kugel stellt sich bekanntlich die sog. Schwebegeschwindigkeit ein, s. Gl. (5.2) Bd. 1. Bewegt sich nun eine Kugel in einem Rohr, so sind die Verhältnisse grundsätzlich verschieden (Abb. 12.6). In dem Ringquerschnitt zwischen Rohrwand und

---

[1] Die gleiche Rechnung läßt sich auch mit der Absolutströmung durchführen, doch muß hier wegen der nicht stationären Strömung Gl. (2.12) in Bd. 1 benutzt werden.

Kugel ergeben sich wesentlich größere Geschwindigkeiten als bei freier Umströmung. So entsteht ein großer Unterdruck, der auf der oberen Seite der Kugel wirkt
und so eine erheblich größere Strömungskraft als bei freier Umströmung zur Folge
hat. Die Schwebegeschwindigkeit wird kleiner als bei freiem Fall. Die Förderung
wird so erleichtert. Ersetzen wir dann die Kugel durch einen Schwarm von kleinen
Kugeln mit gleichem Gesamtquerschnitt, so wird eine ähnliche Wirkung auftreten.
Diese Erscheinung gilt für alle möglichen Teilchenschwärme, die vertikal gefördert
werden. Bei beliebigen Körnergemischen ergeben sich induzierte Schwebegeschwin-
digkeiten, die u. U. experimentell ermittelt werden müssen. Schwierigkeiten ergeben
sich bei scheibenförmigen Teilchen, weil deren Einstellung zur Strömung u. U. labil
ist, wie bereits erwähnt wurde.

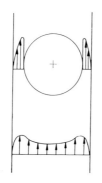

Abb. 12.6   Freier Fall einer
Kugel

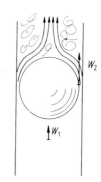

Abb. 12.7   Förderung von
Kugeln

Dazu kommt, daß bisher unbekannte Erscheinungen Verwirrung stiften können. So ergab sich bei einer industriellen Förderung von Kugeln, daß bei Vergrößerung der Fördergeschwindigkeit durch größere Luftgeschwindigkeit plötzlich
die Kugeln stehen blieben und die ganze Förderung unmöglich wurde. Abbildung
12.7 zeigt die Ursache. Die schmale Strömungsschicht zwischen Wand und runder
Kugel löst sich bei bestimmten Kennzahlen von der Wand ab und folgt der Kugel-
rundung, so daß eine erhebliche Verminderung des Widerstandskoeffizienten die
Folge ist. Unter Coanda-Effekt ist diese Erscheinung bekannt. Abhilfe ist hier
möglich, indem das runde Rohr durch einen unrunden Kanal ersetzt wird.

Gesamtüberblick. Eine anschauliche Gesamtdarstellung bei der vertikalen Förderung verdanken wir Barth[2]. Nach Abb. 12.8 strömt in einem senkrechten Rohr
Luft von unten ein, wobei die Luftgeschwindigkeit weitgehend geändert wird.
Gleichzeitig wird seitlich dem Rohr schräg Material verschiedener Menge zugeführt. Der dabei entstehende Druckverlust wird nun in Abhängigkeit von der
Geschwindigkeit w_L mit und ohne Material aufgetragen. Bei reiner Luftförderung
ergibt sich wie bekannt die untere Parabel. Wird nun bei kleinen Luftgeschwindig-

---

[2] Barth, W.: Strömungsvorgänge beim Transport von Festteilchen und Flüssigkeitsteilchen
in Gasen mit besonderer Berücksichtigung der Vorgänge bei pneumatischer Förderung Chem.
Ing. Tech. 30 (1958) 171—180.

keiten, die kleiner als die jeweilige Schwebegeschwindigkeit der Teilchen ist, Material zugeführt, so fallen diese Teilchen durch die aufwärtsströmende Luft. Der Widerstand wird dadurch gemäß der gestrichelten Kurve etwas vergrößert. Bei noch größeren Luftgeschwindigkeiten wird das Material schließlich eine mehr oder weniger ruhende Schicht bilden. Man nennt dies eine sog. Wirbelschicht. Bemerkenswert ist nun, daß eine solche Wirbelschicht nur in einem relativ kleinen Bereich möglich ist. Anschließend ist in einer kleinen Übergangszone der Übergang zur geordneten reinen pneumatischen Förderung. Diese wichtige Zone wird nun in Abb. 12.9 gesondert dargestellt, in dem die Materialbelastung μ in Abhängig-

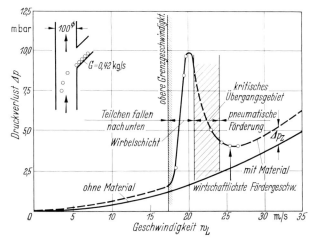

Abb. 12.8   Druckverlust bei verschiedenen Zuständen der senkrechten Förderung

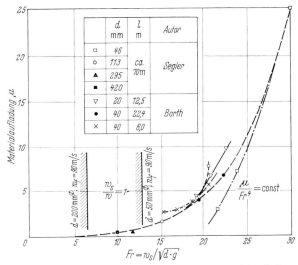

Abb. 12.9   Belastbarkeit bei der pneumatischen Förderung. Materialaufladung in Abhängigkeit von der Froude-Zahl. w_L mittlere Rohrgeschwindigkeit, w_s Sinkgeschwindigkeit, w Anström-geschwindigkeit, d Rohrdurchmesser, $w_s/w = 1$ bedeutet die Grenze zwischen Wirbelschicht und pneumatischer Förderung im senkrechten Rohr

keit von der Froude-Zahl aufgetragen ist. Die Belastbarkeit bei der pneumatischen Förderung ist zu erkennen $\mu = G_m/A w_{L} \varrho_L g$. Es handelt sich gemäß dieser Formel um das Verhältnis des geförderten Gutgewichtes zum geförderten Luftgewicht in der Zeiteinheit. Macht man die theoretische Annahme, daß eine vollkommene Entmischung in der Nähe der Stopfgrenze eintritt, so folgt daraus, daß der Quotient μ/Fr eine Konstante sein muß.

Die Gegenüberstellung der beiden Abb. 12.8 und 12.9 möge dem Leser zeigen, wie so schwierige Vorgänge durch geeignete dimensionslose Konstanten erfaßt werden können.

Die untere Transportgeschwindigkeit. Die bisherigen Ausführungen lassen erkennen, daß beim vertikalen Transport eine Gefahrengrenze besteht, wenn bei zu großer Transportkonzentration eine Verstopfung zu befürchten ist. So entsteht die Frage, ob diese Grenze genauer zu bestimmen ist. Dies ist Brauer[3] gelungen. Mit der Transportkonzentration $c_T = \dot{V}_p/\dot{V}_R = \dot{V}_p/(\dot{V} + \dot{V}_p)$ und der Raumkonzentration $c_R = V_p/V_R = V_p/(V + V_p)$, der Fluidgeschwindigkeit $\overline{w}$ und der Sinkgeschwindigkeit w_s des beliebig geformten einzelnen Teilchens besteht nach Brauer folgende Formel

$$\frac{c_T}{c_R} = 1 - \frac{w_s'}{\overline{w}}\left(1 - \frac{c_R}{c_{max}}\right)^3 .$$

Abbildung 12.10 zeigt die Darstellung dieser Formel für verschiedene Werte von c_R/c_{max}. Mit w_s wird die Sinkgeschwindigkeit eines beliebig geformten Partikel und mit c_{max} die maximale Raumkonzentration bezeichnet. Bei Partikeln gleicher Größe ist $c_R/c_{max} \approx 0,5$, während bei Gemischen aus verschieden großen Partikeln c_R/c_{max} etwas größer sein kann. Die Gültigkeit der Formel erstreckt sich etwa bis $c_R/c_{max} = 0,75$.

Beim rein hydraulischen Transport, d.h. mit Wasser, ist die Transportkonzentration nicht sehr weit von der maximalen Konzentration entfernt. Hier kann c_T nicht viel kleiner sein als c_R. Deshalb empfiehlt sich hier ein Geschwindigkeitsverhältnis $w_s/\overline{w} = 0,2$. Die untere Grenze der Fördergeschwindigkeit beim hydrau-

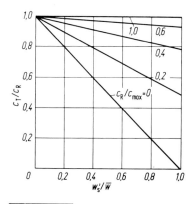

Abb. 12.10 Konzentrationsverhältnisse c_T/c_R, abhängig vom Geschwindigkeitsverhältnis $w_s/\overline{w}$ und c_R/c_{max} beim Transport in vertikalen Rohrstrecken. (Nach Brauer)

[3] Brauer, H.: Grundlagen der Einphasen und Mehrphasenströmung. Sauerländer, Aarau. 1971. Freundlicherweise gestattete mir Herr Prof. Brauer die Übernahme seiner Ergebnisse und Abbildungen. Es handelt sich hierbei um das wohl umfassendste Werk über dieses Gebiet.

lischen Transport ergibt sich zu $w_u = 5w'_s$. Umgekehrt ist beim pneumatischen Transport die Transportkonzentration meist sehr niedrig, etwa nur 1%. Dabei kann das Konzentrationsverhältnis c_T/c_R kleiner als 0,5 werden. So wird das Geschwindigkeitsverhältnis $w'_s/\overline{w}$ größer als 0,5.

Schon hier mag betont werden, daß bei vertikalem Transport die untere Fördergeschwindigkeit niedriger ist als bei horizontalem Pransport. Bei vertikalen und horizontalen Leistungen ist somit immer die Fördergeschwindigkeit der horizontalen Strecke maßgebend.

12.4 Winkler-Schwebebett

Wenn feinkörniges Material, das auf einem Rost aufliegt, von unten durchgeblasen wird, wird sich ein mit steigender Gasmenge steigender Druckverlust zeigen. Dieser Druckverlust hat zunächst laminaren Charakter (d. h. proportional der Geschwindigkeit) und nähert sich später einer turbulenten Durchströmung. Wenn nun die Gasmenge langsam gesteigert wird, so lockert sich schließlich die Schicht auf, es bilden sich Gassen, einzelne Fontänen und unregelmäßiges Aufspringen einzelner Teilchen. Bei noch größerer Geschwindigkeit wird sich die Körnerschicht vom Rost abheben und frei schweben (Abb. 12.11). Dabei zeigt sich nun, daß die Körnerschicht sich zwar etwas dehnt, aber ziemlich geschlossen zusammen bleibt. Es bildet sich ein Kollektiv von erstaunlicher innerer Gleichschaltung, ein Verhalten, welches insbesondere bei Beobachtung in einer Glasröhre überaus eindrucksvoll ist. Winkler[4] machte diese Entdeckung im Jahre 1922 und benutzte die Erscheinung zum Verbrennen und Vergasen von feinkörnigem Brennstoff.

Zahlreiche Patente sicherten der IG Farben die alleinige Benutzung. Dieses dürfte wohl einer der Gründe sein, daß sich die Umwelt verhältnismäßig wenig mit dieser wichtigen Erfindung beschäftigte. Insbesondere nach dem zweiten Weltkrieg griffen die Amerikaner den Gedanken auf und versuchten zahlreiche Anwendungen, ebenso wie sie in einer sehr umfangreichen Literatur die inneren Vorgänge eingehender untersuchten. Es bildete sich eine eigene Literatur mit markanten Bezeichnungen (fluidization usw.), die dann ihrerseits wieder befruchtend in Deutschland zurückwirkte und schließlich — 30 Jahre nach der Erfindung durch Winkler — zur Herausgabe eines Sonderheftes[5] führte. Inzwischen ergaben sich Anwendungsmöglichkeiten auf folgenden Gebieten: Verbrennung und Vergasung von feinkörnigem Material, Trocknen, Brennen von Kalk und Gips, Schwelung von bituminösen Brennstoffen, gleichmäßige Verdunstkühlung von Düngesalzen, Herstellung von hochwertiger Aktivkohle und neuerdings Verbrennen von Klärschlamm im Schwebebett u. dgl.

Trotz einer sehr umfangreichen Literatur ist es bis heute nicht gelungen, eine befriedigende Theorie des Winkler-Schwebebettes zu finden, so daß wir uns damit begnügen müssen, die Genialität der Erfindung zu unterstreichen und einige versuchsmäßig erforschte Eigenschaften anzuführen.

---

[4] DRP 463772.
[5] Chem. Ing. Tech. H. 2 (1952).

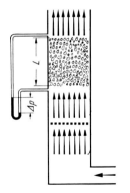

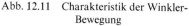

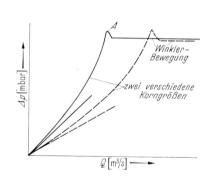

Abb. 12.11 Charakteristik der Winkler-   Abb. 12.12 Schematische Darstellung der
Bewegung   Winkler-Bewegung

Abbildung 12.12 zeigt die Kennlinie des Verfahrens. Solange das Körnermaterial auf dem Rost liegt, steigt der Druck zunächst linear und dann parabolisch an, erreicht im Augenblick des Abhebens vom Rost einen Höchstdruck bei A und sinkt dann ein wenig auf einen konstanten Wert während des Schwebens. Unabhängig von der durchgedrückten Gasmenge bleibt dieser Druck dann konstant. Wohl findet eine Expansion mit größerer Menge statt. Die Volumenzunahme gegenüber dem Zustand auf dem Rost ist gleichwohl sehr gering. Sie liegt in der Größenordnung von etwas über 5%. Der zum Schweben notwendige Druckunterschied gemäß Abb. 12.12 setzt sich zusammen aus dem durch das Gewicht bedingten Druckunterschied $\Delta p' = G/A$ sowie einem gewissen Mehrbetrag $\Delta p''$, der durch innere Reibung und Schubspannung infolge der Materialverzahnung zu erklären ist. Ist ε das freie Lückenvolumen pro Volumeinheit, γ das spez. Gewicht der Körner, γ_{Gas} das spez. Gewicht des Gases, so ergibt sich bei Berücksichtigung des Auftriebes

$$\Delta p = \Delta p' + \Delta p'' = L(1 - \varepsilon)\,(\gamma - \gamma_{\mathrm{Gas}}) + \Delta p''.$$

Der Schwebedruck ist unabhängig von der Korngröße, so daß sich die Kurven der Abb. 12.12 ergeben. Ändert sich die Schütthöhe, so ändert sich der Schwebedruck, und zwar deshalb, weil sich dadurch das Gewicht ändert. Der Effekt ist durchführbar mit Korngrößen oberhalb etwa 0,2 mm. Selbst Raschigringe können bei genügender Geschwindigkeit in dieses Schwebekollektiv überführt werden. Auch feiner Staub ist zulässig, wenn er nicht mehr als 30% der Gesamtmenge ausmacht und genügend Korn von 1 bis 2 mm vorhanden ist.

Wird der Schachtquerschnitt erweitert, so tritt eine Verdichtung der Schicht ein. Ungekehrt kann durch eine Schachtverengung eine Auflockerung erzielt werden.

Von den überaus zahlreichen Arbeiten, die inzwischen über den Gegenstand erschienen sind und die die große Bedeutung des Vorganges für die Verfahrensindustrie erkennen lassen, sei insbesondere auf eine Arbeit von Kenneke[6] verwiesen. In dieser Arbeit werden die optimalen Abmessungen ermittelt und die Zu-

---

[6] Kenneke, K.: Fluidisierung und Fließbettförderung von Schüttgütern kleiner Teilchengröße. VDI-Forschungsh. Nr. 509.

sammenhänge zwischen Luftgeschwindigkeit, Schichthöhenzunahme, Druckverlust, Widerstandsbeiwerten und Viskosität systematisch untersucht, sowie die Geschwindigkeit am Wirbelpunkt der Schichthöhenzunahme und der Viskosität rechnerisch ermittelt. Weiter wurden allgemein die Fließbettförderung bei laminarer
Strömung in geraden rechteckigen Kanälen untersucht. Charakteristisch ist dabei,
daß bei *Re*-Zahlen von 10...1000 nicht das Laminarprofil der Geschwindigkeitsverteilung beobachtet wurde, weil offensichtlich die Teilchenbewegung dies verhindert. Gleichwohl behält die laminare Widerstandsgleichung ihre Gültigkeit.

12.4.1 Winkler-Schwebebett-Feuerung

Die neuere Entwicklung der Winkler-Schwebebett-Feuerung dürfte wohl zu den
wichtigen Anwendungen der technischen Strömungslehre gehören. Bei der derzeitigen Energiekrise werden sicherlich unsere Kohle und die großen Braunkohlen-
vorräte zwischen Köln und Aachen eine große Rolle spielen. Dies um so mehr, als
die hier besprochenen neuen Verbrennungs- und Vergasungsmethoden dabei erheblich helfen dürften.

Das dabei entstehende verfahrenstechnische Gesamtbild veranschaulicht Abbildung 12.13. Die grundsätzlich möglichen Methoden der Verbrennung mit den
aufzuwendenden Drücken und dem Wärmeübergang werden in diesem Bild dargestellt. Zunächst zeigt das erste Bild die bekannte Rostfeuerung mit einer Kohle-
festschicht. Der dabei aufzuwendende Druck für die Verbrennungsluft steigt fast
linear an mit der Luftgeschwindigkeit. Das gleiche gilt für den Wärmeübergang.
Das zweite und dritte Bild zeigt die Wirbelschichtfeuerung, wobei einmal sehr deutlich die höhere Schicht zu erkennen ist. Dies kommt daher, daß hier alle Teilchen
schweben und sich praktisch wie eine Flüssigkeit verhalten. Wird nun im dritten
Bild in dieser Schwebeschicht die Heizfläche (z.B. in Form von Rohren) gebildet,
durch die das Kesselwasser strömt, so wird die Schicht höher. Schließlich zeigt
das vierte Bild eine weitere Auflockerung, bei der sich eine Flugstaubwolke bildet
und von einer Staubfeuerung gesprochen werden kann. Für die Wirbelschichtfeuerung bleibt der Druckverlust der durchströmten Verbrennungsluft konstant.
Ungleich wichtiger ist aber der Umstand, daß der Wärmeübergang für die in der
Wirbelschicht befindlichen Heizflächen das 5- bis 8fache annimmt gegenüber bisherigen Methoden. Dies bedeutet aber, daß die Heizflächen bedeutend kleiner
werden und einfachere Kessel entstehen.

Die fast „flüssige" kompakte Verbrennung ermöglicht es zudem, in das Wirbelbett Kalkstein einzugeben, wodurch eine SO_2-Bindung der Asche möglich wird.
So ist es ohne Umweltschäden nunmehr möglich, auch stark schwefelhaltige Kohle
zu verwenden. Je nach der Zusammensetzung der Kohle können weitere Zusätze
leicht zugeführt werden.

Abbildung 12.14 zeigt schematisch, welche Bestandteile in das Wirbelbett leicht
eingegeben werden können bzw. dort entstehen (Kalkstein, Schwefeldioxid, Asche,
Kohle usw.).

Die Ruhrkohle AG (RAG) stellte mir freundlicherweise das Bildmaterial und
die Unterlagen zur Verfügung unter besonderer Unterstützung ihres Herrn
Dr.-Ing. Stroppel.

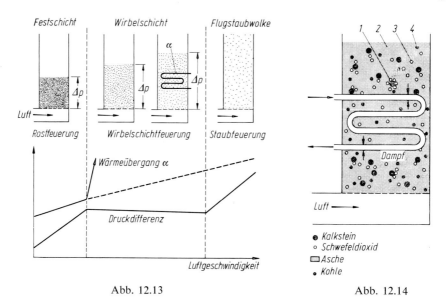

Abb. 12.13   Abb. 12.14

Abb. 12.13   Verfahrenstechnische Einordnung der Wirbelschichtfeuerung. (Nach Stroppel)
Abb. 12.14   Schematische Darstellung der Vorgänge im Inneren einer Wirbelschichtfeuerung.
(Nach Stroppel) Raumbedarf ein Bruchteil des bisherigen; Wärmeübergang vier- bis sechs-
mal größer.

Durch die eingetauchten Heizflächen werden bereits 50% der erzeugten Wärme
ausgebracht. Dadurch ergibt sich im Feuerraum eine niedrige Verbrennungstemperatur von ca. 800 bis 950 °C. Dies hat zur Folge, daß praktisch kein „ther-
misches Stickoxid" gebildet wird und somit die gesamte Stickoxid-Emission erheblich gesenkt wird. Die Vorteile können wie folgt zusammengefaßt werden:

1. Hoher Wärmeübergang (5 bis 8mal größer), niedrige spezifische Investitionskosten (1).

2. Niedrige Verbrennungstemperatur, Senkung Stickoxid-Emissionen (2).

3. SO_2-Bindung in der Asche durch geringe Kalksteinzugabe, Einsatz schwefel-
haltiger Kohle möglich (3).

4. Niedriger Kohlenstoffgehalt, Einsatz von Kohlen mit hohem Balastgehalt
möglich (4).

5. Bei Druckbetrieb weitere Raumersparnis mit anschließender Verwendung
von Gasturbinen, d.h. höherer Wirkungsgrad.

6. Beliebig kleine Bauart, umweltfreundliche Heizwerke und Kraft-Wärme-
Koppelung.

Bei der Zugabe von Kalkstein in die Wirbelschicht wird das bei der Verbrennung entstehende Schwefeldioxid unter Bildung von Gips gebunden und umwelt-
neutral mit der Asche ausgetragen. Ein solches Entschwefelungsprinzip ist ohne
weiteres mit Wirkungsgraden bis zu 90% möglich und erspart eine kostenauf-
wendige Rauchgaswäsche.

Alle Kohlenarten, auch solche mit hohem Schwefel- und Balastgehalt, sowie
solche mit hohem Feinkornanteil, können umweltfreundlich und sehr wirtschaftlich verbrannt werden.

Selbst kleine Kessel für Heizstationen mit einer thermischen Leistung kleiner als 10 MW können wirtschaftlich betrieben werden.

Im Wirbelbett ist die Verbrennungstemperatur gut geregelt. Es gibt keine Schlacke. Die Verbrennungstempertur liegt unterhalb des Ascheschmelzpunktes. Es entsteht eine rieselfähige, feinkörnige und relativ weiche Asche. Anbackungen und Erosionen werden vermieden. Abbildung 12.15 zeigt anschaulich das Prinzip der Wirbelschichtfeuerung. Die Zufuhr der Verbrennungsluft in das Wirbelbett unter einen Düsenboden sowie die Verbrennungsluft in das Wirbelbett unter Beigabe von Kohle und Kalkstein leiten das Verfahren ein. Das Wirbelbett hat eine Höhe von ca. 1 m. Die Wirbelgeschwindigkeit ist ca. 2,5 m/s. In dem Wirbelbett sind schematisch Heizflächen in Form von Rohren zu erkennen. Etwa 50 bis 60% der Wärme wird hier schon übertragen, während über dem Wirdelbett, wo eine Temperatur von 800 bis 900°C herrscht, übliche weitere Wärmeübertragung nach den bisherigen Methoden erfolgt. In diesem konventionellen Teil des Dampferzeugers werden die Rauchgase auf ca. 180°C ausgekühlt. Die Rauchgase werden in Zyklonen und nachgeschalteten Gewebefiltern gereinigt.

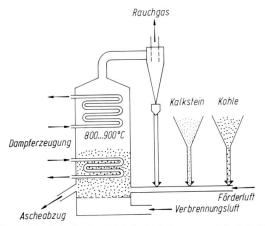

Abb. 12.15   Prinzip der Wirbelschichtfeuerung. (Nach RAG)

Abbildung 12.16 zeigt schematisch das Gesamtbild mit den Hauptfunktionen aller wesentlichen Teile. Es handelt sich um eine 35-MW-Wirbelschichtfeuerung. In einem Prallbrecher wird die Kohle auf eine Korngröße kleiner als 6 mm gebrochen und mit 400°C heißen Rauchgasen getrocknet. So bleibt nur eine Restfeuchte von ca. 4%. Die pneumatische Kohleeinbringung erhält eine bestimmte Menge Kalkstein sowie eine wieder pneumatisch zugeführte Menge von Asche. Eine Rückführung von Asche ist dann nötig, wenn die Asche noch unverbrannten Kohlenstaub enthält. Durch pneumatische Rückführung in die Wirbelschicht wird der Kohlenstoff verbrannt. Dies ist immer dann der Fall, wenn die Kohle weniger als 12% Asche enthält.

Das Verfahren bedingt, wie die Abb. 12.16 erkennen läßt, eine Fülle von strömungstechnischen Vorgängen, insbesondere pneumatischen Förderungen, automatischen Dosiervorrichtungen und vielen automatischen Steuergeräten, die hier nur angedeutet werden können.

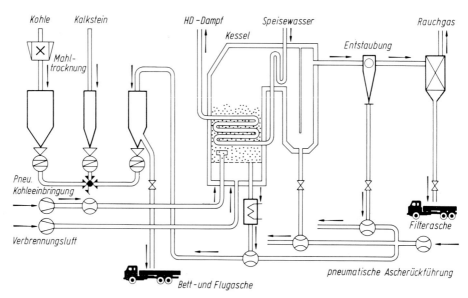

Abb. 12.16   Fließschema einer 35-MW-Wirbelschichtfeuerung. (Nach GVV)

12.4.2 Winkler-Schwebebett-Reaktionen im Bereich der Kernenergie

Sehr wahrscheinlich werden in Zukunft Hochtemperaturreaktoren unter Einsatz von Kernenergie in Winkler-Schwebebettanlagen eine ganz bedeutende Rolle spielen. Dies gilt insbesondere für die kommende Kohlevergasung. Dieser Einsatz von Kernenergie erfordert die Schließung des äußeren Brennstoffkreises, da nur so die sichere Beseitigung von Spaltprodukten und der sparsame Einsatz von Kernbrennstoffen (Thorium, Uran, Plutonium) möglich ist.

Dazu wurde eine Wirbelschichtverbrennung entwickelt, wo Brennelementehüllmaterial, Kernbrennstoff und Spaltprodukte voneinander getrennt werden. Darüber berichtete Tischer[7] in der Kernforschungsanlage Jülich. Freundlicherweise stellte mir Herr Dr. Tischer diese Arbeiten zur Verfügung und gestattete die Übernahme von einigen guten Abbildungen. Auf diese Entwicklung hinzuweisen ist notwendig, weil die hier verwendete Winkler-Schwebebettverwendung im Hinblick auf unsere Energieversorgung vielleicht eine der wichtigsten Anwendungen der praktischen Strömungstechnik sein dürfte.

Abbildung 12.17 zeigt den Wirbelschichtreaktor, der unten und oben ein konisches Stück hat und den zylindrischen Teil von 550 mm $\varnothing$ und 4,5 m Länge. Bei Normaldruck kann dieser Reaktor 560 Kugelbrennelemente pro Stunde verbrennen. Mit dieser Anlage können zudem die abgebrannten Brennelemente aus Hochtemperaturreaktoren mit einer Leistung von 500 MW aufgearbeitet werden.

---

[7] Tischer, H.: Wirbelschichtverbrennung in einer HTR-Wideraufarbeitungsanlage, Jahresbericht 1978/79 der Kernforschungsanlage Jülich.

Tischer, H.: Die Wirbelschichtverbrennung des Brennelementgraphits im Überdruck in einer Großanlage zur Wiederaufarbeitung von Brennelementen aus Hochtemperaturreaktoren. Diss. TH Aachen.

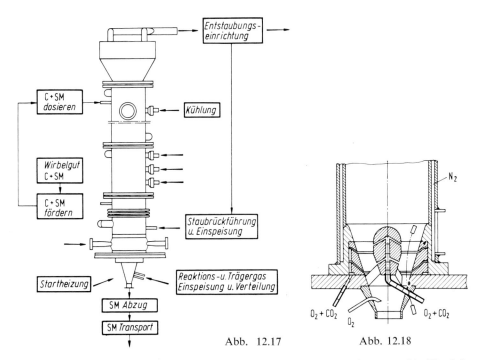

Abb. 12.17   Abb. 12.18

Abb. 12.17   Baugruppen eines Hauptwirbelschichtreaktors. Der Brennelementgraphit (C) wird durch die Wirbelschichtverbrennung von den Brennstoffpartikeln, die das Schwermetall (SM) enthalten, getrennt. (Nach Tischer)

Abb. 12.18   Schnitt durch den Anströmboden eines Wirbelschichtreaktors. In dem Anströmboden sedimentieren die Schwermetallpartikel. Damit wird gleichmäßige Einspeisung des Reaktions- und Trägergases ermöglicht. (Nach Tischer)

Zur Verbrennung wird reiner Sauerstoff (O_2) eingesetzt. Da die O_2-Mengen zum Wirbeln des Verbrennungsgutes nicht ausreichen, wird zusätzlich CO_2 dem O_2 beigemischt. Die anschließende Gasreinigung wird durch CO_2 nicht gestört, da es ohnehin bei der Verbrennung als Reaktionsprodukt entsteht. 1 bis 1,2 m/s ist die mittlere Gasgeschwindigkeit im Wirbelschichtreaktor.

Zur Verbrennung muß der Graphit auf Zündtemperatur gebracht werden. Diese Temperatur liegt bei unbestrahltem Graphit bei ca. 660 °C, bei bestrahltem Graphit bei ca. 560 °C. Eine Startheizung ist nötig, um die nötige Zündtemperatur zu erreichen. Bei Brennbetrieb muß mit einem Staubaustrag bis zu 40 % gerechnet werden. Dieser Staub wird in Zyklonen abgeschieden und dann in den Ofen zurückgefördert. Die Wiedereinspeisung des ausgetragenen Feinstaubes erweist sich für die Verbrennung aus Stabilitätsgründen als vorteilhaft.

Die verschiedenen Beschichtungen und Abzüge aus dem Wirbelschichtreaktor sind in Abb. 12.17 schematisch zu erkennen. Der Reaktor hat einen äußeren Mantel zur Kühlung mit N_2. Die besondere Ausbildung des unteren konischen Teiles zeigt Abb. 12.18. Hier wird an verschiedenen Stellen $O_2 + CO_2$ sowie O_2 eingeführt. Ebenso ist der äußere Kühlmantel zu erkennen. Der Konus wird nach unten durch eine Schwermetallabzugsschleuse geschlossen. Diese besteht aus einem konischen Kükenhahn und einem Flachschieber.

Um eine maximale Leistung im 5-bar-Betrieb zu erreichen, muß außer der Mantelkühlung noch im Inneren eine Rohrkühlung vorgesehen werden. Das Rohrkühlsystem besteht mindestens aus 40 Rohrebenen mit je 7 Rohren, die sowohl innen wie auch außen berippt sein müssen.

12.4.3 Kohlevergasung

Obschon auch hier die Strömungstechnik nur teilweise eine Rolle spielt neben verbrennungstechnischen und chemischen Fragen, ist der Stellenwert dieser Probleme heute und in Zukunft so wichtig, daß auch der Strömungstechniker hier mitarbeiten sollte. Es muß daran erinnert werden, daß der Rohstoff Kohle in großen Mengen in unserem Lande verfügbar ist. Diese Vorräte betragen: Kohle im Ruhrgebiet 14 Mrd. t Steinkohle und in offenem Abbau bei Köln 33 Mrd. t Braunkohle. Im Notfall muß es möglich sein, daß wir damit unsere Energieprobleme bewältigen. Die nachfolgenden Ausführungen mit Abbildungen wurden nur dadurch ermöglicht, daß mir freundlicherweise die Kernforschungsanlage in Jülich durch Vermittlung von Herrn Dr. H. Tischer die Unterlagen für diese Veröffentlichung zur Verfügung stellte. Um dem Strömungsfachmann das folgende Problem näherzubringen, sei an die in Abb. 10.7 gezeigte neue Entwicklung eines Hydrozyklons von Prof. Trawinski erinnert. Durch ein rotierendes Schlammbett in einem zylindrischen Hydrozyklon konnte hier eine größere Wertstoffanreicherung erreicht werden.

Ein strömungstechnisch ähnliches Verfahren zur Vergasung zeigt Abb. 12.19. Im unteren Kegel eines Zylinders befindet sich ein flüssiges Schlackenbad, welches durch tangential eingeführtes Gas und Kohle rotiert. Es handelt sich um ein neues Verfahren, welches als sehr aussichtsreich bezeichnet wird. Es bildet sich über dem Schlammbad ein starker Wirbel mit einem inneren Wirbelkern. Nach inniger Berührung mit dem auch rotierenden Schlammbad kommen die Gas- und Kohleteilchen in eine sehr innige Berührung, wobei bei den hohen Temperaturen inten-

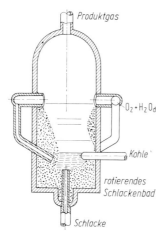

Abb. 12.19   Schlackenbad-Gasgenerator
mit rotierendem Schlackenbad

sive Reaktionen erfolgen. Es ist sogar zu vermuten, daß bei diesem Verfahren eine bessere Vermischung stattfindet als beim normalen Winkler-Schwebebett. Leider sind so einfache Modellversuche, wie sie bei Trawinski zum Erfolg führten, hier nicht möglich. Trotzdem sind solche Modellversuche unentbehrlich, da Großanlagen erhebliche Kosten bereiten.

Die chemischen Reaktionen bei den heutigen verschiedenen Methoden lassen sich durch folgende chemische Gleichungen leicht für die verwendeten Vergasungsmittel darstellen:

Vergasungsmittel	exotherme Reaktionen	endotherme Reaktionen
O_2	$C_{Koks} + 1/2\,O_{2(g)} = CO$	$C_{Koks} + 2\,H_2O_{(g)} = CO + H_2$
H_2	$C_{Koks} + 2\,H_{2(g)} = CH_4$	$C_{Koks} + CO_{2(g)} = 2\,CO$
H_2O		
CO_2		

Der innere Vorgang mag wie folgt beschrieben werden. Mit einer Geschwindigkeit von ca. 5 cm/min sinkt der Brennstoff im Schacht abwärts. Das Vergasungsmittel bzw. das Produktgas strömt im Gegenstrom zur Feststoffbewegung. Dabei werden verschiedene Zonen durchlaufen.

a) Trocknen (bis zu 250 °C),
b) Entgasen (zwischen 350 und 750 °C),
c) Vergasen (zwischen 650 bis 850 °C und 1100 °C),
d) Verbrennen (maximale Temperatur unterhalb des Ascheschmelzpunktes, z. B. 1300 °C).

Die höchste Temperatur herrschte in der Verbrennungszone. In der Vergasungszone nicht umgesetzter Kohlenstoff setzt sich hier mit dem freien Sauerstoff des Vergasungsmittels um, wobei zum größten Teil die für die endothermen Vorgänge (Trocknen, Entgasen, Vergasen) benötigte Energie erzeugt wird (autothermer Prozesse).

Eine gute Übersicht über die z. Z. erprobten großtechnischen Vergasungsverfahren zeigt die folgende Tabelle, die mir freundlichst von den Lurgi-Werken zur Verfügung gestellt wurde.

	Dimension	Koppers-Totzek-Staubvergasung	Winkler-Feinkornvergasung	Lurgi-Festbett-vergasung
Druck	bar	1	1	20...30
Reaktionsendtemperatur	°C	1400...1500	850...1000	700...850
Gasaustrittstemperatur	°C	1400...1500	850...1000	300...650
Strömungsrichtung (Verfahrensführung)		Gleichstrom	Wirbelbett (Rührkessel)	Gegenstrom
Verweilzeit				
— Gas	s	≈1...3	≈3...5	≈15
— Feststoff	h	wie Gas	0,3...0,6	1...1,5
Körnungsbereich	mm	0...0,1	0...8	5...25,3...15
Kohleart		alle	bevorzugt Braunkohlen	alle

Im wesentlichen werden heute weltweit drei Kohlevergasungsverfahren verwertet, die alle hier im Lande entwickelt wurden:

1. Winkler-Prozeß (Fließ- bzw. Wirbelbettverfahren)
2. Koppers-Trotzek-Prozeß (Flugstromverfahren)
3. Lurgi-Druckvergasungs-Prozeß (Festbettverfahren).

Diese drei Verfahren sind in Abb. 10.20 schematisch mit ihren wesentlichen Funktionen abgebildet. Diese Abbildung wurde mir ebenfalls freundlicherweise von Jülich durch Vermittlung von Herrn Dr. Tischer zur Verfügung gestellt[8].

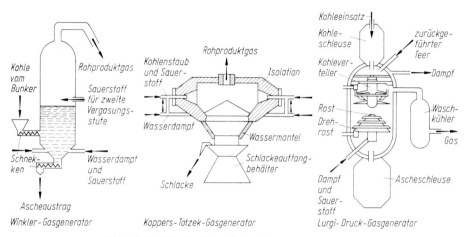

Abb. 12.20   Die herkömmlichen Gasgeneratortypen

Grundsätzlich mag noch folgendes ergänzt werden. Als Kohlevergasung wird die Umsetzung von Kohle mit einem Sauerstoff und /oder Wasserstoff enthaltenden Gas zu einem oxidierenden Gas bezeichnet. Die Reaktionen laufen üblicherweise bei erhöhten Temperaturen ab. Als Vergasungsmittel kommen Sauerstoff (Luft), Wasserdampf, Kohlenoxid, Wasserstoff bzw. bestimmte Mischungen aus diesen Gasen zum Einsatz. Die Zusammensetzung des Kohlevergasungsmittel-Produktgases ist im wesentlichen abhängig von dem verwandten Vergasungsmittel und den Temperatur- und Druckbewegungen sowie der Reaktionsführung, unter denen die Reaktionen erfolgen. Da bei all diesen Verfahren sehr schwierige Strömungsverhältnisse zu beherrschen sind, war eine Behandlung an dieser Stelle geboten.

12.5   Schwebebett einer konischen Röhre

Bezeichnen wir nach Abb. 12.21 den Durchmesser einer konischen Röhre an einer beliebigen Stelle mit d, den Abstand dieser Stelle von der Konusspitze mit y, die Geschwindigkeit an der gleichen Stelle mit w, etwa durch obiges Absaugen erzeugt,

---

[8] Subklew, G.; Franke, F. H.: Die Kohle hat wieder Zukunft. Erdöl und -gas werden ersetzt. Dieser internen Arbeit des Kernforschungsinstituts Jülich entstammen die Abb. 12.19 und 12.20, die ich freundlicherweise übernehmen durfte.

und die entsprechenden Größen am Eintritt mit dem Index 0, so folgt aus der Kontinuität $w_0 d_0^2 = w d^2$.

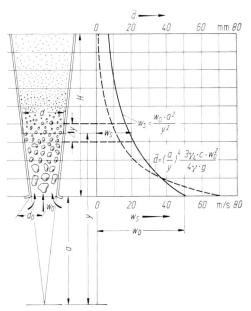

Abb. 12.21 Schwebekörper in einer konischen Röhre. Material ordnet sich nach Korngröße, Schwebegeschwindigkeit und Korndurchmesser (*rechts*)

Eine einfache geometrische Beziehung $y/a = d/d_0$ gestattet dann folgende Umformung:

$$w = w_0 (d_0/d)^2 = w_0 (a/y)^2.$$

Die Teilchen, die an einer bestimmten Stelle schweben, müssen eine Schwebegeschwindigkeit haben, die identisch mit der Strömungsgeschwindigkeit an dieser Stelle ist. Infolgedessen ist

$$w = w_s.$$

So ergibt sich die Abhängigkeit der Schwebegeschwindigkeit von y nach der Gleichung $w_s = w_0 (a/y)^2$. In Abb. 12.21 ist diese Kurve seitlich aufgetragen.

Der Zusammenhang zwischen w_s und dem Kugelduchmesser $\bar{d}$ ist für turbulenten Widerstand gegeben durch die Gleichung

$$w_s^2 = \frac{4}{3} \bar{d} \cdot \frac{\gamma}{\gamma_L} \frac{g}{c}.$$

Beschränken wir uns hier in der Hauptsache auf größere Teilchen mit turbulentem Widerstand, dem praktisch wichtigsten Gebiet, so ergibt sich folgendes:

$$w_s^2 = \frac{w_0^2 a^4}{y^4},$$

und hieraus

$$\bar{d} = \frac{a^4}{y^4} \frac{3}{4} \frac{\gamma_{\text{L}} c w_0^2}{\gamma g}.$$

In Abb. 12.21 ist die Korngröße nach dieser Gleichung in Abhängigkeit von der Rohrlänge y aufgetragen. Es ergibt sich eine sehr schnelle Abnahme entsprechend der Abhängigkeit von der vierten Potenz des Abstandes y. Dieser Vorgang ergibt eine überaus einfache Methode einer genauen und schnellen Sichtung eines Gemisches. Des weiteren zeigt das Verhalten der Schwebekörper in einem konischen senkrechten Rohr Vorgänge, die beim Winkler-Schwebebett und den neuen zahlreichen Anwendungen von großem Interesse sind, weil bei diesen Konstruktionen fast immer konische Teile vorkommen.

12.5.1 Die pneumatische Rinne

Die bisherige Darstellung von pneumatischen Förderungen wäre unvollständig, wenn ein sehr einfaches Mittel zur Beförderung von bestimmten Gütern nicht erwähnt würde. Es handelt sich um die sog. pneumatische Rinne. Eine offene geneigte Rinne fördert staubförmiges und feinkörniges Gut, indem der untere Boden der Rinne, der irgendwie durchlässig ausgeführt wird, Druckluft nach oben in das Schüttgut eintreten läßt. So wird das Fördergut fließfähig und bewegt sich fast wie eine Flüssigkeit. Es bildet sich eine Wirbelschicht besonderer Art, wobei eine Neigung der Rinne von $1°$ bis $6°$ meist genügt. Zement, Mehl und dgl. können so sehr einfach und mit einer geringen Transportleistung gefördert werden. Abb. 12.22 zeigt schematisch das Prinzip. Die Luftzufuhr, der untere Kanal, der Fluidisierungsbogen usw. sind zu erkennen.

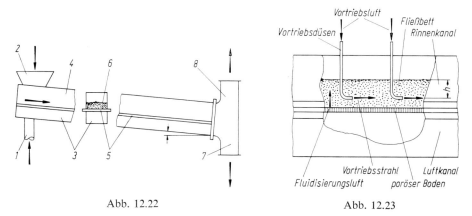

Abb. 12.22   Abb. 12.23

Abb. 12.22 Prinzipieller Aufbau einer pneumatischen Schüttgutförderrinne. (Nach Stegmaier)
1 Luftzufuhr, *2* Gutaufgabestelle, *3* Luftversorgungskanal, *4* Förderkanal, *5* Fluidisierungsboden, *6* Fördergut, *7* Gutauslauf, *8* Luftabfuhr

Abb. 12.23 Horizontale pneumatische Rinne mit Vortriebsluft. (Nach Stegmaier)

Neben der Förderung kann das Verfahren für Kühlung von Zement, Trocknung von Formsand in Gießereien usw. benutzt werden. Seit langem ist dieses Verfahren bekannt. Der Nachteil besteht darin, daß die Rinne eine Neigung haben
muß und oft bei größeren Längen bauliche Schwierigkeiten bereitet. Durch ein
neues Verfahren nach Stegmaier[9] werden diese Nachteile behoben. Freundlicherweise gestattete mir Herr Stegmaier, auch die Abb. 12.23 zu zeigen.

Bei dem von ihm entwickelten Verfahren ist eine horizontale Förderung möglich. Durch einen ebenen Fluidisierungsboden wird dabei wie bisher Druckluft
zur Fluidisierung eingeführt. Neu ist jedoch, daß im Fließbett durch Vortriebs-
düsen gemäß Abb. 12.23 Impulskräfte auf das Gut ausgeübt werden. Das Gut
kann so auch horizontal gefördert werden. Durch eingehende Versuche konnte
insbesondere festgestellt werden, wie tief die Düsen in das Gut eintauchen müssen.
Es ergab sich ein Bestwert von ca. 15 mm.

12.6   Horizontale Förderung

Während bei vertikaler Transportbewegung eine relativ leichte Übersicht und
Berechnung möglich ist, ergeben sich bei horizontalem Transport ganz erhebliche
Schwierigkeiten. Zunächst entsteht die Frage, wie überhaupt bei einer horizontalen Förderung ein Teilchen in Schwebe bleiben kann und nicht auf dem Boden
irgendwie liegen bleibt bzw. abrollt. Bei einer laminaren Strömung wird z. B. ein
Teilchen gemäß Abb. 12.24a in einer Kurve a nach einer Strecke x_i einfach zu
Boden sinken infolge der Schwerkraft. Ganz anders ist nun die Situation bei turbulenter Strömung. Hier findet durch die Turbulenz gemäß b in Abb. 12.24 eine
schwingende Abwärtsbewegung statt, die ungleich länger ist.

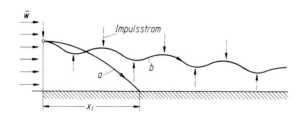

Abb. 12.24   Bewegung eines Einzelkornes in einem Fluidstrom, dessen Geschwindigkeit w ist.
Kurve a für den laminaren und Kurve b für den turbulenten Strömungszustand des Fluids.
(Nach Brauer)

Handelt es sich zunächst um relativ kleine Partikelchen, so kann ein gewisses
Schweben nur unter zwei Bedingungen stattfinden. Einmal ist eine turbulente
Strömung nötig. Weiter muß eine stetige Abnahme der Partikelkonzentration ge-

---

[9] Stegmaier, W.: Horizontale pneumatische Rinne. Verfahrenstechnik. Nr. 1 (1978) 32.

mäß Abb. 12.25 vorhanden sein. Es sei hier wörtlich die hierfür notwendige Voraussetzung von Prandtl[10] zitiert:

„Das andauernde Schweben trotz der Fallbewegung wird dadurch ermöglicht, daß die Teilchenzahl in der Volumeneinheit in tieferen Schichten größer ist als in höheren und so ein von unten her aufwärts strömendes Wasserteilchen mehr Teilchen in die Höhe bringt als in dem gleichgroßen von oben kommenden Quantum herunter befördert wird. Es stellt sich so ein Gleichgewicht ein zwischen dem durchschnittlichen Aufwärtstransport durch den turbulenten Austausch und dem gleichförmigen Fall aller Teilchen relativ zu dem es umgebenden Wasserquantum."

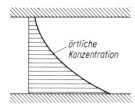

örtliche
Konzentration

Abb. 12.25   Stabile Konzentrationsverteilung für den körnigen Feststoff beim Transport im Fluidstrom durch horizontale Rohre. (Nach Brauer)

Weiter wird gemäß der Prandtlschen Turbulenztheorie ein Turbulenzballen, der sich um einen Weg l quer zur Strömungsrichtung bewegt, gleichzeitig um eine mindest zwanzigmal größere Strecke in Strömungsrichtung fortgeführt, ehe er seine Individualität verliert.

Dem muß noch folgendes hinzugefügt werden. Bei der beschriebenen Bewegung muß notwendig die Luftgeschwindigkeit von unten nach oben zunehmen (Abb. 12.26). Werden danach größere Teilchen transportiert, so nimmt die Geschwindigkeit bei dem Teilchen von w_2 unten nach w_1 oben stark zu. Dies bedingt einen Auftrieb und evtl. Rotation nach dem Magnus-Effekt. Dieser Effekt spielt allerdings erst von einer bestimmten Teilchengröße an eine Rolle, wie später beim hydraulischen Kohletransport und dgl. beschrieben wird.

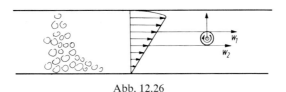

Abb. 12.26

Es ist nun das Verdienst von Gasterstädt[11], für den Transport von körnigem Gut eine erste Aufklärung gegeben zu haben. Behandelt wurde z. B. der Transport von Weizen. Dabei ergibt sich eine Schwebegeschwindigkeit von $w_s = 10$ m/s. Oberhalb von Luftgeschwindigkeiten von $2 w_s$ gibt er eine Verlustziffer λ nach folgendem Gesetz an, wobei Q das Luftgewicht je Zeiteinheit und λ_0 die Verlustziffer ohne Weizen ist:

$$\lambda = \lambda_0 \left(1 + \frac{\zeta}{Q}\right).$$

[10] Prandtl, L.: Strömungslehre, 6. Aufl. Braunschweig: Vieweg 1965. S. 489.
[11] Gasterstädt, J.: Die experimentelle Untersuchung des pneumatischen Förderganges. Forsch. Arb. Ingenieurwes. Nr. 265. VDI-Verlag 1924.

Bei $1,2 w_s$ bleibt das Gut liegen. Gasterstädt fand auch, daß die Körner sich in Bahnen bewegen, die gegen die Strömungsrichtung geneigt sind. Zudem drehen sich die Körner mit Drehzahlen von 10000 bis 15000 min^{-1}. Abbildung 12.27 zeigt eine Übersicht über einige Versuche, die obiges Gesetz bestätigen. Nach diesen ersten Erkenntnissen erfolgte eine stürmische Entwicklung, die durch die Namen Barth, Segler, Muschelknautz, Brauer, Kriegel[12] gekennzeichnet werden.

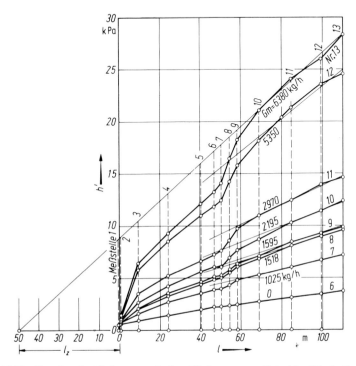

Abb. 12.27 Druckverlust bei pneumatischer Förderung von Getreide. (Nach Gasterstädt)

12.6.1 Widerstandszahl

Der Widerstand bei pneumatischer Förderung setzt sich zusammen aus dem Widerstand für die feststofffreie Fluidströmung mit der Widerstandszahl $\psi =$

[12] Barth, W.: Siehe Fußnote 2, S. 166

Segler, G.: Untersuchungen an Körnergebläsen und Grundlagen für ihre Berechnung. RKTL Nr. 55 (1934).

Muschelknautz, E.: Theoretische und experimentelle Untersuchungen über die Druckverluste pneumatischer Förderleitungen unter besonderer Berücksichtigung des Einflusses von Gutreibung und Gutgewicht. VDI-Forschungsh. Nr. 476 (1959).

Brauer, H.: Siehe Fußnote 3, S. 168.

Kriegel, E.: Konzentrationsprofile beim hydraulischen Transport feinkörniger Feststoffe. Chem. Ing. Tech. 40 (1968) 324–326.

Flatow, J.: Untersuchungen über die pneumatische Flügförderung in lotrechten Rohrleitungen. VDI-Forschungsh. Nr. 555 (1973).

$\dfrac{\Delta p}{\varrho/2\overline{w}^2}\dfrac{d}{L}$; $\overline{w}$ Luftgeschwindigkeit ohne Feststoffe und zum zusätzlichen Widerstand bei Feststofftransport, d. h. einer diesbezüglichen Widerstandszahl

$$\psi_T = \frac{\Delta p_T}{\varrho/2\overline{w}^{\,2}}\frac{d}{L}\,.$$

Damit ergibt sich der Gesamtwiderstandsbeiwert $\Delta p_{ges} = \Delta p + \Delta p_T$. Alle Druckverluste werden mit der mittleren Geschwindigkeit $\overline{w}$ bzw. dem Staudruck dieser
Geschwindigkeit in Beziehung gebracht. Dabei ist die sog. Transportkonzentration

$$c_T = \frac{\dot{V}_p}{\dot{V} + \dot{V}_p}$$

$\dot{V}_p$ sek. Volumen für Feststoffe $\dot{V}$ sek. Fluidvolumen.

Wenn keine Strähnenbildung auftritt und ein stetiges Fördern stattfindet, gelingt
es, ein halbempirisches Widerszandsgesetz zu entwickeln, wobei natürlich keine
allzu große Genauigkeit zu erwarten ist. So gelang es Brauer, folgende Formel zu
entwickeln:

$$\psi_T = Ac_T\frac{d}{d_p}\frac{\overline{w}}{\overline{w}_{px}}\left(\left(1 - \frac{w_{px}}{w}\right)^2\frac{\zeta}{k^2}\right.$$

w_{px} Partikelgeschwindigkeit; $\overline{w}$ Gasgeschwindigkeit; ξ Kugelwiderstand; $k<1$ Korrektur bei
Abweichung von Kugelform.

Theoretisch müßte die Konstante den Wert 3/2 haben. Weil bei der Ableitung
der Gleichung eine mögliche Rückwirkung des Festtransportes auf die Gasströ-
mung nicht berücksichtigt wurde, mußte der genaue Wert von A durch Versuche
ermittelt werden. In Abb. 12.28 wurden nun die ψ_T-Werte für die Förderung von
Erbsen, Glaskugeln, Pillen, Weizen, Quarz, Quarzkies und ähnliche Stoffe untersucht. Dabei ergibt sich eine Gerade von 45° bei einer Konstanten $A = 2{,}7$. Man
erkennt, daß die Versuchswerte im Mittel um diese 45°, Kurve a, streuen. Die
prozentuale Abweichung beträgt $\pm 30\%$. Der Umstand, daß alle Versuchswerte
um diese Gerade a zu finden sind, zeigt, daß das angegebene Gesetz befriedigend
ist.

12.6.2 Einfluß des Rohrquerschnittes

Versuche von Kriegel und Brauer[13] haben ergeben, daß die Querschnittsform
einen wesentliche Einfluß hat. Obschon meist ein runder Kreisquerschnitt in
Frage kommt, ist dies nicht ohne Bedeutung. Diese Versuche zeigten nun, daß
eine elliptische Querschnittsform mit einem Achsenverhältnis 1:3 in waagerechter
Lage der großen Lage eine kleinere Ablagerungsgeschwindigkeit ergibt als beim

---

[13] Kriegel, E,; Brauer, H.: Hydraulischer Transport körniger Feststoffe durch waagerechte
Rohrleitungen. VDI-Forschungsh. Nr. 515 (1966).

Kreisrohr, während bei einer Lage der großen Achse in lotrechter Lage die Ablagerungsgeschwindigkeit erheblich größer als beim Kreisquerschnitt ist. Abbildung 12.29 zeigt diese großen Unterschiede.

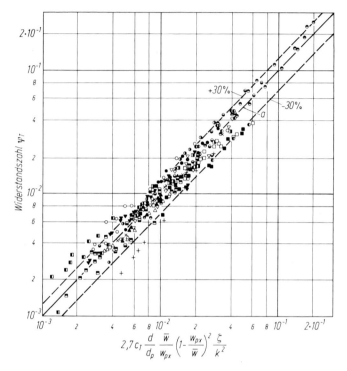

$$2{,}7\,c_T\,\frac{d}{d_p}\,\frac{\overline{w}}{w_{px}}\left(1-\frac{w_{px}}{\overline{w}}\right)^2\frac{\zeta}{k^2}$$

Abb. 12.28   Vergleich zwischen der Widerstandszahl ψ_T für den pneumatischen Transport und Meßwerten. Verschiedene Korngrößen von Pillen, Weizen, Quarz, Glaskugeln u. dgl. (Nach Brauer)

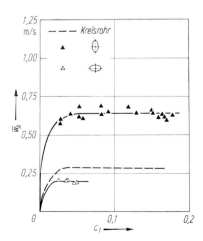

Abb. 12.29   Abhängigkeit der Ablagerungsgeschwindigkeit w_A für ein Koks-Wasser-Gemisch von der Konzentration c_T für verschieden geformte Rohre. (Nach Kriegel und Brauer)

12.7 Besonderheiten der hydraulischen Förderung

Bei der hydraulischen Förderung, z.B. mit Wasser, ergeben sich Besonderheiten, die beachtet werden müssen. Da hier die Dichten von Fluid und Feststoff von gleicher Größenordnung sind, werden die Partikel- und Fluidgeschwindigkeiten praktisch gleich sein. So kann $w_{px}/\overline{w} = 1$ gesetzt werden. Damit wird die Transportkonzentration c_T gleich der Raumkonzentration c_R. Folgende Formel konnte für diese Fälle von Brauer entwickelt werden:

$$\psi_T = 0{,}282\, c_T \left(\frac{\varrho_p}{\varrho} - 1\right)\left(\frac{w_s'^3}{gv}\right)^{1/3} Fr^{-4/3}.$$

Diese Gleichung gilt für Re-Zahlen zwischen 10^4 bis 10^5. Voraussetzung ist jedoch, daß der Partikeldurchmesser klein zum Rohrdurchmesser ist. Es ergibt sich eine Versuchskurve gemäß Abb. 12.30 in Abhängigkeit von der Froude-Zahl. Die Meßpunkte zeigen, daß diese Gesetzmäßigkeit ziemlich gut stimmt.

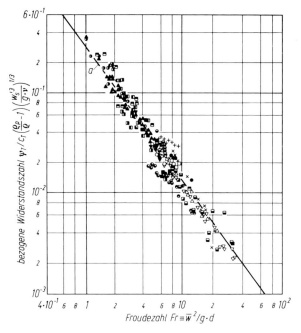

Abb. 12.30 Abhängigkeit der bezogenen Widerstandszahl von der Froude-Zahl Fr bei ablagerungsfreiem hydraulischem Transport in waagerechten Rohren. (Nach Brauer)

Für größere Partikel fehlen noch sichere Angaben. Trotzdem werden Anwendungen von großer Bedeutung in der Industrie heute schon benutzt. So mag z.B. auf die Black-Mesa-Pipeline für Kraftwerkskohle in USA mit 440 km Länge und 5 Mill. t Jahresfördermenge verwiesen werden, sowie auf die Samarco-Pipeline für Eisenerz in Brasilien mit 404 km Länge und 12 Mill. t Jahresfördermenge.

12.7.1 Pneumatischer Transport von ganz feinen Schüttgütern

Die bisher behandelte „klassische" pneumatische Förderung bedarf einer wesentlichen Ergänzung, seitdem neue zusätzliche Entwicklungsaufgaben entstanden. Der Zwang zur Rationalisierung wirkt sich so aus, daß man die Energie- und Investitionskosten beim pneumatischen Transport erheblich senken kann. Schüttgüter wie Polyäthylengranulat, locker granulierte Waschmittelbestandteile, perlierter Kunstdünger usw. werden heute pneumatisch gefördert.

Dies zwingt zur Erforschung des pneumatischen Verhaltens dieses Feingutes besonders deshalb, weil hier Verstopfungen oft nicht zu vermeiden sind.

Es ist das Verdienst von Krambrock[14], auf diesem Gebiet wertvolle Aufklärung geleistet zu haben. Freundlicherweise gestattete mir Herr Krambrock, mit guten Abbildungen darüber zu berichten.

Trägt man für eine gegebene pneumatische Förderanlage mit konstantem Rohrdurchmesser und konstanter Leitungslänge für verschiedene Feststoffbeladungen des Fördergases den jeweiligen Druckverlust über die auf den freien Rohrquerschnitt bezogene Luftgeschwindigkeit v auf, so erhält man ein Zustandsbild gemäß Abb. 12.31, wobei eine logarithmische Darstellung gewählt wurde. Die untere Kurve mit der Beladung $\mu = 0$ zeigt den Druckverlust der reinen Luftströmung an, d.h. die untere Grenze der pneumatischen Förderung, während die

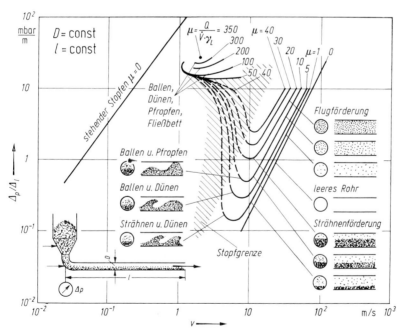

Abb. 12.31 Zustandsdiagramm der pneumatischen Förderung für rieselfähige Schüttgrößen um 200 µm. (Nach Krambrock)

---

[14] Krambrock, W.: Möglichkeiten zum Verhindern der Stopfenbildung beim pneumatischen Transport. Verfahrenstechnik Nr. 4 (1978).

obere Grenze den Druckverlust des ganz mit Schüttgut gefüllten Rohres darstellt, wo die Beladung ebenfalls Null ist. Bei Beladung mit Feststoffen ist der Druckverlust bei großen Luftgeschwindigkeiten groß und sinkt mit abnehmender Luftgeschwindigkeit, um dann nach Durchlaufen eines Minimalwertes wieder anzusteigen. Je größer die Beladung, um so höher liegen die Druckverlustkurven im Zustandsdiagramm.

Bei großen Luftgeschwindigkeiten werden die Feststoffe fast gleichmäßig über den Rohrquerschnitt verteilt. Man spricht von einer Flugförderung. Nun kann nur eine bestimmte Feststoffmenge schwebend gefördert werden, weil sich sonst Strähnen und geschlossene Pfropfen bilden. Es entsteht die sog. Pfropfgrenze, die bei obigen Anwendungen oft erreicht wird. Sehr anschaulich wird die Gesamtsituation durch Abb. 12.31 dargestellt, wobei es sich um Schüttgüter um 200 μm handelt. Die verschiedenen Stadien Ballen, Strähnen und die dazugehörenden Kurven sind in dem Bild gut zu erkennen. Insbesondere machen feine, haftende Schüttgüter mit Korngrößen unter 10 μm große Schwierigkeiten. Oft bilden sich schlagartig Verstopfungen, wenn die Beladung über einen Grenzwert hinaus gesteigert wird. Nun kann in manchen Fällen durch geeignete Wahl von Rohrleitung, Luftmenge und Produktdurchsatz die Förderung in einem Bereich ohne Stopfenbildung durchgeführt werden. In vielen anderen Fällen führen diese Maßnahmen nicht zum Ziel, so daß irgend etwas gegen Stopfenbildung getan werden muß. Es wurden bisher verschiedene Maßnahmen getroffen. Zum Beispiel versucht man, durch einen Druckstoß den Pfropfen aufzulösen; in der Leitung wird ein kleines perforiertes Schlauchgebilde eingesetzt, um durch die örtlich stetig zugegebene Luftmenge einen gewissen Schwebe- und Lockerungszustand zu erhalten. Auch versucht man, durch plötzliche Erweiterung des Rohrdurchmessers Auflockerungen zu erhalten u. dgl.

Alle diese Maßnahmen reichen aber nicht aus, um zufällige Pfropfenbildungen an irgendeiner Stelle zu vermeiden. In manchen Betrieben ist eine evtl. Unterbrechung der Förderung schwerwiegend, weil dadurch u. U. die ganze Fabrikation lahmgelegt werden kann.

Wenn man alle bisherigen zahlreichen Vorschläge zur Beseitigung solcher Pfropfenbildungen betrachtet (sie können u. U. 1,5 m lang sein!), so zeigt es sich, daß sie nicht vollkommen sind. Auch örtliche Maßnahmen sind wirkungslos, weil man überhaupt nicht weiß, wo sich zu irgendeiner Zeit ein störender Pfropfen bildet. Krambrock hat nun eine Methode entwickelt, die sicher und automatisch diese Pfropfen auflöst. In Abb. 12.32 ist diese Methode schematisch mit den Druckverhältnissen dargestellt. Unter dem Hauptförderrohr befindet sich eine kleine Nebenleitung, die die gleiche Druckluft von Anfang bis Ende fördert, so daß die gleichen Drücke Δp_N in beiden Leitungen wirken. So strömt ca. 5 bis 10 % Druckluft nutzlos durch das Nebenrohr. Bildet sich nun eine lokale, überhöhte Schüttgutkonzentration im Hauptrohr, dann stellen sich die neuen Druckverläufe Δp_1^H und Δp_2^H ein. Im Bereich der Schüttgutkonzentration ergibt sich dann ein Schnittpunkt S. Links von diesem Schnittpunkt ist der Druck im Hauptrohr Δp_H größer und rechts davon ist der Druck Δp_H kleiner als im Nebenrohr. Wenn nun, wie in Abb. 12.32 gezeigt, Haupt- und Nebenrohr mit vielen Rückschlagventilen verbunden würden, dann konnte rechts das Schnittpunktes S Luft vom Nebenrohr ins Hauptrohr geleitet werden. Um nun Stopfenbildung zu verhindern, sind ge-

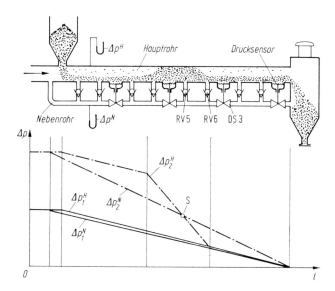

Abb. 12.32   Stopfenverhinderung durch gezielte Sekundärluftzufuhr. (Nach Krambrock)

mäß Abb. 12.32 in größeren Abständen sog. Sensoren angeordnet, die den freien Durchgang des Nebenrohres verschließen, wenn der Druck darin größer als im Hauptrohr wird. Es würde demnach der Sensor DS3 das Nebenrohr verschließen, und somit die Umgehungsluft gezielt über die Rückschlagventile RV5 und RV6 in die Schüttanhäufung leiten. Ist die überhöhte Feststoffkonzentration beseitigt, stellt sich wieder der Druckverlauf Δp_{H1} und Δp_{N1} ein. Da nunmehr wieder Druckgleichgewicht im Haupt- und Nebenrohr herrscht, gibt auch der Sensor DS3 den Nebenrohrquerschnitt frei. Praktisch werden 2 bis 10 Rückschlagventile in einem Abstand von jeweils 5 bis 10 Rohrdurchmessern zwischen zwei Sensoren angeordnet. Über die praktische Ausbildung der Überstromventile und der Sensoren möge man bei Krambrock nachlesen.

12.8   Pneumatische Fadenförderung in der Textilindustrie

12.8.1   Luftdüsen-Webverfahren

In der Textilindustrie vollzieht sich nunmehr eine einmalige Revolution. Die bisherigen Webstühle, bei denen der Schußfaden mechanisch von einem zum anderen Ende des Stoffes geführt wird, wurden strömungstechnisch vollständig geändert. Das bisherige mechanische Schiffchen wird nunmehr durch eine pneumatische Förderung mit Druckluft ersetzt. Es ist erstaunlich, daß dadurch die Produktionsgeschwindigkeit von 150 auf mehr als 500 Durchgänge pro Minute gesteigert werden konnte. Infolge dieser einmaligen Erfindung wurden bereits 1979 50000 neue Luftdüsenwebstühle (Jet-Webstühle) installiert. Es klingt fast unglaublich, daß durch diese neue, rein strömungstechnische Anordnung, Schußeintragsleistungen von bis zu 1000 m/min, d. h. pro Minute 1 km Garn als Querfaden eingeblasen werden kann.

Die nachfolgende Beschreibung des neuen Vorganges wurde mir durch das Entgegenkommen der Fa. Rüti AG in Rüti (Schweiz) ermöglicht, die mir freundlicherweise die Abb. 12.33 und 12.43 zur Verfügung stellte. Dazu sei auch auf die diesbezüglichen Veröffentlichungen [15,16] hingewiesen.

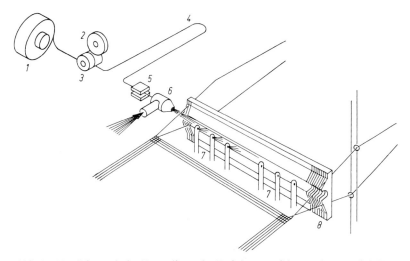

Abb. 12.33   Schematische Darstellung des Luftdüsenverfahrens. (Fa. Rüti AG)

Abbildung 12.33 zeigt eine gute schematische Darstellung des Verfahrens. Durch Druckluft wird das Schußgarn in das Webfach eingetragen. Seine Anfangsbeschleunigung erhält der Schußfaden durch eine Hauptdüse. Den Weitertransport übernehmen Stafettendüsen, die über die volle Breite der Maschine angeordnet sind. Von einer stationären Vorlagespule *1* wird das Schußgarn kontinuierlich abgezogen. Eine auswechselbare Ablängscheibe *2*, die die Mitnehmerrollen *3* antreibt, bestimmt die Garnlänge *4* pro Schußeintrag. Von den Mitnehmerrollen gelangt das Schußgarn in den Fadenspeicher *4* und liegt dort, nur durch einen leichten Luftstrom gehalten, in Form einer Schlaufe für den Eintrage bereit. Eine zentrale Kompressoranlage liefert die erforderliche Druckluft. Öffnet sich der Fadenstopper *5*, so wird die vorgelegte Garnschlaufe zum Ausziehen freigegeben. Durch die Hauptdüse *6* erhält der Schußfaden seine Anfangsbeschleunigung. Einzelne Stafettendüsengruppen *7* übernehmen nacheinander den Weitertransport durch den Schußkanal des Webeblattes *8*, bis die vorgelegte Garnschlaufe ausgezogen ist und der Fadenstopper wieder schließt. Das Stafettenprinzip ermöglicht grundsätzlich den Weitertransport des Schußfadens über eine beliebige Breite.

---

[15] Stucki, P.: Möglichkeiten der Leistungssteigerung mit Webmaschinen mit Wasser- und Luftdüsenschußeintrag. Melliand Textilber. (1977) 995.

[16] Krötz, R.: Das Weberschiffchen ist gestrandet. Druckluft Kommentare, Atlas Copco 2/80, S. 28.

Stoffbahnen bis zu 250 cm Breite sind so möglich. Die Schußeintragsleistung beträgt bis zu 1000 m/min. An elektrischer Leistung werden für eine Webmaschine 1,4 bis 1,9 kW benötigt. Der Druckluftverbrauch liegt bei 400 bis 700 l/min bei einem Druck an der Webmaschine von 3 bis 6 bar, je nach Art des herzustellenden Gewebes.

Die Verwendung von Luftstrahlen ist unvermeidlich mit einer starken Verwirbelung des Strahles verbunden. Durch Stafettendüsen (7) wird die Transportleistung des Luftstrahles erhalten.

Abbildung 12.34 zeigt eindrucksvoll das Schußgarn, welches sich im nicht sichtbaren Luftstrom schnurgerade bewegt.

Abb. 12.34 Fotoaufnahme des neuen Verfahrens. Der durch Luftstrahl bewegte Faden ist sichtbar. (Fa. Rüti AG)

Das gleiche Prinzip ist auch mit Wasserdüsen möglich. Dabei ergibt sich der Vorteil, daß eine Verwirbelung mit der umgebenden Luft praktisch nicht stattfindet. Stafettendüsen sind somit entbehrlich. Einige Unterschiede gegenüber dem Druckluftverfahren ergeben sich dabei. Nach dem Abschuß bewegt sich der Wasserstrahl und das mitgeführte Schußgarn in einer vertikalen Ebene (ballistische Kurve), die etwa im Mittelfeld des Fachtunnels liegt. In dieser Partie wird ein sauberes Fach über der gesamten Kettenreihe benötigt. Dies ist jedoch nicht allzu kritisch, da das Anwendungsfeld der Wasserdüsenmaschine wegen des Schußeintragungsmediums Wasser in einem Garnsektor liegt, der günstige Ketteilungseigenschaften hat.

12.8.2. Pneumatische Spinntechnik

Auch in der Spinntechnik bahnt sich eine Revolution an. Hier müssen Fäden miteinander verdreht werden. Man hat nun gefunden, daß mit einem Luftwirbelverfahren diese Funktion rein pneumatisch, d.h. strömungstechnisch, gelöst werden kann. Ein Faden wird durch Druckluft in ein Rohr geführt, anschließend durch tangential eingeführte Druckluft als Luftwirbel ausgebildet, so daß danach tangential eingeführte Fäden die Fäden ganz allein spinnt. Die hierbei erreichte Leistungsvergrößerung liegt etwa bei dem Zehnfachen gegenüber den bisherigen mechanischen Methoden. Die strömungstechnische Verspinnung dürfte dabei im Wirbelkern der Wirbelbewegung liegen.

Es handelt sich hier um eine Neuerung mit einem hohen Stellenwert. Typisch ist dabei, daß die Praxis der strömungstechnischen Forschung einfach davon gelaufen ist. Entscheidende Grenzschichtvorgänge sind noch unbekannt, Lohnende Aufgaben ergeben sich hier. Man darf die Vermutung äußern, daß bei systematischer Forschung der benötigte Druck der Druckluft erheblich gesenkt werden kann.

Schrifttum zu Kapitel 12

Adam, O.: Untersuchungen über die Vorgänge in feststoffbeladenen Gasströmen. Forschungsber. d. Landes Nordrhein-Westfalen, Nr. 904. Köln u. Opladen: Westdeutscher Verlag 1960.
Barth, W.: Physikalische und wirtschaftliche Probleme des Transportes von Festteilchen in Flüssigkeiten und Gasen. Chem. Ing. Tech. 32 (1960) 164–171.
—: Strömungsvorgänge beim Transport von Festteilchen und Flüssigkeitsteilchen in Gasen mit besonderer Berücksichtigung der Vorgänge bei pneumatischer Förderung. Chem. Ing. Tech. 30 (1958) 171–180.
Bohnet, M.: VDI-Forschungsh. Nr. 507 (1965).
Bolenius, C. A.: Die energetischen Vorgänge beim Versatzblasen. Glückauf 87 (1951) 1177–1186.
Brauer, H.: Grundlagen der Einphasen- und Mehrphasenströmung Sauerländer, Aarau 1971.
—; Kriegel, E.: Untersuchung über den Verschleiß an Rohrleitungen beim hydraulischen Transport von Feststoff. Stahl u. Eisen 84 (1964) 1313–1122.
Brösskampf, K. H.: Förderweite und Fördermenge im Spülbetrieb. Bautechnik 34 (1957) 410 bis 417.
Butler, M.: Chem. Process (London) 17 (1971) 39, 41–43.
DAS 11 91 741 der Fa. F. J. Gattys (1961).
DAS 20 22 962 A. Kanics, Laasphe (1970).
DAS 23 34 360 der Waeschle Maschinenfabrik GmbH (1973)
DAS 23 05 030 der Waeschle Maschinenfabrik GmbH (1973).
DBP 11 74 256 der Bayer AG (1964).
DBP 21 02 301 der Bayer AG (1971),
Durand, R.: Basic Relationships of the Transportation of Solids in Pipes — Experimental Research. Proc. Minnesota Int. Hydraulic Convention. Sept., 1–4 1953, Minneapolis, Minnesota: St. Anthony Falls Hydraulic Laboratory 1953.
Flatt, W.; Allenspach, W.: Chem. Ing. Tech. 41 (1969) 1173–1176.
—: Chem. Rundsch. (Solothurn) 26 (1973) 13–15.
Führböter, A.: Über die Förderung von Sand-Wasser-Gemischen in Rohrleitungen. Mitt. Franzius-Inst. für Grund- und Wasserbau der TH Hannover, Nr. 19, Hannover 1961.
Gasterstädt, J.: Die experimentelle Untersuchung des pneumatischen Fördervorganges. Forsch.-Arb. Ingenieurwes. Nr. 265. VDI-Verlag 1924.

Glatzel, W.: Diss. D 83, TU Berlin 1977.

Howard, G. W.: Transportation of Sand and Gravel in a Fourinch Pipe. Trans. Am. Soc. Civ. Eng. 104 (1939) 1334—1348.

Hydraulischer Festtransport, VDI-Nachrichten Nr. 26 (1948).

Jamm, W.; Kinzler, F.: Die Transportmöglichkeiten für Massengüter mittels Pipelines. Int. Arch. Verkehrswes. 13 (1961) 334—337.

Jung, R.: Der Druckabfall im Einlaufgebiet pneumatischer Förderanlagen. Forsch. Ingenieurwes. 24 (1958) 50—58.

Kenneke, K.: Fluidisierung und Fließbettförderung von Schüttgutrinnen. Fördern u. Heben 26 (1976) 621—624. Heft 1965.

Krambrock, W.: Industrieanzeiger 95 (1973) 25.

Kriegel, E.; Brauer, H.: Hydraulischer Transport körniger Feststoffe durch waagerechte Rohrleitungen. VDI-Forschungsh. Nr. 515 (1966).

Krötzsch, P.: Druckverlust und mittlere Partikelgeschwindigkeit bei stationärer Gas/Feststoff-Strömung im senkrechten Rohr. Chem. Ing. Tech. Nr. 24 (1972).

Lippert, A.: Chem. Ing. Tech. 38 (1966) 350—355.

Meyer, H.: Allgemeine Gesetzmäßigkeiten bei der pneumatischen Förderung. Diss. TH Aachen 1959.

Molerus, O.; Pahl, M. H.; Rumpf, H.: Die Porositätsfunktion in empirischen Gleichungen für den Durchströmungswiderstand im Bereich Re 1, Chem. Ing. Tech. 43 (1971) 376—378.

Muschelknautz, E.: Theoretische und experimentelle Untersuchungen über die Druckverluste pneumatischer Förderleitungen unter besonderer Berücksichtigung des Einflusses von Gutreibung und Gutgewicht. VDI-Forschungsh. Nr. 476 (1959).

—; Krambrock, W.: Chem. Ing. Tech. 41 (1969) 1164—1172.

Newitt, D. M.; Richardson, J. F.; Abbott, M.; Turtle, R. B.: Hydraulic Conveying of Solids in Horizontal Pipes. Trans. Inst. Eng. 33, No. 2 (1955) 93/113.

Pumpen von Feststoffen senkt Kosten. VDI-Nachrichten Nr. 38 (1978).

Reimer, E. Nachf.: Poröse Plastoporit-Sinterkunststoffrohre-Belüftungsrohrstutzen zur Innenauskleidung von pneumatischen Transportrohren. Firmenschrift II/1965.

Scholl, K. H.: Horizontale pneumatische Förderung mit kleinen Geschwindigkeiten und hoher Feststoffkonzentration. Diss. TU Karlsruhe, 1974.

Schultz-Grunow, F.: Zur Rheologie der Suspensionen. Chem. Ing. Tech. 34 (1962) 223—230.

Stegmaier, W.: Horizontal fördernde pneumatische Schüttgutrinnen, Fördern und Heben 26 (1976) 621—624.

—: Horizontale pneumatische Rinne mit Impulsvortrieb für Schüttgüter. Diss. TU Karlsruhe 1977.

Weber, M.: Fließförderung in Rinnen und Rohrleitungen. Maschinenmarkt 74 (1968) 1945—1948.

—, et al.: Handbuch der Strömungsfördertechnik. Mainz: Krausskopf 1974.

—; Scholl, K. H.: vt „verfahrenstechnik" 7 (1973) 131—136.

Weidner, G.: Grundsätzliche Untersuchung über den pneumatischen Fördervorgang, insbesondere über die Verhältnisse bei Beschleunigung und Umlenkung. Forsch. Ingenieurwes. 21 (1955) 145—152.

Welschof, G.: Pneumatische Förderung bei großen Fördergutkonzentrationen. VDI-Forschungsh. Nr. 492 (1962).

Worster, R. C.; Denny, D. F.: Hydraulic Transport of Solid Material in Pipes. Proc. Inst. Mech. Eng. 169 (1955) 563—588.

13 Sichter

13.1 Mahlfeinheit

(Oberflächenbestimmung nach Blaine)

Für die nachfolgende Anwendung muß der Begriff der „Mahlfeinheit" bekannt sein.Die Normen schreiben bestimmte Mahlfeinheiten vor, welche durch Absieben des Mehls auf genormten Sieben mit 900 bzw. 4900 Maschen je cm² = DIN 0,2 bzw. 0,09 gemessen und nach dem auf den Sieben verbleibenden Rest in Prozent angegeben werden.

Neben diesen üblichen Feinheitsbestimmungen durch Absiebung werden in letzter Zeit die Feinheiten des Zement gern nach der Oberfläche in cm²/g angegeben, da die Oberfläche für die Güte des Zements von großer Bedeutung ist. Die Oberfiäche wird mit Hilfe des Luftdurchlässigkeitsmessers nach Blaine bestimmt. Diese Methode ist aber bis jetzt noch nicht in die Normen aufgenommen worden. Über dieses Verfahren sei nach den Angaben von Gille „Anleitung für den Gebrauch des Luftdurchlässigkeitsmessers Blaine (ASTM C 204—46 T)" folgendes berichtet.

Der Umstand, daß der Widerstand eines Pulvers gegen einen durchgesaugten Luftstrom mit zunehmender Feinheit des Pulvers zunimmt, gab den Anlaß, die Feinheit nach der Durchströmzeit eines bestimmten Volumens Luft durch eine bestimmte Menge Pulver zu bestimmen. Voraussetzung für zuverlässige Messungen ist, daß ein Mehlbett mit vorgeschriebener Höhe und Querschnitt geschaffen wird, in dem die Porosität, d.h. das Verhältnis von Luftraum zu Gesamtraum konstant bleibt.

Der Meßapparat „Blaine" besteht aus einem Meßzylinder mit geeichtem Inhalt, einer Siebplatte, einem genau in den Zylinder passenden (eingeschliffenen) Stempel mit kleinem seitlich eingefrästen Luftschlitz und einem Anschlagring, der im eingeschobenen Zustand das Volumen des Zementbettes begrenzt, einem Meß-U-Rohr mit 3 Marken und einer Markierung für die Flüssigkeitsfüllung, auf welches der Meßzylinder mittels geschliffenen Konus luftdicht aufgesetzt werden kann, der Manometerflüssigkeit und einem Saugstutzen am U-Rohr mit Absperrhahn.

Für Zemente normaler Feinheiten bedient man sich der Porosität $e = 0,505$, für Feinzemente der größeren Porosität $e = 0,530$.

Die Einwaage des Zements berechnet man nach folgenden Formeln:

$$J = V(1 - e) \text{ in } cm^3$$

$$G = dJ = dV(1 - e) \text{ in } g$$

Hierin bedeuten:

V Raum des Zementbettes in cm³,
e Porosität (wie oben angegeben = 0,505 oder 0,530,
J Raum, der mit dem Zement zu füllen ist in cm³,
G erforderliche Einwaage von Zement in g,
d Dichte (spez. Gewicht) des Zements.

V ist für jedes Gerät einmal zu bestimmen, das spezifische Gewicht für jeden zu prüfenden Zement. Dieses muß innerhalb der Grenzen $\pm 0,05$ genau sein, um die Beeinflussung der Oberflächenwerte durch das spez. Gewicht innerhalb $\pm 2\%$ zu halten. Die Bestimmung des spez. Gewichtes erfolgt in der gewohnten Weise mit dem Pyknometer mit 2 Stellen hinter dem Komma. Die Eichung des Raumes *V* des Zementbettes erfolgt mit Quecksilber gemäß der dem Gerät beigegebenen Beschreibung.

13.2 Zentrifugalsichter

Bisher wurde die Reinigung von Gasen und Luft von Staubteilchen, der Transport von Festkörpern durch strömende Luft an typischen Anwendungsbeispielen behandelt und die Berechnung solcher Vorgänge dargelegt. Nun gibt es industriell noch eine dritte, nicht unwesentliche Aufgabe. Es handelt sich darum, feinkörniges Material irgendwelcher Herkunft zu sortieren und aus einer Mischung, wie sie z.B. durch Mahlen erreicht wurde, das feinste Material herauszuholen. Dazu wird dieses Material in eine Luftströmung eingebracht und durch Ausschleudern irgendwie in ein Kraftfeld gebracht, wo die kleinsten Teilchen abgesondert werden können. Zentrifugalsichter verschiedener Bauart erfüllen diese Aufgabe. Eine schematische Darstellung zeigt Abb. 13.1. Das Laufrad *1* saugt aus dem Raum *2* Luft an, drückt diese in *3* und anschließend durch Öffnungen *4* zurück in den Raum *2*. Körniges Material wird gleichzeitig durch den Trichter *5* auf eine mitlaufende Scheibe *6* geführt und von da aus in den aufsteigenden Luftstrom geschleudert. Bei *7* und *8* tritt dann Material verschiedener Körnung aus.

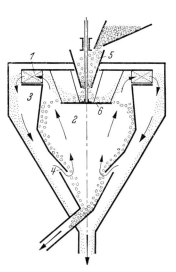

Abb. 13.1 Schematische Darstellung eines
Zentrifugalsichters

13.3 Zyklon-Umlaufsichter

Zur Verbesserung der Zentrifugalsichter werden verschiedene Wege beschritten. Für den nachfolgenden Überblick stellte mir die Fa. Polysius (Beckum-Neubeckum) freundlicherweise umfangreiches Material mit Abbildungen zur Verfügung.

Der zur Verbesserung von Zentrifugalsichtern beschrittene Weg besteht durchweg darin, daß zur feineren Sichtung Zyklone irgendwie in den Prozeß eingeschaltet werden. Dies ist z. B. der Fall bei dem Zyklon-Umlaufsichter der Fa. Polysius. Dabei wird die Feingutabscheidung in spezielle Zyklonabscheider verlegt. Dieser sog. Cyclopol-Sichter von Polysius ist in Abb. 13.2 in einer anschaulichen Art dargestellt. Das Sichtgut wird über eine Luftförderrinne seitlich dem Cyclopol-Sichter aufgegeben und durch Streuteller gleichmäßig im Sichtraum verteilt. Der Sichtluftstrom wird von einem außenliegenden Ventilator erzeugt und am unteren Ende des Sichtraumes über verstellbare Leitschaufelkränze tangential eingeführt. Dieser Luftstrom trennt das Sichtgut unter Wirkung eines zentrifugalen Kraftfeldes der Strömung in Feingut und Grobgut. Dies fällt zur Nachsichtung über mehrere Rieseleinbauten in den Griessammeltrichter und kann in den Mahlprozeß zurückgeführt werden.

Das Feingut wird vom Luftstrom mitgetragen, durchströmt das an der Streutellerwelle befestigte Gegenflügelsystem und wird in mehreren symmetrisch um das Sichtgehäuse angeordneten Hochleistungszyklonen abgeschieden. Aus den Zyklonen wird das Feingut mittels Luftabschlußvorrichtungen wie Zellenschleu-

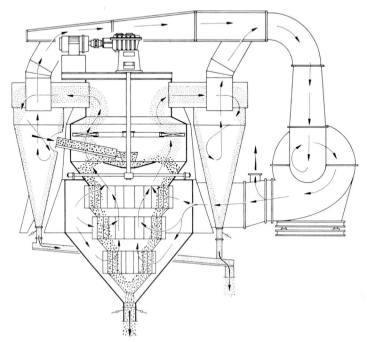

Abb. 13.2   Cyclopol-Sichter der Fa. Polysius

sen oder Pendelklappen ausgetragen. Der entstaubte Sichtluftstrom wird dem Ventilator zugeführt. Die Feinheit und der Kornaufbau des Fertiggutes sind durch Änderung der Drehzahl des Streuteller-Gegenflügelsystems sowie Regelung der Sichtluftmenge über einen großen Bereich stufenlos einstellbar (z. B. bei der Herstellung von Zement zwischen 2000 und 7000 cm³/g nach Blaine). Als besonderer Vorteil der Vorrichtung wird eine höhere Trennschärfe und eine größere spezifische Belastbarkeit des Sichters erreicht. Abbildung 13.2 illustriert den ganzen Vorgang sehr anschaulich.

13.4 Kanalradsichter

Eine weitere Verbesserung erreicht Polysius durch ein neues Prinzip, den sog. Kanalsichter. Abb. 13.3 zeigt das Gerät im Schnitt, während das Funktionsprinzip in Abb. 13.4 anschaulich zu erkennen ist. In der Mitte von Abb. 13.3 ist das Sichtergehäuse *1* zu erkennen mit dem Kanalrad *2* samt Antrieb *3*, einem unterhalb des Kanalrades angeordneten Luftkasten *4* sowie der Gutaufgabe *5*. Die eigentliche Sichtung erfolgt im Bereich des Kanalrades. Rein äußerlich ist der Sichter ebenfalls ein Zyklon-Umlaufsichter. Die Sichtluft tritt vom Ventilator *8* kommend über einen Diffusor in das Sichtergehäuse ein. Zur Sichtung durchströmt die Luft das Kanalrad von außen nach innen und verläßt es in axialer Richtung nach unten in den genannten Luftkasten hinein. Dieser Kasten kann auch oberhalb des Kanalrades angeordnet werden. Das Sichtgut wird von oben durch ein zentrisches Rohr *6* in die Mitte des Kanalrades aufgegeben. Ein Grobgutfang *7* führt Fremdkörper über eine seitliche Schurre am Kanalrad vorbei. Die Sichtluft nimmt das Feingut mit. Sie gelangt nach dem Luftkasten in einen oder mehrere parallel angeordnete Zyklonabscheider *9* und von da wieder zum Ventilator.

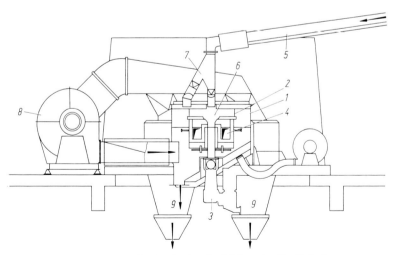

Abb. 13.3   Schnitt durch Kanalradsichter der Fa. Polysius

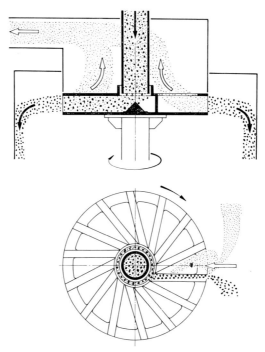

Abb. 13.4 Funktionsprinzip des Kanalradsichters der Fa. Polysius

Das Grobgut fällt im Sichtergehäuse aus und wird über einen belüfteten Boden ausgetragen.

Zum vollständigen Sichter gehören schließlich noch die Austragorgane sowie eine Leitung zum Abführen der Luft aus der eigentlichen Falschluft.

Die Ähnlichkeit mit dem Zyklon-Umlaufsichter ist nur äußerlich. Der eigentliche Sichtvorgang unterscheidet sich grundsätzlich vom Sichtvorgang in herkömmlichen Streutellersichtern. In Abb. 13.4 wird der Vorgang schematisch gezeigt. Die obere Bildhälfte zeigt einen Schnitt durch das Sichtergehäuse mit dem Kanalrad in der Mitte, darüber der (diesmal oben angeordnete) Luftkasten und das zentrische Aufgaberohr, darunter die Antriebswelle.

In der unteren Bildhälfte ist das Rad quer zur Achse geschnitten. In diesem Schnitt sind die Luftaustrittsöffnungen im Rad angedeutet, obwohl sie in normgerechter Darstellung nicht zu sehen sein dürfen. Die Gutströme sind durch Raster und durch unterschiedlich große Punkte markiert, kleine Punkte bedeuten Feingut, große Grobgut, d.h. kleines und großes Aufgebegut. Das untere Bild zeigt in einem Kanal einen Sichtgutstrom. Sein Aufspalten in Feingut und Grobgut wird durch die gerasteten Fächer angedeutet. Die Linien in den Fächern markieren einzelne Teilchenbahnen. Das Aufgabegut gelangt von oben durch das zentrische Rohr in die Mitte des Kanalrades, über einen Kegel wird es auf die einzelnen Kanäle aufgeteilt. In diesen Kanälen wird dem Gut durch die Rotation des Rades eine große Beschleunigung erteilt, wodurch ein Auseinanderziehen von Agglomeraten erreicht wird. Coriolis-Kräfte sind der radialen Geschwindigkeit im Kanal direkt proportional. Das Gut legt sich an die rückwärtige Kanalwand an und verteilt sich gleichmäßig auf die Kanalhöhe. Über die Abwurfkante verläßt das Gut den Kanal.

Auf dem Umfang des Rades ist hinter jedem Gutkanal eine Luftöffnung angeordnet, die radial in das Rad hinein durchströmt wird. Über die im unteren Teil von Abb. 13.4 angedeuteten Öffnungen strömt Luft in den bereits genannten Luftkasten. In der oberen Darstellung ist das Kanalrad links durch einen Gutkanal geschnitten. Man erkennt hier die Verbindung zum Aufgaberohr. (Durch Rasterung angedeutet). Rechts ist eine der radial durchströmten Luftöffnungen geschnitten mit der Verbindung zum Luftkasten.

Die Sichtung selbst erfolgt in dem Raum vor den Luftöffnungen. Dieser Raum ist die eigentliche Sichtzone. Die radial in die Öffnungen strömende Luft krümmt die Flugbahnen der Teilchen entsprechend ihrer Gleichfälligkeit oder Korngrößen mehr oder weniger. Die Ausscheidung — Grobgut oder Feingut — kommt durch den Verlauf der Bahnkurven relativ zur Hinterkante der jeweiligen Luftöffnung zustande. Feingut sind alle Teilchen, deren Bahnen zumindest auf die Rückseite auftreffen, und die dann nach innen abprallen, erst recht natürlich die Teilchen, die direkt eingesaugt werden. Die Bahnkurven der größeren Teilchen sind weniger stark gekrümmt; diese Partikel verlassen die Sichtzone zur Gehäusewand hin.

Bemerkenswert sind die Resultate. So wurden beim Typ PZ 45 folgende Werte erreicht:

Rückstandswerte für Feingut: R 32 μm   25,0%
                                R 90 μm   1,4%

14 Verdrängungsverdichtung

14.1 Vergleich mit früheren Druckwasseranwendungen

Die nachfolgend beschriebene Anwendung ist ein typisches Beispiel dafür, wie vielschichtig strömungstechnische Anwendungen in der Industrie sind und sich dauernd neu entwickeln. Es handelt sich um die Aufgabe, Druckluft dadurch zu erzeugen, daß man Abgase mit höherem Druck benutzt. Um das Verständnis für diese neue Anwendung zu erleichtern, sind wir in der Lage, einen fast gleichen Vorgang aus früheren Zeiten anzugeben, bei dem diese Aufgabe mit Wasser gelöst wurde. Im Jahre 1750 wurde von dem ungarischen Ingenieur Hell eine sog. Wassersäulenmaschine gebaut, die nachfolgend an Hand einer schematischen Zeichnung erklärt werden soll. Es handelte sich damals um die Aufgabe, Salzsole bis zu einem höher liegenden Gradierwerk zu fördern unter Benutzung eines höher liegenden Wasserbeckens (Abb. 14.1). Es war das Ziel, die in der Höhe H_3 liegende Salzsole auf das höher liegende Gradierwerk mit der Höhe H_2 zu fördern unter Benutzung von höher befindlichem Wasser von der Höhe H_1. Durch zyklische Verstellung von vier Schiebern bzw. Klappen floß zunächst von der Sole eine Leitung l voll Sole. Daraufhin wurden die vier Klappen gemäß dem unteren Teil der Skizze so umgestellt, daß nunmehr Wasser von dem Hochbehälter in die Leitung l eindringen konnte. Die dort befindliche Sole wurde dann zum Gradierwerk gedrückt, wobei es sogar möglich gewesen wäre, die Höhe des Wasserbehälters fast zu erreichen. Nachdem die Sole aus der Länge l zum Gradierwerk verdrängt war,

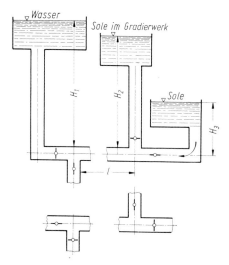

Abb. 14.1   Prinzip der Wassersäulenmaschine

wurden die vier Klappen wieder umgestellt, die die obere Zeichnung zeigt, um wieder die Sole nachfließen zu lassen. Wenn der richtige Takt der Umstellung eingehalten wurde, begann das Spiel von neuem, wobei kaum eine Vermischung von Sole und Wasser stattfand.

Die nachfolgend beschriebene Aufgabe unterscheidet sich von diesem Vorgang nur dadurch, daß das Umstellen rein mechanisch durch ein Zellenrad durchgeführt wird.

14.2   Aufladung durch Druckwellen

(nach BBC)

Aufladegebläse, die von den Abgasen einer Verbrennungskraftmaschine zur Vorverdichtung der angesaugten Luftmenge dienen, sind seit langem Standardausführungen der Industrie. Ja nach Umständen lassen sich dadurch erhebliche Steigerungen der Leistung von Verbrennungskraftmaschinen erreichen.

Die Frage liegt nahe, ob auch auf direktem Wege durch die Druckwellen der Auspuffgase das gleiche Ziel erreicht werden kann. Seit langem wurde diese Aufgabe von der BBC behandelt und führte nunmehr zu einem beachtlichen Erfolg, nämlich der Druckwellenmaschine Comprex. Freundlicherweise stellte mir BBC (Baden, Schweiz) dazu umfangreiches Material zur Verfügung, wonach die folgende Zusammenstellung ermöglicht wurde.

14.3   Konstruktiver Aufbau der Druckwellenmaschine Comprex

In Abb. 14.2 ist die Schaltung der Druckwellenmaschine als Aufladegerät zu sehen. Vereinfacht ist gezeigt, wie das Zellenrad des Comprex zwischen den Hoch- und Niederdruckleitungen des aufzuladenden Dieselmotors angeordnet ist. Das

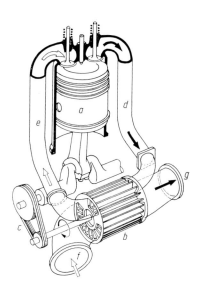

Abb. 14.2   Druckwellenmaschine Comprex als Aufladegerät (BBC). *a* Motor, *b* Zellenrad, *c* Riemenantrieb, *d* Hochdruck Abgas, *e* Hochdruck Luft, *f* Niederdruck Lufteinlaß, *g* Niederdruck Gasauslaß

Zellenrad *b* mit den axial geraden, offenen Zellen, wird vom Motor *a* von der Kurbelwelle her mit einem festen Übersetzungsverhältnis angetrieben. Dieser Antrieb ist erforderlich zur Schaltung des Druckwellenprozesses, der durch die Drehbewegung ja erst zustande kommt. Die dafür aufgewendete Leistung ist klein, es müssen lediglich die Lager- und Ventilationsverluste überwunden werden, sie betragen nur 0,5 bis 1% der Motorleistung. Die heißen Abgase aus der Abgasleitung *d* treten axial in den Rotor ein, expandieren und verlassen in umgekehrter Richtung bei *g* zum Auspuff hin die Maschine. Auf der Gegenseite wird Frischluft bei *f* angesaugt, in den Zellen komprimiert und durch die Ladeluftleitung *e* zum Motor geschoben.

Die detaillierte Beschreibung des Prozeßablaufes läßt sich am einfachsten anhand einer Abwicklung des Zellenrades durchführen. Abb. 14.3, S. 204 zeigt diese Abwicklung mit dem Basisprozeß. Es ist das Zellenband dargestellt, das sich bei Drehbewegung des Rotors in der Zeichenebene nach unten hin bewegt, auf der rechten Seite schließt das Gasgehäuse, auf der linken das Luftgehäuse an, man erkennt die vier Leitungsanschlüsse; Hochdruck-Gaseintritt HDG, Ladeluftaustritt HDL, Frischlufteintritt NDL und Austritt der entspannten Abgase NGD. Symbolisch sind die Leitungsverbindungen zum Motor gezeigt, wobei zu erkennen ist, daß die von den Zylindern kommenden und zu diesen hinführenden Leitungen jeweils in Receivern zusammengefaßt sind. Das Volumen dieser Receiver ist groß genug, um die von den Vorauslaßstößen des Motors kommenden Druckschwankungen ausreichend zu unterdrücken. Somit ist der Druck vor und nach dem Comprex stationär. Druckwellen-Vorgänge im Comprex finden nur in den Rotorzellen statt. Der Rotor bewegt sich nun zwischen den Gehäusen mit so kleinen Spielen, daß für eine vereinfachte Betrachtung die Leckage für diese Spalte vernachlässigt werden darf. Zur Erklärung der Vorgänge wird nun eine Zelle auf ihrem Weg durch den Prozeß verfolgt. Die Zelle ist mit frischer Luft von atmosphärischem Druck und Temperatur gefüllt und bewegt sich zwischen den ebenfall abgewickelten Gehäusen von oben nach unten. Der Prozeß beginnt, sobald diese Zelle die Öffnungskante von HGD überstreicht. In HDG herrscht ein wesentlich höherer Druck als in der Zelle. Die Drücke müssen sich ausgleichen und es wird dadurch am Zellenanfang eine Druckwelle *1* erzeugt, die nun mit Schallgeschwindigkeit in die Zelle hineinläuft. Währenddessen dreht sich der Rotor weiter. Der absolute Weg der Welle verläuft also schräg zur Zellrichtung, wie im Geschwindigkeits-Diagramm in Abb. 14.3 gezeigt. Während die Druckwelle in diese Zelle hineinläuft, komprimiert sie die darin enthaltene Luft und setzt sie in Richtung Luftseite in Bewegung. Im Augenblick des Eintreffens dieser ersten Kompressionswelle auf der Luftseite öffnet sich die Zelle zur HDL-Öffnung und die durch die Welle komprimierte Luft strömt durch dieses Rohr dem Motor zu. Wie der Prozeß weitergeht, hängt nun vom Unterschied zwischen dem Druck in HDL und dem in der Zelle ab. Im allgemeinen ist beim Aufladecomprex der Druck der zum Motor strömenden Ladeluft höher als der des vom Motor kommenden Abgases. Der zur Luftseite strömende Zellinhalt muß nun gegen ein höheres Druckniveau ausströmen, hat jedoch genügend Bewegungsenergie, um bei gleichzeitigem Abbremsen unter Beibehaltung der Strömungsrichtung das Ladeluftdruckniveau zu erreichen. Diese zweite Druckerhöhung läuft als Kompressionswelle *2* mit Schallgeschwindigkeit zur Gasseite zurück. Bei Ankunft der Welle *2* auf der Gasseite schließt sich die

Zelle. Da nun kein Abgas mehr nachströmen kann, entsteht ein Vakuum, das von dem zuletzt eingeströmten Abgas aufgefüllt werden muß. Dieses expandiert dadurch und kommt zum Stillstand. Die Druckerniedrigung pflanzt sich als Expansionswelle *3*, ebenfalls mit Schallgeschwindigkeit zur Luftseite hin fort, wobei sie auf ihrem Weg durch die Zelle das Druckniveau abbaut und den Zellinhalt zum Stillstand bringt. Sie wird in dem Moment die Luftseite erreichen, da die Zelle zur HDL-Öffnung geschlossen wird. Es bleibt etwas Luft in der Zelle zurück. Man kann den Weg des Mediums, der vom Wellenweg getrennt betrachtet werden muß, anhand der sog. Lebenslinie des ersten Gasteilchens- im Bild punktiert- gut verfolgen. Wir haben nun den Hochdruckteil des Prozesses bereits abgeschlossen und finden im Raum zwischen den beiden Wänden im ruhenden Zellinhalt einen Druck vor, der tiefer als das Ladeluftdruck-Niveau, aber immer noch wesentlich höher als der Außendruck ist. Infolgedessen wird beim Überstreichen der Öffnungskante der Auspufföffnung NDG eine Expansionswelle *4* erzeugt, die auf ihrem Weg durch die Zelle nun den Druck abbaut und den Zellinhalt heftig in Richtung Auspuff beschleunigt. Bei der Ankunft auf der Luftseite wird die Zelle hier gerade zur NDL-Öffnung geöffnet. In dieser Öffnung herrscht infolge des Ansaug-Filterverlustes ein Druck, der tiefer ist als der bis auf das Auspuffniveau abgesunkene Druck in der Zelle. Dadurch entsteht eine neue zur Gasseite laufende Expansionswelle *5*, welche den Zelleninhalt weiter verzögert. Die ursprünglich ausgelöste Bewegung ist jedoch so kräftig gewesen, daß sie ausreicht, um trotz weiterer Verzögerungen durch die Wellen *6*, *7* und *8* den gesamten Zellinhalt auszuschieben, Frischluft aus NDL nachzusaugen und sogar in der mit *S* bezeichneten Partie Luft in den Auspuff zu spülen. Dieser Spülanteil kühlt den Rotor und sorgt dafür, daß unter allen Betriebsbedingungen das Abgas aus dem Rotor ausgespült wird, bevor der neue Prozeß beginnt.

Ein solcher Zyklus wiederholt sich bei Nenndrehzahl etwa alle 3 bis 6 ms, zweimal über den vollen Umfang. Die Zellfrequenz liegt dann bei 3000–6000 Hz.

14.4 Eigenschaften des Comprex und die Besonderheiten Comprex-aufgeladener Motoren

Den oben beschriebenen Vorgang nennt man den abgestimmten Prozeß, denn es ist offensichtlich, daß nur bei einer Zuordnung von Schallgeschwindigkeit und Umfangsgeschwindigkeit die Abstimmung der Druckwellen den Prozeß aufrechterhalten kann. Ändern sich Umfangsgeschwindigkeit oder Schallgeschwindigkeit, d.h. beim Aufladecomprex Motordrehzahl oder Motorlast (weil bei Laständerung die Abgastemperatur und damit die Schallgeschwindigkeit des Gases sich ändert), so wird der Prozeß verstimmt und die Kenngrößen verschlechtern sich sehr rasch. Dies war etwa der Stand der Kenntnisse in den 50er Jahren, als man mit der Comprex-Aufladetechnik begonnen hat. Der Betriebsbereich des Gerätes war also sehr eng, Drehzahlbereich etwa $\pm 15\%$, für Teillast mußte ein Bypaß-Ventil benutzt werden. Eine typisch unelastische Maschine also, die sich für die Aufladung von Fahrzeugmotoren besonders schlecht eignet. Es ist ein Kuriosum, daß ausgerechnet aus dieser „Resonanzmaschine" durch systematische Weiterentwick-

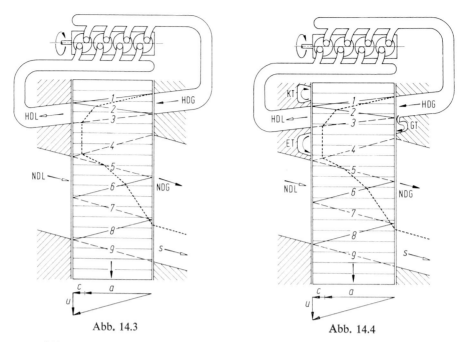

Abb. 14.3   Abb. 14.4

Abb. 14.3   Abwicklung des Prozeßablaufes (Buchstabenerklärungen s. Abb. 14.4)

Abb. 14.4   Comprex-Druckwellen-Prozeß mit Taschen für unabgestimmte Drehzahlen und tiefen Last. HDG Hochdruck-Abgas, HDL Hochdruck-Luft, NDG Niederdruck-Gas, NDL Niederdruck-Luft, S Spülluft, a Schallgeschwindigkeit, c Luft-(Gas-)Geschwindigkeit, u Rotor-Umfangsgeschwindigkeit, KT Kompressions-Tasche, ET Expansions-Tasche, GT Gas-Tasche

lung ein Maschinentyp entstanden ist, den heute gegenüber der Turbomaschine insbesondere sein breiter Betriebsbereich auszeichnet.

Dies wurde ermöglicht durch die sog. Taschen (Abb. 14.4). Die Erfindung dieser Taschen kann man wohl als das wichtigste Element der Comprex-Entwicklung bezeichnen, sie sichern BBC heute eine starke Position auf diesem Gebiet. Auf der Luftseite gibt es zwei Taschen, die Kompressionstasche vor der Hochdrucköffnung und die Expansionstasche zwischen Hochdruck und Niederdruck. Auf der Gasseite gibt es nur eine, die Gastasche zwischen Hochdruck und Niederdruck, sie weist einen Zufluß von der Hochdrucköffnung her auf. Die Kompressionstasche dient zur Aufrechterhaltung des Prozesses bei tiefen Drehzahlen.

Gastasche und Expansionstasche zusammen gewährleisten unter allen Betriebsumständen eine gute Spülung des Rotors. Eine Beschreibung der Taschenfunktion gelingt recht gut nach der graphischen Methode der Gasdynamik, würde hier jedoch zu weit führen, weil der Druckwellenprozeß bei unabgestimmter Drehzahl durch das Auftreten vieler zusätzlicher Wellen sehr kompliziert wird.

Was ist nun mit der neuen Methode praktisch erreichbar? Bei nicht ladeluftgekühlten Motoren ist bei Nenndrehzahle eine Leistungssteigerung von ca. 40% möglich, also wie bei normalen Turboladern. Dagegen ist die Aufladung im unteren Drehzahlbereich beim Comprex wesentlich höher, bei 50% der Nenndrehzahl läßt sich das Drehmoment um 70% gegenüber den Werten des Saugmotors steigern.

Der Comprex reagiert auf Laständerungen praktisch trägheitslos. Seine Anspruchszeit liegt bei ca. 0,8 s, und diese Zeit wird lediglich bestimmt durch das Füllungsvolumen der Verbindungsleitungen zwischen Motor und Druckwellenmaschine. Besonders interessant ist das Abgasverhalten. Nach den durchgeführten Messungen lassen sich die Stickoxide um ca. 40% reduzieren. Daneben ist eine Verringerung des Kohlenwasserstoffanteils um 20 bis 30% die Regel.

Der derzeit größte Typ mit einem Rotordurchmesser von ca. 200 mm ist geeignet für Leistungen von 250 bis 320 kW bei einem Luftdurchsatz von 0,24 bis 0,30 m³/s. Der kleinste Typ ist für eine Leistung von ca. 75 kW ausgelegt.

Diese etwas isoliert stehende Anwendung der praktischen Strömungslehre zeigt interessante Randgebiete.

15 Hochdruckwasserstrahlen, Einsatz bei der Kohleförderung

Neue industrielle Anwendungen, insbesondere von Hochdruckwasserstrahlen beim Kohleabbau, sowie Besonderheiten von neuen pneumatischen Anwendungen zwingen zu einer besonderen Besprechung. Bei Wasserstrahlen denkt man zunächst an die Verwendung bei Feuerbekämpfungen. Seit langem sind für diese Anwendungen Steighöhen und Sprungweiten bei Feuerwehr-Mundstücken bekannt[1]. Diese Versuchsergebnisse nützen sehr wenig bei den neuen Anwendungen. Es handelt sich um Wasserstrahlen, die mit 100 bar und sogar 2500 und 4000 bar betrieben werden. Leider wissen wir über diese Gebiete kaum etwas.

15.1 Wasserstrahlen

Ein zylindrischer Wasserstrahl wird durch die Oberflächenspannung beeinflußt. Diese Spannung wirkt so, als wenn eine elastische Haut über die Oberfläche gespannt wäre. Dadurch ergeben sich nach Abb. 15.1 Spannungen, die einen Druck nach innen erzeugen. Ist σ die Oberflächenspannung, so ergibt sich bei einer Länge ds eine Kraft von der Größe σds. Bei einem Winkel $d\beta$ bewirken diese seitlichen Kräfte σds einen Druck Δp nach innen gemäß der Gleichung

$$\Delta p \, du \, ds = \sigma \, ds \, d\beta = \sigma \, ds \, du/R,$$

d.h.

$$\Delta p = p_1 - p_2 = \sigma/R.$$

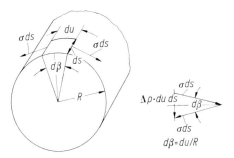

Abb. 15.1 Spannungen in einem zylindrischen Wasserstrahl

---

[1] HÜTTE Bd. I, Steighöhe und Sprungweite freier Wasserstrahlen.

Handelt es sich um eine Kugel, so wird in der senkrechten Richtung nochmals die gleiche Kraft erzeugt, so daß dann ein Gesamtdruck entsteht

$$\Delta p' = 2\sigma/R.$$

Bei allgemeiner Krümmung mit zwei verschiedenen Krümmungsradien, z.B. einem elliptischen Körper mit den Radien R_1 und R_2 entsteht ein Druck

$$\Delta p'' = \sigma\,(1/R_1 + 1/R_2).$$

Bei Luft/Wasser ist der Wert dieser Spannung $= 72 \cdot 10^{-4}$ kp/m bzw. $72 \cdot 10^{-4}$ $\cdot 9{,}81$ N/m.

Die Druckwirkung der Oberflächenspannung auf einen zylindrischen Strahl wird danach um so größer, je kleiner der Durchmesser ist. Das bedeutet aber, daß der Druck größer wird, wenn der Strahl kleiner wird. Der Zylinderstrahl ist somit instabil. An irgendeiner Stelle wird sich somit der Strahl verengen und das Wasser nach beiden Seiten drücken. Dabei zieht sich diese dünne Stelle stäbchenartig in die Länge. Schließlich schnürt sich diese dünne Stelle ganz ab und bildet einen kleinen Tropfen. Mit Funkenaufnahmen wurde dieser Zerfall bereits von Lord Rayleigh[2] festgestellt. Die Abb. 15.2 und 15.3 zeigen diesen Vorgang. Läßt man aus einem Wasserleitungshahn langsam einen dünnen Strahl austreten, so läßt sich dieser Vorgang einfach beobachten. Schon der Regen zeigt, daß sich nur Tropfen und keine Strahlen bilden. Diese Tropfen haben die Größenordnung von ≈ 5 mm $\varnothing$. Neuere, genauere Untersuchungen stammen von Brauer[3]. Nach seinen Unter-

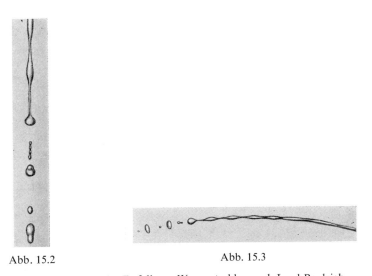

Abb. 15.2   Abb. 15.3

Abb. 15.2 u. 15.3   Zerfall von Wasserstrahlen nach Lord Rayleigh

---

[2] Lord Rayleigh: Proc. London Math. Soc. 10 (1879) 4.
[3] Brauer, H.: Grundlagen der Einphasen- und Mehrphasenströmungen Sauerländer, Aarau 1971.

suchungen ist der mittlere Tropfendurchmesser umgekehrt proportional der Strahlgeschwindigkeit w_d

$$\bar{\mathrm{d}}p = \zeta \, \frac{d}{w_d}.$$

Da die Zylinderform bei einem Strahl instabil ist, wird sich somit ein Strahl unter Absonderung von Tropfen seitlich ausdehnen, wobei im Inneren ein wellenförmiger Strahlkern bleibt, der von einer Schicht mit Tropfen umgeben ist.

 Aber auch die Kugelform einer Flüssigkeit ist instabil, weil bei irgendeiner Änderung dieser Form sofort Bereiche der früheren Kugelform sich so ändern müssen, daß kleinere Krümmungen vorhanden sind und damit steigende Drücke infolge der Kapillarform. Hinzu kommen zusätzliche Einflüsse, die die Kugelform instabil machen, z.B. beim freien Fall, oder wenn eine von einem Strahl abgeschleuderte kleine Kugel infolge der Umströmung auf der vorderen Seite einen Überdruck und auf der hinteren Seite einen Unterdruck erfährt. Die dabei auftretenden labilen Verformungen sind in Abb. 15.4 angedeutet. Daraus geht hervor, daß in jedem Fall lose Wassergebilde in einer Strömung dauernden Veränderungen ausgesetzt sind, wie dies z.B. beim normalen Regen der Fall ist.

15.2 Vermischung von Wasserstrahlen mit der Umluft

Die nachfolgenden neuen Anwendungen lassen die Frage entstehen, wie ein Wasserstrahl von sehr hoher Geschwindigkeit durch die Umluft beeinflußt und

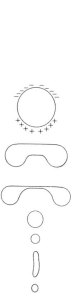

Abb. 15.4 Verformung einer Flüssigkeitskugel beim Fallen

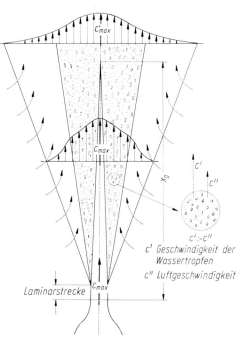

Abb. 15.5 Wasserstrahl in Luft

schließlich aufgelöst wird. Nach Abb. 15.5 betrachten wir einen aufwärts gerichteten Wasserstrahl, der beim Austritt aus einer Düse im ganzen Querschnitt eine Geschwindigkeit c_{max} aufweist. Das Verhalten ist grundsätzlich anders als bei einem Luftstrahl in Luft, wo der Strahl nach früher Gesagtem sich bald unter eingehender Vermischung mit der umgebenden Luft auflöst. Insbesondere ist der Strahlkern, d. h. der innere Strahlkern, der die ursprüngliche Geschwindigkeit noch besitzt, beim Luftstrahl relativ kurz.

Ganz anders beim Wasserstrahl in Luft. Das grundsätzliche Geschehen zeigt Abb. 15.5. Der Kern des Strahles mit c_{max} bleibt sehr weit erhalten. Am Strahlrand sondern sich Tropfen ab, die eine immer breiter werdende Zone ergreifen, bis schließlich nur noch ein Tropfenregen vorhanden ist, während sich außerhalb ein Zustrom der Außenluft ergibt, wie er auch beim Luftstrahl in Luft auftritt. Charakteristisch ist somit, daß sich drei verschiedene Zonen bilden und zudem der Gesamtstrahl sich ungleich weiter bewegt.

Besonders charakteristisch ist das Geschehen in der Tropfenzone. In Abb. 15.5 ist eine kleine Partie seitlich vergrößert zu sehen. Die Tropfen haben eine Geschwindigkeit c', die größer als die Geschwindigkeit c'' der mitgerissenen Luft ist. Diese Tropfen wirken somit luftansaugend und antreibend zugleich, während außerhalb dieser Zone die Luft angesaugt wird wie beim einfachen Luftstrahl. Dieser Tropfenmantel sorgt zudem dafür, daß der Strahlkern x_0 mit c_{max} sehr lange erhalten bleibt. Erst danach ist der Strahl in einen dichten Tropfenregen aufgelöst.

15.3 Gesteinszerkleinerung durch Hochdruckwasserstrahlen

Eine ganz neue Anwendung von Hochdruckwasserstrahlen sprengt alle bisher bekannten Dimensionen und zwingt zu einer besonderen Besprechung. So hat die Bergbau-Forschung GmbH in Zusammenarbeit mit der deutschen Nalco-Chemie GmbH[4] etwas ganz Neues gefunden. Wasserstrahlen von nur 0,3 mm ⌀ sind bei einem Druck von 2 500 bar (neuerdings sogar von 4 000 bar!) in der Lage, Granit zu schneiden! Dabei ergeben sich am Düsenaustritt Wassergeschwindigkeiten von über 700 m/s. Abbildung 15.6 zeigt zwei Aufnahmen solcher Strahlen. Man erkennt deutlich, daß der Strahl seitlich von einem Sprühregen umgeben ist. Die Gesellschaft stellte mir freundlicherweise die beiden Fotos für diese Veröffentlichungen zur Verfügung. Das linke Bild zeigt deutlich, wie der Strahl sich stetig in einen Sprühregen auflöst mit fast genauer kegeliger Begrenzung. Da bei den Anwendungen der Strahl sehr nahe an das zu schneidende Steinmaterial herangeführt werden kann, kann trotzdem der ursprüngliche große Strahlimpuls verwertet werden. Diese deutliche Vermischung ist nun eine Folge der Oberflächenspannung, die sehr unangenehm ist. Nun fügt die Gesellschaft dem Wasser sog. Additive bei, womit die Oberflächenspannung herabgesetzt wird. Es handelt sich dabei um 0,5 Vol.-% Nalcotrol. Das rechte Bild zeigt die überraschende Wirkung. Die vorzeitige Versprühung des Strahles ist weitgehend unterdrückt.

---

[4] Baumann, L.: Verbesserung der Wirksamkeit von Hochdruckwasserstrahlen bei der Gesteinszerkleinerung durch Additive. Glückauf Nr. 5 (1979) 203.

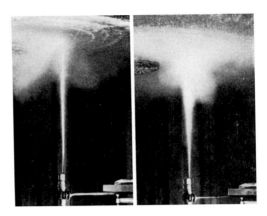

Abb. 15.6   Höchstdruckwasserstrahl zur Gesteinszerkleinerung. (Nach Fa. Deutsche Nalco-Chemie GmbH). *Links*: mit 0,5 Vol.-% Nalcotrol; *rechts*: ohne Additive

Inzwischen wurde dieser Gedanke von der Bergbau-Forschung in der Praxis realisiert. Es wurde eine mit Wasserhöchstdruck betriebene Gesteinsbohrmaschine entwickelt. Freundlicherweise wurde mir von der Firma ein Foto dieser Maschine zur Verfügung gestellt (Abb. 15.7). Das Gerät hat 100 Wasserdüsen von 0,25 mm ⌀, die mit einem Druck von 4000 bar betrieben werden. Diese Wasserstrahlen schneiden ringförmige Kerben in das Gestein. Die dazwischen stehenbleibenden Gesteinsrippen werden dann von den nachfolgenden Rollenbohrwerkzeugen abgeschert.

Die neue Entwicklung eröffnet die Aussicht, daß mit Hilfe der Höchstdruckwassertechnik der Durchbruch zu einer größeren Anwendungsbreite des leistungsfähigen maschinellen Gesteinsvortriebs erreicht werden kann.

Abb. 15.7   Neue Gesteinsbohrmaschine der Fa. Bergbau-Forschung

Neues Schneidverfahren mit Hochdruckwasserstrahlen. Die geradezu stürmische Entwicklung eines Teiles der praktischen Strömungslehre zeigt u.a. folgendes Beispiel. Bei der bekannten Fa. Lockheed, Pasadena, wurde ein Verfahren entwickelt, bei dem ein dünner Wasserstrahl von 4000 bar jedes nichtmetallische Plattenmaterial bei Schnittkräften von 240 kN mustergültig beliebig schneidet. Der entstehende Abfall und Staub ist leicht zu beseitigen. Eine Schnittgeschwindigkeit von ca. 5 m/min ist erreichbar. Abb. 15.8 zeigt diesen Vorgang. Freundlicherweise stellten mir die Lockheed-Werke dieses Bild zur Verfügung. Für die Kunststoff-, Asbest- und Schaumplattenindustrie ist dieses Verfahren von großer Bedeutung. Strömungstechnisch ist noch interessant, daß trotz der sehr großen Geschwindigkeiten der Wasserstrahl sehr schnell durch die Oberflächenspannung in Tropfen aufgelöst wird.

Abb. 15.8 Neues Schneidverfahren mit Hochdruckwasserstrahlen. (Nach Fa. Lokheed, Pasadena)

Inzwischen ist eine ganz neue Wasserstrahlschneidtechnologie entstanden. Es zeigt sich nämlich, daß der Wasserstrahl gegenüber anderen Schneidwerkzeugen erhebliche Vorteile bietet. Schneidarbeiten ohne jeden Kontakt mit dem Werkstück sind so erstmalig möglich. Wasser verschleißt nicht! Es ist sogar eine automatisierte Arbeit möglich, z.B. durch optoelektrisch abgetastete Zeichnungsvorlagen, eine Technik, wie sie in der Brennschneidtechnik bereits üblich ist. Sogar stark gekrümmte Oberflächen können mühelos geschnitten werden. Hinzu kommt, daß eine thermische Beeinflussung der Materialien nicht stattfindet; allgemein verwendbar bei bisher schwierigen Schneidarbeiten von plattenförmigen Gebilden.

Teilweise werden Düsen von 0,1 bis 0,25 mm $\varnothing$ benutzt. Diese Düsen bestehen oft aus Saphier oder Diamant. Die besten Schnitte werden bei einem Abstand von ca. 10 mm der Düsen von der Wand erreicht. Größere Abstände können dazu führen, daß der Strahl eine gewisse Instabilität zeigt, die bisher noch nicht untersucht wurde. Drücke von ca. 4000 bar werden benötigt mit Durchflußmengen von nur 0,3 bis 2,5 l/min. Der Anschlußwert beträgt ca. 50 kW.

Es dürfte nicht übertrieben sein, hier von einer sehr wichtigen neuen Schneidtechnologie zu sprechen.

15.4 Hydraulische Förderung bei großen Festteilchen

Im Hinblick auf die nachfolgend zu besprechenden Anwendungen muß der Sonderfall einer hydraulischen Förderung besprochen werden, bei dem die zu fördernden Festteile von gleicher Größenordnung des Rohrdurchmessers sind. Dies ist deshalb nötig, weil fast alle bisherigen Arbeiten dieses Gebietes die Förderung kleiner Festteilchen betrachten. Wenn z. B. — wie später besprochen — Kohlestücke von 50 bis 70 mm in Rohrleitungen von 200 bis 250 mm $\varnothing$ gefördert werden, so entstehen Erscheinungen, die man bisher kaum beachtet hat. Sowohl für die senkrechte wie auch für die waagerechte Förderung möge das Geschehen betrachtet werden.

Senkrechte Förderung. Relativ einfach läßt sich die senkrechte Förderung übersehen. Abbildung 15.9 zeigt schematisch diese Vorgänge. Im Rohr selbst wird irgendwie gemäß der angedeuteten Kurve eine Geschwindigkeitsverteilung vorhanden sein, die von Null an der Wand bis zu einem Höchstwert in der Mitte ansteigt. Diese Kurve wird durch den induzierten Einfluß der großen Festteile andersals bei der ungestörten turbulenten Rohrströmung sein. So ergibt sich ein großer Querdruck F_x, der das Teilchen zur Mitte des Rohres hin drängt. Würde es dann zur anderen Seite gelangen, so würde dort sofort eine entgegengesetzte Kraft das Teilchen zur Mitte hin drängen. Dies bedeutet nun, daß praktisch das große Teilchen überhaupt nicht an die Wand gelangen kann. Es gibt somit keinen Verschleiß!

Horizontale Förderung. Anders ist die Situation bei der horizontalen Förderung. Abbildung 15.10 zeigt die wesentlichen Vorgänge. Zur Erinnerung an die Vorgänge der pneumatischen Förderung mit kleinen Teilchen sei auf Kap. 12 verwiesen. Die Konzentration der Festteilchen c_R nimmt von unten nach oben etwa linear ab. Umgekehrt nimmt die Luftgeschwindigkeit w von unten nach oben zu (Abb. 15.10a). Nur hier gilt das Prandtlsche Gesetz, wonach eine stetige Aufwärtsbewegung der kleinen Teilchen erfolgt und diese immer wieder in den Luftstrom zur Förderung gelangen. Grundsätzlich anders ist es im Fall der Abb. 15.10b

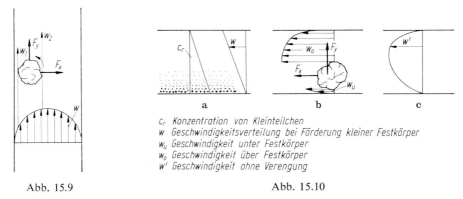

c_r Konzentration von Kleinteilchen
w Geschwindigkeitsverteilung bei Förderung kleiner Festkörper
w_u Geschwindigkeit unter Festkörper
w_0 Geschwindigkeit über Festkörper
w^l Geschwindigkeit ohne Verengung

Abb. 15.9   Abb. 15.10

Abb. 15.9   Vorgänge bei senkrechter hydraulischer Förderung von großen Festteilen

Abb. 15.10a–c   Vorgänge bei horizontaler hydraulischer Förderung von großen Festteilen und c. Hier ist der Festkörper so groß, daß der freie Querschnitt des Rohres merklich verkleinert wird, somit eine Geschwindigkeitsvergrößerung gegenüber dem freien Querschnitt ohne Festkörper stattfindet. Es ist somit $w_0 > w'$, wobei noch hinzukommt, daß infolge der Umströmung des Festkörpers diese Ungleichheit noch größer ist. Die Folge ist ein großer Unterdruck, der auf den Festkörper eine Querkraft F_y ausübt und somit diesen nach oben drückt. Bewegt er sich dabei bis zur oberen Wand, so ergibt sich das umgekehrte Spiel. Dies bedeutet aber, daß der Körper sich dauernd zwischen oben und unten bewegt und ebenfalls im Durchschnitt mit der Wand nicht in Berührung kommt. Wenn man heute Festkörper, z. B. Kohle und Erze, in Leitungen von Hunderten von Kilometern befördern kann, so dürften diese Gesichtspunkte dabei sehr wichtig sein.

Wie nun bei solchen hydraulischen Förderungen die meist noch vorhandenen Kleinteilchen wirken, ob z. B. die geschilderten Situation verbessert oder verschlechtert wird, ist z. Z. nicht mit Sicherheit zu sagen. Es fehlen hier noch grundsätzliche Forschungen.

Bei den vorangehenden Betrachtungen wurde angenommen, daß der Festkörper noch in Ruhe ist; ist dieser Körper nun in Bewegung, so wird die Relativgeschwindigkeit oberhalb des Körpers bei Abb. 15.9 und Abb. 15.10 kleiner und der Effekt geringer. Die Betrachtungen sollten lediglich den Effekt der Größenordnung nach zeigen.

15.5 Strömungstechnische Besonderheiten im Berg- und Tunnelbau

Obwohl die rein mechanischen Bor-, Schrämm- und Stoßgeräte einen kaum noch zu überbietenden Entwicklungsstand im Berg- und Tunnelbau erreicht haben, verbleiben dennoch Aufgabengebiete, die mit diesen hochentwickelten Geräten nicht fertig werden. Dies ist insbesondere im Bergbau bzw. dem Kohlenbergbau der Fall. Dabei handelt es sich um Abbaubereiche, die stark geneigt und steil gelagert sind. Rein mechanisch ist dem Abbau dieser Bereiche nicht beizukommen, so daß sie ungenutzt liegen bleiben. Rein zahlenmäßig handelt es sich fast um ein Viertel der vorhandenen Abbaugebiete. Diese Bereiche liegen teilweise 10 bis 15 m hoch.

Bei dieser weltweit bekannten Situation hat man sich schon seit längerer Zeit bemüht, durch Wasserstrahlenabbau Abhilfe zu schaffen. Die Bedeutung dieses Problems geht daraus hervor, daß sich mehrere internationale Kongresse (s. Fußnoten 5 und 6) und zahlreiche Veröffentlichungen (z.B. Fußnoten 7 und 8) mit dieser Frage beschäftigen. Hinzu kommt im Zusammenhang mit der rein hydraulischen Förderung allgemein der Umstand, daß dieser Transport über Tage auch wesentlich billiger zu werden verspricht als konventionelle Transporte, so daß sich mit dieser sehr wichtigen Frage internationale Forschungen in großer Anzahl beschäftigen.

---

[5] Second Int. Symp. on Jet Cutting Technology, April 1974, Cambridge.

[6] Kongreß Hydrotransport. 5. Mai 1978, Hannover. Bergbau 2 (1978).

[7] Bennett: Ohio, US-Kohlenbergbau zwischen Hoffnung und Enttäuschung. Glückauf Nr. 21 (1978).

[8] Kuhn, M: Wasser als Arbeits- und Transportmedium im Bergbau. Bergbau 8 (1978).

Wenn auch theoretische und praktische befriedigende Lösungen hier noch nicht überall angeboten werden können, so dürfte es in dieser praktisch aus-gerichteten Darstellung angebracht sein, über bestimmte Fortschritte und auch Rückschläge kurz zu berichten, um Wissen und Anregungen zu vermitteln.

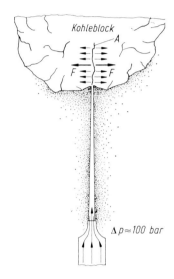

Abb. 15.11   Schematische Darstellung des Kohle-
abbaues durch Hochdruckwasserstrahlen

Der grundsätzliche Vorgang beim Abbau mit Wasserstrahlen möge schematisch anhand der Abb. 15.11 gezeigt werden. Aus einer großen Düse tritt ein Wasser-strahl von ca. 100 bar auf einen Kohleblock. Das Gefüge der Kohle ist dadurch charakterisiert, daß diese im Inneren voll von feinen Haarrissen ist. Trifft nun der Strahl irgendwie mit dem Strahlkern einen solchen Haarriß, so wird der Staudruck des Strahles fast voll statisch auf die Seitenflächen des Risses wirken. Ist z. B ein Riß von $10 \times 10 = 100$ cm² vorhanden, so ergibt sich eine Querkraft von $F = 100 \times 100 = 10000$ kp, d. h. 10^5 N. Diese gewaltigen Kräfte sprengen das Kohlen-gefüge weitgehend und große Brocken werden herunterfallen. Dies ist selbst dann noch der Fall, wenn in eine solche Höhe gespritzt wird, daß nur noch die Spitze des Strahlkernes erhalten ist und der übrige Strahl sich mehr oder ganz in Tropfen aufgelöst hat. So ist es zu erklären, daß selbst noch Höhen von 10 m abzubauen sind. Es können auch Teile abgebaut werden, die bisher nicht erreicht wurden. Abb. 15.5 zeigte bereits, wie ein Wasserstrahl sich stetig in einen äußeren Kegel von Wassertropfen auflöst und anschließend in bekannter Weise äußere Luft ansaugt. Abbildung 15.11 zeigt diese Entwicklung des Strahles, wo der innere Kern immer dünner wird, d. h. der Teil, in dem noch die unvermindert hohe Strahlgeschwin-digkeit erhalten ist. Bei etwa einem Überdruck von ca. 100 bar tritt der Wasserstrahl mit einer Geschwindigkeit von 150 m/s aus und erzielt Reichweiten von ca. 28 m. Dazu ist eine Pumpenleistung von ca. 588 kW nötig.

Nachfolgend mögen einige charakteristische Merkmale und Ergebnisse mit-geteilt werden.

1. Zum Auffangen der mit Wasser stark vermischten Kohle dienen trapezförmige offene Rinnen, die bei einer Neigung von ca. 6°, Kohle, Wasser und Berge zu einer Sammelstelle fördern. Das volumetrische Feststoff/Wasser-Gemisch darf dabei nicht unter 1:5 liegen.

2. Zur Feststoffeinschleusung des Feststoff/Wasser-Gemisches sind Pumpen der verschiedenen Bauweise in Benutzung. Dabei werden z.B. folgende bekannte Pumpentypen verwendet; Kanalradpumpen, Bagger- und Panzerpumpen, wie sie auch für die Sand- und Kiesgewinnung gebraucht werden, wobei letztere bei Korngrößen von 80 mm Drücke von 8 bis 10 bar überwinden können, während Membranpumpen für 12 bis 14 bar sowie Rotationskolbenpumpen Drucke bis 24 bar überwinden können. Auch werden zur Einschleusung mit einem schraubenförmigen Rotorblatt ausgestattete Einrichtungen benutzt.

Ist der zu überwindende Druck höher als 24 bar, so muß mit Behälteraufgeber und Revolverkammeraufgeber gearbeitet werden. Ganze Industriebereiche werden somit zur Lösung dieser Aufgaben bei der angedeuteten Situation benötigt.

3. Die im Kap. 12 beschriebenen grundsätzlichen Ausführungen zur pneumatischen Förderung reichen leider nicht aus, um die hier angedeuteten praktischen Probleme befriedigend zu lösen. So ist z.B. das Problem bei Förderung verschiedener Stoffe, besonders bei wesentlich verschiedenen Feststoffgrößen, nur durch neue Versuche zu lösen. Werden beispielsweise Berge und Kohle gleichzeitig gefördert, so spielen u.a. die verschiedenen Wichten eine Rolle. Bergstücke von 20 mm haben z.B. die gleiche Sinkgeschwindigkeit wie Kohlestücke von 60 mm. Wichtig ist insbesondere der Verschleiß, der nahezu ganz durch Feinmaterial entsteht. Immerhin wurde gefunden, daß ein Verschleiß nur bei Korngrößen von 0 bis 3 mm auftritt. Hinzu kommt noch die Gefahr, daß sich kleinere Feststoffe festsetzen und den Durchfluß stören. Bei japanischen Versuchen wurde jedoch festgestellt, daß die Absetzgeschwindigkeiten grobkörniger Feststoffe unter 16 mm Korngröße in feinkörnigen Suspensionen mit einem Feststoffanteil von 50 bis 60 Gew.-% nahezu gleich Null sind.

4. Um eine stetige Zuführung des Feststoff/Wasser-Gemisches von den verschiedenen Abbaustellen zu erreichen, wurden sog. Dreikammerrohraufgeber entwickelt, die bereits einen hohen Entwicklungsstand erreicht haben.

5. Entscheidend für den ganzen Vorgang des Abbaues ist der Hochdruck-Wasserwerfer. Es handelt sich hier um ein Gerät, welches bei einem ganz hohen Energieaufwand außerordentlich gefährlich ist. Würde z.B. durch irgendeinen Zufall jemand vom Strahl getroffen werden, so würde er glatt durchgeschnitten. So ist es verständlich, daß man der Konstruktion und Entwicklung dieser Vorrichtung besondere Aufmerksamkeit gewidmet hat. Eine diesbezügliche eingehende Untersuchung stammt von Benedum, Harzer, Maurer[9]. Dabei wurde z.B. erreicht, daß das ursprüngliche Gewicht von 270 kg auf 85 kg vermindert werden konnte, wobei sowohl die Sicherheit wie auch die Handhabung (z.B. Auswechslung der Düsen je nach Wurfhöhe) verbessert wurden.

---

[9] Benedum, W.; Harzer, H.; Maurer, H.: The Development and Performance of Two Hydromechanical Large-Scale Workings in the West German Mining Industry. Paper J2 in: Second Int. Symp. on Jet Cutting Technology. April 1974, Cambridge.

Trotz all dieser Mühe bei der Entwicklung und während der Probezeit ist die Funktion dieses Wasserwerfers nicht ausreichend und ein Grund dafür, daß zunächst dieser Weg verlassen werden mußte. Hinzu kam der unvertretbar hohe Energiebedarf für diesen Werfer. Es ist nun einmal das Schicksal ganz neuer Technologien, daß Rückschläge unvermeidbar sind und dieserhalb kein Tadel ausgesprochen werden kann.

Die mehrfach beschriebenen neuen Anwendungen von Wasserstrahlen zeigen eine Bereicherung der technischen Strömungslehre. Sie beinhalten fast unbekannte Effekte und verdienen Beachtung.

„Sprengen" ohne Sprengstoff mit einer Wasserkanone. Beim Zerkleinern und Sprengen von Steinen, insbesondere Granit, wurden bisher äußerst aufwendige Mittel verwendet, z.B. Zertrümmerung von außen, Sprengen, umständliche Bohrarbeiten usw. Es ist fast unglaublich, daß dies nunmehr in höchst einfacher und ungefährlicher Weise mit einer sog. Wasserkanone erreicht werden kann. Man macht sich dabei eine neu entdeckte physikalische Eigenschaft von hartem Steinmaterial zunutze. Es zeigte sich nämlich, daß die Bruchgrenze dieser Materialien nur etwa 1/10 ihrer Bruchfestigkeit ausmacht. So ist es mit wesentlich wenigen Energie möglich, das Material von innen statt von außen aufzubrechen. Bisher wurde dazu Sprengstoff in inneren Bohrungen eingesetzt, mit allen dabei entstehenden Gefahren. Daß ein solcher Sprengvorgang geradezu spielend mit Wasser möglich ist, dürfte eine grundsätzliche neue Erkenntnis sein, d ie von der Fa. Atlas Copco in Stockholm entwickelt wurde. Freundlicherweise stellte mir die Firma die als Abb. 15.12 wiedergegebene schematische Bildserie zur Verfügung.

Die Funktionsweise kann leicht beschrieben werden. Eine hydraulische Druckerhöhungspumpe (Booster) preßt Wasser mit 400 bar in einem Zylinder gegen einen Kolben. Kolben und ein Kanonenrohr werden zurückgetrieben und verdichten

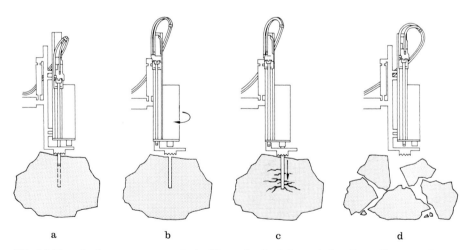

a   b   c   d

Abb. 15.12a—d Sprengvorgang mittels Wasserdruck (schematische Darstellung nach Fa. Atlas Copco, Stockholm). Es wird ein Loch gebohrt (a), danach (b) schwenkt der Gesteinsbohrhammer zurück und die Wasserkanone in Schußposition. Nach einer Ladezeit von 8 s schießt (c) die Kanone 1,8 l Wasser ins Borloch und reißt den Steinblock auseinander (d)

Stickstoff auf der anderen Kolbenseite auf 400 bar. Zusammen mit dem Kolben wirkt das Kanonenrohr bis zu einem Anschlag und öffnet einen Auslaß, durch den dann ein „Wasserprojektil" von nur 1,8 l mit einer Geschwindigkeit von 200 bis 300 m/s in ein vorher geschaffenes Bohrloch von 0,8 m Tiefe geschossen wird, welches einen Durchmesser von 32 bis 34 mm hat. Beim Aufprallen des Flüssigkeits-zylinders im Bohrloch spielt sich dann folgender Vorgang ab: Das als Projektil wirkende Wasser schlägt mit sehr hoher Geschwindigkeit auf die Bohrsohle auf, und eine durch die Wassersäule zurücklaufende Stoßwelle erzeugt für Millionstel Sekunden einen sehr hohen radialen Druck, der von der Firma mit ca. 3000 bar angegeben wird. In der Bohrung entstehen dadurch radiale und axiale Risse, die der Wasserdruck mit einer Geschwindigkeit von rund 800 mm/10^{-3} s bis zur Ober-fläche des Granitblockes treibt. Da Wasser nicht komprimierbar ist, wird es beim Erreichen der Gesteinsblockoberfläche sofort drucklos, ganz im Gegensatz zum Sprengen mit Explosivstoffen, bei denen sich die erzeugte Druckwelle mit herum-fliegenden Gesteinsbrocken bemerkbar macht. Die schematische Darstellung der verschiedenen Vorgänge läßt Abb. 15.12 deutlich erkennen. Abbildung 15.13 zeigt eine Gesamtansicht dieses neuen fahrbaren Gerätes der Fa. Atlas Copco.

Abb. 15.13 Gesamtansicht des fahrbaren Gerätes zum Sprengvorgang mittels Wasserdruck
(Atlas Copco, Stockholm) (s. auch Abb. 15.12)

Ohne jede Gefahr für nebenstehende Personen kann so Granit mühelos zer-legt werden. Da Kohle gegenüber Granit fast „butterweich" ist, liegt die An-wendung im Bergbau nahe.

Namen- und Sachverzeichnis

E. Truckenbrodt

Fluidmechanik

2., völlig neubearbeitete und erweiterte Auflage.

Die zweite Auflage des 1968 unter dem Namen **Strömungs-mechanik** erschienenen Buches wurde von Grund auf neu bearbeitet. Mit dem neuen Titel **Fluidmechanik** verbindet sich – besser noch als mit dem alten – die Vorstellung von der Mechanik der Fluide als Sammelbegriff für Flüssigkeit, Dampf und Gas. Ziel und Aufgabenstellung bleiben gegenüber der ersten Auflage unverändert: Es werden weiterhin Grundlagen und technische Anwendungen vermittelt.

Band 1

Grundlagen und elementare Strömungsvorgänge dichtebeständiger Fluide

1980. 152 Abbildungen, 30 Tabellen. XX, 371 Seiten
Gebunden DM 136,–
ISBN 3-540-09499-7

Band 1 ist den Grundlagen und den elementaren Strömungsvorgängen dichtebeständiger Fluide gewidmet. Bei der Herleitung und Anwendung der Energiegleichung der Fluidmechanik (Arbeitssatz der Mechanik) und der Energiegleichung der Thermo-Fluidmechanik (erster Hauptsatz der Thermodynamik) wird deutlich gemacht, daß bei strömenden Fluiden neben dem mechanischen Verhalten oft auch thermodydnamische Einflüsse eine wesentliche Rolle spielen und Fluid- und Thermo-Fluidmechanik häufig die Rolle eines Bindegliedes zwischen Mechanik und Thermodynamik übernehmen.

Band 2

Elementare Strömungsvorgänge dichteveränderlicher Fluide sowie Potential- und Grenzschichtströmungen

1980. 177 Abbildungen, 19 Tabellen. XVI, 426 Seiten
Gebunden DM 136,–
ISBN 3-540-10135-7

Band 2 beschreibt zunächst elementare Strömungsvorgänge dichteveränderlicher Fluide. Die Ausführungen über die instationäre Fadenströmung und über die Rohrreströmung bei dichteveränderlichem Fluid werden gegenüber der ersten Auflage wesentlich erweitert. Das Verhalten der mehrdimensionalen reibungslosen Strömung wird durch die gemeinsame Darstellung der drehungsfreien und drehungsbehafteten Potentialströmung in geschlossener Weise wiedergegeben. In Kapitel 6 wird die Strömungs- und Temperaturgrenzschicht bei laminarer und turbulenter Strömung an einer festen Wand behandelt.

Springer-Verlag
Berlin
Heidelberg
New York

International Union of Theoretical and Applied Mechanics

Flow-Induced Structural Vibrations

IUTAM/IAHR Symposium Karlsruhe,
Germany, August 14–16, 1972
Editor: E. Naudascher
1974. 360 figures. XX, 774 pages
Cloth DM 188,–
ISBN 3-540-06317-X

Laminar-Turbulent Transition

Symposium Stuttgart, Germany,
September 16–22, 1979
Editors: R. Eppler, H. Fasel
1980. 289 figures. XVIII, 432 pages
Cloth DM 74,–
ISBN 3-540-10142-X

Mechanics of Sound Generation in Flows

Joint Symposium Göttingen/Germany,
August 28–31, 1979
Max-Planck-Institut für Strömungsforschung
Editor: E.-A. Müller
1979. 177 figures, 6 tables. XV, 300 pages
Cloth DM 74,–
ISBN 3-540-09785-6

Ingenieur-Archiv

Archive of
Applied Mechanics

Das „Ingenieur-Archiv" wird herausgegeben
unter der Mitwirkung der Gesellschaft für
Angewandte Mathematik und Mechanik

The "Ingenieur-Archiv" is edited in collabora-
tion with the Gesellschaft für Angewandte
Mathematik und Mechanik

Herausgeber/Editor in Chief:
H. E. Becker, Darmstadt

Mitherausgeber/Editors:
W. Hauger (Schriftleitung/Managing Editor),
J. F. Besseling, G. Böhme, H. Grundmann,
H. Lippmann, P. C. Müller, F. I. Niordsen,
W. Schneider, W. Schnell, Ch. Wehrli

Der Themenkreis der Zeitschrift umfaßt die
Grundlagen des Ingenieurwesens, vor allem
allgemeine Mechanik, einschließlich
Strömungs- und Festigkeitslehre, Rheologie
und Kontinuumsmechanik bis hin zur
Thermodynamik. Die Pflege der Beziehungen
zwischen wissenschaftlicher Forschung und
technischer Praxis ist ihr Ziel. Das beinhaltet
einerseits das Aufbereiten, Deuten und damit
Nutzbarmachen neuer wissenschaftlicher
Erkenntnisse, andererseits aber auch das
Aufzeigen technisch interessanter Fragestel-
lungen. Damit werden neue Ansatzpunkte
für die wissenschaftliche Forschung gegeben.

Interessengebiete: Ingenieurmathematik,
Technische Physik, Mechanik, Festigkeitslehre, Technische Thermodynamik, Strömungsmaschinen, Regelungs- und
Steuerungstechnik.

Veröffentlichungen in deutscher und
englischer Sprache.

For subscription information and sample copy
write to:
Springer Verlag, Journal Promotion Dept.,
P. O. Box 105280, D-6900 Heidelberg, FRG

Springer-Verlag Berlin Heidelberg New York